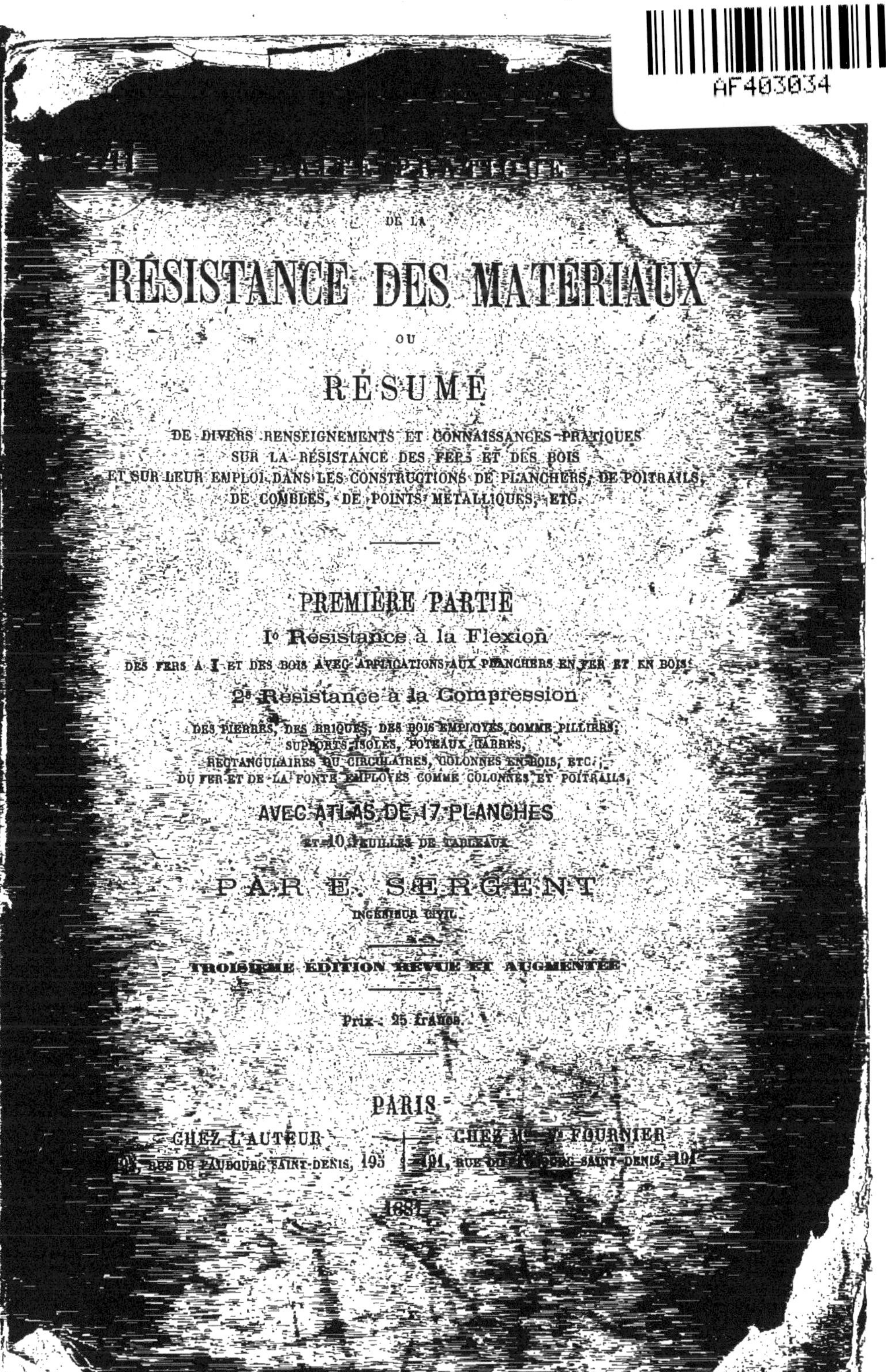

GUIDE PRATIQUE

DE LA

RÉSISTANCE DES MATÉRIAUX

OU

RÉSUMÉ

DE DIVERS RENSEIGNEMENTS ET CONNAISSANCES PRATIQUES
SUR LA RÉSISTANCE DES FERS ET DES BOIS
ET SUR LEUR EMPLOI DANS LES CONSTRUCTIONS DE PLANCHERS, DE POITRAILS,
DE COMBLES, DE POINTS MÉTALLIQUES, ETC.

PREMIÈRE PARTIE

1º Résistance à la Flexion

DES FERS A I ET DES BOIS AVEC APPLICATIONS AUX PLANCHERS EN FER ET EN BOIS

2ª Résistance à la Compression

DES PIERRES, DES BRIQUES, DES BOIS EMPLOYÉS COMME PILLIERS,
SUPPORTS ISOLÉS, POTEAUX CARRÉS,
RECTANGULAIRES OU CIRCULAIRES, COLONNES EN BOIS, ETC.;
DU FER ET DE LA FONTE EMPLOYÉS COMME COLONNES ET POITRAILS,

AVEC ATLAS DE 17 PLANCHES

ET 10 FEUILLES DE TABLEAUX

PAR E. SERGENT

INGÉNIEUR CIVIL

TROISIÈME ÉDITION REVUE ET AUGMENTÉE

Prix : 25 francs.

PARIS

CHEZ L'AUTEUR   CHEZ Mme Vve FOURNIER
197, RUE DU FAUBOURG SAINT-DENIS, 197   191, RUE DU FAUBOURG SAINT-DENIS, 191

1881

AF403034

8° V
2741

TRAITÉ PRATIQUE

DE LA

RÉSISTANCE DES MATÉRIAUX

2020. — ABBEVILLE. — TYP. ET STÉR. GUSTAVE RETAUX.

TRAITÉ PRATIQUE

DE LA

RÉSISTANCE DES MATÉRIAUX

OU

RÉSUMÉ

DE DIVERS RENSEIGNEMENTS ET CONNAISSANCES PRATIQUES
SUR LA RÉSISTANCE DES FERS ET DES BOIS
ET SUR LEUR EMPLOI DANS LES CONSTRUCTIONS DE PLANCHERS, DE POITRAILS,
DE COMBLES, DE POINTS MÉTALLIQUES, ETC.

PREMIÈRE PARTIE

1° Résistance à la Flexion

DES FERS A **I** ET DES BOIS AVEC APPLICATIONS AUX PLANCHERS EN FER ET EN BOIS

2ᵉ Résistance à la Compression

DES PIERRES, DES BRIQUES, DES BOIS EMPLOYÉS COMME PILLIERS,
SUPPORTS ISOLÉS, POTEAUX CARRÉS,
RECTANGULAIRES OU CIRCULAIRES, COLONNES EN BOIS, ETC. ;
DU FER ET DE LA FONTE EMPLOYÉS COMME COLONNES ET POITRAILS,

AVEC ATLAS DE 14 PLANCHES

ET 10 FEUILLES DE TABLEAUX

PAR E. SERGENT

INGÉNIEUR CIVIL

TROISIÈME ÉDITION REVUE ET AUGMENTÉE

Prix : 25 francs.

PARIS

CHEZ L'AUTEUR	CHEZ Mᵐᵉ Vᵉ FOURNIER
195, RUE DU FAUBOURG SAINT-DENIS, 195	191, RUE DU FAUBOURG SAINT-DENIS, 191

1881

INTRODUCTION

Lorsque l'on est chargé de l'exécution d'un édifice, d'une machine, en un mot d'une construction quelconque, on a besoin de se rendre compte, non-seulement des efforts auxquels seront soumis les matériaux que l'on y emploiera, mais aussi du mode de résistance de ces matériaux dans les différentes circonstances où ils se trouveront placés. Si l'on n'avait pas les connaissances nécessaires pour calculer ces efforts et les dimensions à donner aux matériaux qui les supporteront, on serait exposé ou à faire des ouvrages trop faibles, ou à prodiguer la matière en pure perte.

Il est donc important de savoir calculer les résistances des divers matériaux dans les circonstances qui se présentent le plus fréquemment.

Mais une des plus grandes difficultés rencontrées par les constructeurs, pendant leur carrière, est la détermination des dimensions des diverses parties d'une construction, au point de vue de leur résistance et de leur stabilité, des dimensions de certaines pièces non-seulement pour qu'elles ne se rompent pas mais encore pour que leur élasticité ne soit pas altérée.

Les questions, que nous nous proposons de passer en revue dans cette brochure, ont été étudiées fort souvent et il serait difficile de les traiter d'une manière tout à fait neuve. Nous avons donc largement puisé dans les travaux les plus récents, en indiquant toujours les sources et en renvoyant, aux ouvrages originaux, ceux de nos lecteurs qui voudraient franchir les limites d'un enseignement élémentaire et purement pratique. Nous nous sommes attaché à rappeler dans cet opuscule, les méthodes à suivre, dans les cas particuliers qui sont, pour ainsi dire, d'un usage journalier, en nous bornant tout simplement à un résumé très-succinct de leur établissement et en ayant soin de les dégager de considérations par trop scientifiques qui, souvent, rebutent la plupart des constructeurs. Ces méthodes sont accompagnées de nombreux exemples et surtout d'applications numériques, qui facilitent toujours la lecture et l'emploi des formules, de sorte que les constructeurs formés au sein des écoles y trouveront les formules les plus usuelles, qu'un tel ouvrage est destiné à leur rappeler, et les constructeurs, à qui nous supposons seulement des notions très-élémentaires d'arithmétique et de géométrie, y trouveront des tables numériques réduisant les calculs à leur plus simple forme, en permettant de traduire immédiatement en chiffres les vérités de la théorie et d'appliquer avec connaissance de cause, aux constructions, les lois de la résistance des matériaux, au moyen de simples multiplications ou même à la simple inspection de ces tables qui sont au nombre de trois principales :

L'une donnant la résistance des fers à **I** des six grandes usines de France (Montataire, la Providence, le Creuzot, Châtillon-Commentry, Franche-Comté, et les hauts-fourneaux de Maubeuge).

La seconde, la résistance des bois à section carrée ou rectangulaire.

Et la troisième, la résistance des colonnes en fonte et en fer, soit pleines, soit creuses, que l'on emploie fréquemment dans les constructions.

Les ingénieurs, constructeurs et mécaniciens, les architectes, les entrepreneurs trouveront également dans ce résumé des renseignements qui, le plus souvent, sont disséminés dans divers ouvrages que l'on n'a pas toujours sous la main et dont on ignore même parfois l'existence.

Nous avons divisé ces connaissances pratiques en plusieurs parties :

La *première partie* comprend :

1° La résistance à la flexion des fers à **I** et des bois, avec application aux études des planchers métalliques et des planchers en bois ;

2° La résistance à la compression des matériaux et des métaux généralement employés dans les constructions.

La *deuxième partie* comprendra la résistance des fermes de charpente de bâtiments, de combles métalliques, de hangars, de halles, de marchés couverts, etc.

La *troisième partie* comprendra la résistance des murs et des voûtes de bâtiments, ainsi que la résistance des murs de soutènement de terres.

Enfin, la *quatrième partie* comprendra la résistance des ponts en maçonnerie et des ponts métalliques.

La première partie fait l'objet de cette brochure.

Les trois autres parties seront publiées incessamment.

Rendre pratiques ces connaissances si ardues et souvent si inaccessibles à la plupart des constructeurs en général : tel est notre but.

RÉSISTANCE DES MATÉRIAUX A LA FLEXION

1. La théorie de la résistance des matériaux a pour principal objet de soumettre au calcul les effets de la cohésion et de l'élasticité des corps.

On se propose particulièrement, dans cette étude, de résoudre les deux problèmes suivants : connaissant toutes les forces extérieures qui sollicitent un corps,

1° Trouver, en chaque point, l'intensité des forces moléculaires desquelles dépend soit la conservation, soit la destruction de ce corps ;

2° Calculer le changement que produisent, dans les formes et dans les dimensions du corps, les forces extérieures qui le sollicitent.

2. Considérons un corps quelconque ; supposons qu'il soit en équilibre d'une part sous l'action des forces qui le sollicitent, d'autre part sous l'action des forces moléculaires auxquelles il doit sa cohésion et qui maintiennent toutes ses molécules liées les unes aux autres. Cet équilibre existe pour toutes les sections qu'on peut imaginer dans ce corps ; on pourrait chercher les conditions de l'équilibre pour toutes ces sections ou au moins pour un nombre suffisant d'entre elles : en général, il y en aura une où l'effet des forces extérieures est le plus grand ; c'est ce qu'on appelle *la section dangereuse* ; si l'équilibre est assuré pour cette section, il le sera pour toutes les autres.

Il nous suffira donc, dans tout ce qui va suivre, de considérer des corps de forme prismatique.

3. Quelles que soient les forces extérieures qui sollicitent un corps, la statique élémentaire apprend que ces forces peuvent se ramener à une seule passant par un point donné et à un seul couple, ou, ce qui revient au même, à deux forces dont l'une passerait par un point donné.

Imaginons, dans un prisme, une section perpendiculaire à ses arêtes et cherchons les conditions de l'équilibre pour cette section (fig. 1, pl. 1).

Soit le centre de gravité de la section g, le point donné ; par ce point faisons passer trois axes rectangulaires gx, gy, gz et la résultante des forces extérieures r ; décomposons cette force en trois autres suivant la direction des trois axes, on obtient :

1° Une force gx' parallèle aux arêtes du prisme qui tend à étirer le corps ou à le comprimer suivant qu'elle agit vers la droite ou vers la gauche de la figure ;

2° Une force gy' qui tend à faire glisser une partie du corps sur l'autre, dans un sens perpendiculaire aux arêtes du prisme ;

3° Une force gz' qui produit un effet entièrement semblable à la précédente.

De même, décomposons le couple résultant en trois autres, suivant les trois plans déterminés par les axes, nous aurons :

1° Un couple agissant dans le plan zx; il tend à faire tourner le corps dans ce plan ou à le fléchir;

2° Un couple agissant dans le plan xy, dont l'effet est de même nature que le précédent;

3° Un couple agissant dans le plan zy; il tend à faire pivoter une partie du prisme sur l'autre dans la section.

En résumé, quelles que soient les forces extérieures qui agissent sur un corps, elles ne peuvent produire que cinq sortes d'effets auxquels on a donné les noms suivants :

1° *Force fléchissante, effort fléchissant, flexion simple;*

2° *Compression,* agissant aussi sur l'élasticité longitudinale, sur la force portante du corps, mais en sens inverse de la traction;

3° *Traction, extension,* mettant en jeu ce qu'on appelle l'élasticité longitudinale, la force tirante des corps, la ténacité;

4° *Force tranchante ou cisaillement, effort tranchant, force transverse,* mettant en jeu l'élasticité transversale, agissant par glissement transversal simple;

5° *Effort de torsion.*

4. Nous allons étudier successivement et à part, chacun de ces cinq modes d'action simple des forces extérieures; distinguer les forces moléculaires qui leur font équilibre et s'opposent à la destruction et à la déformation des corps, et poser les conditions de cet équilibre.

Avant d'aller plus loin, nous ajouterons quelques indications propres à faciliter les explications dans lesquelles nous allons entrer.

Nous ne considérons dans cette partie théorique de ce mémoire que des corps homogènes, c'est-à-dire dont toutes les parties intégrantes sont parfaitement identiques les unes aux autres.

Les corps que nous allons étudier seront de forme prismatique; ces prismes peuvent être considérés comme un faisceau de prismes beaucoup plus petits dont les arêtes sont parallèles aux leurs; rien ne s'oppose en effet à ce que nous isolions une série de molécules groupées de cette manière. Ces petits prismes tels que aa (fig. 2, pl. 1) sont désignés sous le nom de *fibres élémentaires.* Un grand nombre de substances manifestent ce mode de constitution fibreuse; tels sont la plupart des bois, les fers dits nerveux, etc.

FLEXION PLANE DES POUTRES DROITES SOLLICITÉES PAR DES FORCES NORMALES.

Effort transversal ou tranchant, moment fléchissant, moment d'élasticité.

5. *Effort tranchant.* — On désigne sous ce nom l'effort qui tend à faire glisser une portion d'un prisme sur l'autre, dans un sens perpendiculaire aux arêtes. Les bois dans les assemblages de charpente, les boulons, les rivets dans la tolerie, sont exposés à des efforts de cette nature qu'on peut comparer à ceux qu'exerce l'outil nommé *cisaille* employé à couper les fers et les tôles à la manière des ciseaux.

On admet souvent que la résistance au cisaillement transversal est la même que la résistance à la traction longitudinale. Cependant, l'expérience semble indiquer une légère infériorité de la première, et peut-être serait-il plus exact de n'admettre, comme l'a fait M. Navier, que les $\frac{4}{5}$ de la résistance longitudinale.

Considérons une pièce prismatique mn (fig. 3, pl. 1) en équilibre sous l'action de forces normales à sa direction, données de grandeur et de position et toutes situées dans un même plan, qui sera pour la pièce un plan de symétrie. Coupons-la par un plan pq perpendiculaire à sa longueur.

Le plan pq partage la pièce en deux tronçons qui sont en équilibre chacun, sous l'action des forces extérieures qui y sont spécialement appliquées et des forces moléculaires développées dans la section pq. Ces forces moléculaires font donc équilibre aux forces extérieures qui sollicitent l'un quelconque des deux tronçons.

Prenons en particulier le tronçon pqn; soient f, f', f'' les forces normales qui agissent sur lui; soient de plus d, d', d''.... les distances de ces forces à la section pq ou les bras de levier de ces forces par rapport à un point quelconque de cette section. Les forces moléculaires dans le plan pq se réduisent donc pour l'équilibre :

1° A une force A, égale et opposée à la somme algébrique $f + f' + f'' + ...$

2° A un couple M, égal et opposé à la somme des moments $df + d'f' + d''f'' + ...$

Cela posé, on appelle :

Effort tranchant dans la section pq, la résultante $f + f' + f'' + ...$ des forces qui tendent à faire glisser la portion pqn sur la portion pqm, en cisaillant la pièce suivant le plan pq.

Résistance à l'effort tranchant la force moléculaire A, égale et contraire à l'effort tranchant ;

Moment fléchissant ou *moment de rupture*, le couple résultant $df + d'f' + d''f'' + ...$ des moments des forces extérieures qui tendent à courber la pièce dans la section pq;

Moment d'élasticité, le couple résultant M des actions moléculaires développées dans la section pq, égal et opposé au moment fléchissant, c'est-à-dire *le moment du couple résultant des forces élastiques.*

Flexion simple.

6. Quand on charge, de poids graduellement croissants, un prisme posé sur deux appuis, et perpendiculairement à sa longueur, l'expérience montre que ce corps fléchit et se courbe sous l'action de la charge. Les sections planes et normales à la pièce, avant la flexion, restent encore planes et normales après la flexion; les fibres situées à la partie convexe s'allongent; elles sont par conséquent soumises à un effort de traction; celles situées à la partie concave sont raccourcies et par conséquent comprimées. Entre ces extrêmes, les fibres intermédiaires sont plus ou moins raccourcies ou allongées, et comme le passage des unes aux autres a lieu par transition insensible et sans discontinuité, il y a nécessairement une série de fibres intérieures qui ne sont ni raccourcies ni allongées, qui conservent leur longueur primitive et qui séparent la pièce en deux régions, dans l'une desquelles les fibres sont tendues, tandis que dans l'autre elles sont comprimées; on les appelle *fibres invariables* ou *fibres moyennes*. Ces fibres forment une ligne droite parallèle à la longueur du solide que l'on nomme aussi *lame neutre* ou *axe d'équilibre*.

D'après des expériences faites sur des pièces à section rectangulaire, il résulte que l'allongement de la face convexe est égal au raccourcissement de la face concave et que les fibres invariables sont situées au milieu.

Tant qu'on se tient dans les limites admissibles dans la pratique, les flexions sont proportionnelles aux charges que le prisme supporte; c'est ainsi qu'un prisme tiré ou comprimé dans le sens de sa longueur, par une force qui n'altère pas son élasticité, s'allonge ou se raccourcit de quantités proportionnelles à la longueur du prisme, en supposant que la force agisse assez lentement pour que la tension ou la compression puisse se répartir uniformément sur cette longueur. Dès lors si on désigne par P la tension sur l'unité de surface de la section du prisme et par I l'allongement qui en résulte sur l'unité de longueur, on aura le rapport $\dfrac{\text{P}}{\text{I}}$ constant pour le même corps, tant que P ne sera pas assez grand pour altérer l'élasticité du prisme. On posera $\dfrac{\text{P}}{\text{I}} = \text{E}$. E égale une quantité constante pour une même espèce de corps, et qu'on nomme généralement *coefficient d'élasticité*; c'est le poids exprimé en kilog., capable, si cela était possible, d'allonger un corps prismatique de matière homogène et d'un millimètre carré de section, d'une quantité égale à sa longueur primitive. On admet que *le coefficient d'élasticité longitudinale* peut être le même pour la traction et pour la compression.

Tel est le point de départ de la théorie de la flexion; on conçoit par ce simple exposé, qu'elle sera fondée sur une application immédiate des lois de l'extension et de la compression étudiées plus loin.

7. Quand un poids P est suspendu à l'extrémité d'un prisme, dont l'autre extrémité est encastrée horizontalement, il est évident que par l'action du poids P, les fibres s'allongent ou s'accourcissent proportionnellement à leur distance à l'axe d'équilibre; mais l'effort nécessaire pour allonger ou accourcir une fibre élastique est proportionnel à l'allongement ou à l'accourcissement qu'elle doit subir, de plus une fibre réagit avec une force égale à celle qui l'a allongée ou accourcie, dès lors la *résistance de chaque fibre sera proportionnelle à son éloignement de l'axe d'équilibre*.

Pour bien nous pénétrer de ce qui vient d'être dit, considérons d'abord le cas le plus simple, celui d'un prisme encastré horizontalement à l'une de ses extrémités *abcd* d'une manière invariable (fig. 4, pl. 1): il est chargé à l'autre en *ghik* d'un poids P qui tend à le faire fléchir. Nous admettons que sa flexion est très-petite et qu'on peut, sans erreur sensible, négliger la composante *fq* parallèle à la tangente aux arêtes du prisme fléchi à son extrémité.

Ce poids P agit à une distance *l* de la section d'encastrement.

Procédons d'abord à la transformation des forces indiquées par la statique. Pour cela, on applique au point g deux forces directement opposées et égales à P, et l'on substitue au système donné, un autre système composé d'un couple $P_1 P_2$ auquel est due la flexion simple, et d'une force P agissant dans le plan de la section considérée pour produire un effort tranchant.

Ainsi, dans la réalité, il n'y a pas de flexion sans effort tranchant et le profil des prismes fléchis doit être calculé de manière à résister à la flexion et au cisaillement simultanés.

Dans les constructions habituelles, on se tient assez au-dessus des dimensions limites pour négliger l'effort tranchant; mais dans les grandes constructions, on pourrait s'exposer à de graves mécomptes en n'y ayant pas égard. Pour le moment, nous nous occuperons exclusivement de la flexion simple.

On étudiera d'abord ce qui se passe par rapport à une section transversale quelconque $nstv$ placée à la distance x du poids P ; on simplifiera encore l'exposé qui va suivre en se bornant à envisager la portion $zfmu$ comprise dans une coupe verticale du prisme par un plan parallèle aux arêtes.

Considérons à part cette partie de la figure, une section telle que $z'u'$ (fig. 5) très-voisine de zu lui était parallèle avant l'application de la charge P ; quand le prisme a fléchi sous l'action de ce poids ; la section $z'u'$ s'est inclinée par rapport à sa voisine et après une position telle que $z''u''$. Il ne peut être ici question que de déformations extrêmement petites, telles qu'on peut en tolérer dans les constructions; la nouvelle position occupée en $z''u''$ par les points du solide primitivement placés en $z'u'$ sera donc très-peu différente de la première et l'on est suffisamment autorisé à admettre que ces points seront encore dans un plan dont la trace sur notre plan de coupe $z''u''$ ira couper en o la trace du plan de la section zu. La trace $z''u''$ rencontre en h la base $z'u'$; le point h appartient à la fibre invariable qui sera ici gh. Une fibre quelconque placée dans la partie supérieure de la figure avait primitivement une longueur ik; dans le mouvement de flexion, cette fibre s'allonge de la quantité kk'. Les lois connues de la résistance à l'extension lui sont applicables; c'est-à-dire que l'allongement kk' est :

1° Directement proportionnel à l'effort de traction longitudinale que subit la fibre ik ; soit p cet effort (ne perdons pas de vue que p représente l'action de la cohésion qui maintient unies en un seul et même tout, les deux parties de la fibre ik placées de part et d'autre de la section $z'u'$) ;

2° Directement proportionnel à la longueur primitive ik de la fibre considérée ;

3° Inversement proportionnel au coefficient d'élasticité E et à la section transversale de la fibre ik ; soit a cette section ; en d'autres termes dans la formule suivante qui représente les lois de l'extension, on a

$$l = \frac{PL}{A \cdot E}$$

Si l'on y substitue les notations que nous venons d'indiquer, on aura

$$kk' = \frac{p \times ik}{aE},$$

Et pour l'allongement par unité de longueur :

$$i' = \frac{kk'}{iK} = \frac{p}{a \cdot E}, \quad \text{d'où } p = Eai'.$$

On peut mettre cette expression de i' ou de p sous une autre forme ; en effet les deux triangles $kk'h$ et gho sont semblables ; donc on a la proportion

$$\frac{kk'}{gh} = \frac{kh}{go} \text{ , or } gh = ik, \text{ donc } \frac{kk'}{ik} = \frac{kh}{go} \quad .$$

kh est la distance de la fibre ik à la ligne gh, des fibres invariables ; soit $kh = v$, go est une quantité constante pour toutes les fibres de la section ; soit $go = r$, on aura

$$i' = \frac{kk'}{ik} = \frac{kh}{go} = \frac{v}{r} = \frac{p.}{a \cdot E} \text{ , d'où } p = Eai' = Ea \cdot \frac{v}{r}.$$

Ce qui vient d'être dit d'une fibre supérieure quelconque, soumise à un effort de traction et allongée, se dirait également d'une fibre quelconque inférieure, raccourcie et soumise à un effort de compression. Cette compression de p est donc générale, mais les forces supérieures telles que p agissent dans le sens de z en l, normalement à la section zu, tandis que les forces inférieures agissent toujours normalement à zu, parallèlement aux premières, par conséquent, mais dans le sens opposé de l en z : les unes devant entrer dans le calcul avec le signe $+$, les autres avec le signe $-$.

Ainsi la portion de prisme $zlmu$ est soumise d'une part, à la force P qui tend à la faire fléchir et à la rompre, d'autre part, à un système de forces moléculaires p, parallèles entre elles et normales à la section zu, qui constituent la cohésion du corps, qui l'empêchent de se rompre et de se diviser en deux en zu, desquelles dépend en un mot, sa conservation. Il ne reste plus qu'à faire usage des principes de la statique élémentaire pour trouver les conditions d'équilibre de ce système de forces, appliquées au prisme donné, tendant les unes à le rompre, les autres à le conserver. Or, la statique nous apprend que, pour l'équilibre d'un système de forces quelconques, il y a deux conditions à remplir :

1° Il faut que la somme des forces décomposées parallèlement à trois axes quelconques soit nulle par rapport à chacun des axes ;

2° Il faut que la somme des moments des forces par rapport à chacun des trois axes soit nulle.

Prenons pour axes les lignes zu, gh et la perpendiculaire en g au plan zgh.

Appliquons la première condition. Il n'y a aucune composante parallèle au 3e axe, donc il n'y a pas lieu de s'en occuper.

Les forces p étant normales au plan zu ne donnent aucune composante parallèle à ce plan.

Il ne reste à considérer que l'axe gh et les forces p qui lui sont parallèles, on doit donc avoir, en appelant p, p', p'' les actions moléculaires agissant respectivement sur chacune des fibres a, a', a''...

$$p + p' + p'' + \dots = o$$

c'est-à-dire que la résultante des actions moléculaires agissant par traction et la résultante des actions agissant par compression doivent être égales, or

$$p + p' + p'' + \dots = Ea\,\frac{v}{r} + Ea'\,\frac{v'}{r} + Ea''\,\frac{v''}{r} + \dots = \frac{E}{r}\,(av + a'v' + a''v'' + \dots)$$

$\frac{E}{r}$ est une quantité constante ; donc, pour que ce produit soit nul, il faut que $av + a'v' + a''v''\dots = o$; chacun des termes de cette somme est égal au produit d'une des petites surfaces élémentaires a, dont la somme constitue la surface de la section zu, par sa distance à la ligne des fibres invariables ; c'est ce qu'on appelle en statique le *moment* de la surface a ; or, on sait que le centre de gravité d'un système est le seul point qui jouisse de cette propriété, que la somme des moments des diverses parties du système par rapport à ce point soit nulle ; donc g est le centre de gravité de la section ; donc la ligne des fibres invariables passe par le centre de gravité de la section. Tel est le résultat de l'application de la première condition d'équilibre.

Pour appliquer la seconde condition d'équilibre, nous n'avons évidemment à considérer que l'axe perpendiculaire au plan zgh ; puisque toutes les forces agissent parallèlement à ce plan. La force P agit avec le bras de levier x ; les forces $p, p', p''...$ agissent avec les bras de levier $v, v', v''...$ on doit avoir :

$$(pv + p'v' + p''v'' + ...) - Px = o$$

$$\text{ou } Px = pv + p'v' + p''v'' = \frac{Eav^2}{r} + E\frac{a'v'^2}{r} + E\frac{a''v''^2}{r} + ... = \frac{E}{r}(av^2 + a'v'^2 + ...)$$

la somme $av^2 + a'v'^2 + a''v''^2 + ...$ est ce qu'on appelle le *moment* d'inertie de la surface par rapport à la droite menée par le centre de gravité ; on la désigne ordinairement par la lettre I, et l'on écrit :

$$Px = \frac{EI}{r}$$

On voit que Px aura sa valeur maximum pour $x = l$; donc la section dangereuse est ici la section d'encastrement.

8. Au moyen des résultats que l'on vient d'obtenir, on peut connaître en chaque point du prisme l'intensité R des actions moléculaires développées par unité de surface. En effet, on a pour chaque fibre élémentaire de base a, un effort

$$p = Ea\frac{v}{r}$$

donc, par unité de surface, $\frac{p}{a} = \frac{Ev}{r} = R.$

Parmi les fibres qui composent le prisme, il en est qui sont exposées à des efforts plus énergiques que toutes les autres ; ce sont les fibres zl, um les plus éloignées de la ligne des fibres invariables ; si l'effort que supportent ces fibres ne dépasse pas la limite que l'on peut tolérer dans la pratique, à plus forte raison, les autres fibres seront-elles dans des conditions d'équilibre stable. Si R est la charge maximum que l'on peut faire supporter avec sécurité à l'unité de surface de la matière dont le prisme est formé ; v la distance gz de la fibre la plus éloignée de la fibre invariable, i'' l'allongement relatif de cette fibre ; au lieu de $p = Eai'$, on devra poser

$$R = \frac{Eai''}{a} = Ei'' = \frac{Ev}{r} ; \quad \text{d'où } \frac{E}{r} = \frac{R}{v}, \quad \text{d'où } Px = \frac{E}{r}.I = \frac{RI}{v}.$$

Ainsi la condition d'équilibre entre les forces moléculaires desquelles dépend la conservation du prisme et la force extérieure qui tend à le rompre est exprimée indifféremment par

$$Px = \frac{Ei}{r}, \quad \text{ou par} \quad Px = \frac{RI}{v}.$$

Le premier membre de ces deux expressions est appelé *moment fléchissant* ou *moment de flexion* du prisme ; il mesure l'intensité de l'action extérieure.

Le second membre peut s'appeler *moment de résistance à la flexion*; la quantité $\dfrac{EI}{r}$ prend plus particulièrement le nom de *moment d'élasticité*; elle dépend de la valeur de E, c'est-à-dire du coefficient d'élasticité de la matière employée, du moment d'inertie I, qui se déduit de la forme de la section du prisme et de la longueur r; ce dénominateur r est ce qu'on appelle en géométrie le rayon de courbure de la fibre invariable en g; la géométrie apprend à déduire de la connaissance du rayon de courbure, la forme d'une courbe; on conçoit donc, sans entrer dans plus de détails, que de l'expression $Px = \dfrac{EI}{r}$ on puisse conclure la forme de la fibre invariable après la flexion, et par suite, la flèche aux différents points de la longueur du prisme; c'est en effet de cette expression que l'on part quand on veut étudier la déformation du prisme; nous devrons nous contenter d'indiquer les formules auxquelles on parvient.

La seconde expression sert à calculer l'effort auquel est exposé le prisme en chacun de ses points et à reconnaître si la résistance permanente de la matière n'est dépassée nulle part; elle dépend de la forme de la section $\left(\dfrac{I}{v}\right)$ et de la quantité R ci-dessus définie.

Si, à la valeur de R qui représente la charge qu'on ne doit pas dépasser pour agir avec prudence, on substituait la charge par unité de surface qui produit la rupture, ce deuxième membre serait *le moment de résistance à la rupture*. Mais il est à peine nécessaire de faire observer que les calculs précédents ne sont exacts qu'à la condition de s'appliquer à des flexions très-peu prononcées; il ne faudra pas s'étonner si l'expression ainsi modifiée ne donnait qu'avec une approximation très-grossière, la charge capable de produire la rupture par flexion.

9. En résumé, la manière dont un corps se comportera sous l'action d'efforts tendant à le faire fléchir dépendra des quantités suivantes :

1° La valeur du moment de flexion qui est donnée elle-même par l'intensité et le mode de répartition des charges sur le prisme; P peut en effet être considéré comme la résultante des diverses charges appliquées au solide;

2° La quantité R qui dépend de la nature de la substance employée et qui est donnée par des tableaux indiqués plus loin.

3° Les quantités I et v qui dépendent de la figure de la section transversale du prisme.

On doit donc se proposer maintenant deux objets d'étude:

1° Comment variera *le moment de flexion* d'un solide prismatique donné quand on fera varier sa longueur, sa position par rapport à ses appuis, ou la répartition des poids qui le chargent?

2° La longueur du prisme, la position et la répartition des poids n'étant pas modifiées, comment variera le moment de résistance à la flexion, quand on changera la forme du profil? Pour une section de surface constante, pour une même quantité de matière employée par unité de longueur, quelle sera la forme donnant la plus grande résistance, la plus avantageuse et la plus économique ?,

DÉTERMINATION DES MOMENTS D'INERTIE ET DES RÉSISTANCES PERMANENTES POUR DIVERSES SECTIONS.

10. On appelle *moment d'inertie d'une surface*, par rapport à une ligne, la somme des produits des petites surfaces élémentaires qui la composent par le carré de leur distance à cette ligne; ainsi une surface telle que *cde* (fig. 6, pl. 1) étant décomposée en petits éléments rectangulaires a, a', a''.... placés respectivement aux distances v, v', v''.... de la ligne xx, son moment d'inertie I sera donné par l'expression

$$I = av^2 + a'v'^2 + a''v''^2 + ...$$

Il est facile de déterminer, au moins approximativement, le moment d'inertie d'une surface quelconque (fig. 7), quand on connaît le moment d'inertie d'un rectangle par rapport à l'un de ses côtés. En effet une surface quelconque peut être décomposée en petits rectangles qui donneront un contour aussi rapproché qu'on le voudra de celui de la surface proposée, pourvu que leur nombre soit assez grand; en faisant la somme des moments d'inertie de tous ces rectangles, on aura le moment d'inertie cherché.

Bien qu'on arrive par des considérations très-élémentaires à déterminer le moment d'inertie d'un rectangle par rapport à l'un de ses côtés, considéré comme l'axe des moments; on ne s'y arrêtera pas ici; on admettra que sa valeur est connue.

Pour le rectangle *cdef* (fig. 8, pl. 1), dont la base est b et la hauteur h, on aurait par rapport à xx

$$I = \frac{1}{3} bh^3 \qquad\qquad [1]$$

Au lieu du rectangle précédent, si l'on considère *cff'c'* ; le moment d'inertie I', par rapport à xx, de ce rectangle sera égal à la différence du moment d'inertie du rectangle total *cdef* et de celui I' du rectangle *cdf'e'*

$$I' = \frac{1}{3} bh'^3, \quad I'' = I - I' = \frac{1}{3} b (h^3 - h'^2)$$

remarquons encore que la formule du moment fléchissant

$$M = \frac{RI}{v} = Pl, \quad \text{on tire} \quad P = \frac{RI}{vl}.$$

En d'autres termes, la résistance du prisme soumis à la flexion est proportionnelle à I et en raison inverse de v, c'est-à-dire de la distance de la fibre qui en est la plus éloignée à la ligne des fibres invariables ; c'est donc le rapport $\frac{I}{v}$ qu'il importe de considérer.

En résumé, pour connaître la résistance à la flexion d'un profil quelconque, il faudra faire les opérations suivantes :

1° Déterminer le centre de gravité de la surface de ce profil ;

2° Par ce centre de gravité, mener une ligne droite perpendiculaire à la trace sur le profil du plan du couple fléchissant ; c'est la ligne des fibres invariables ;

3° Prendre le moment d'inertie I de la surface par rapport à cette ligne droite ;

4° Prendre la distance v à cette ligne droite du point du profil qui en est le plus éloigné ;

5° Faire le quotient $\dfrac{I}{v}$.

11. *Profil rectangulaire plein.* — *Profil carré.*

Le centre de gravité est au centre de la figure en g (fig. 9).

La ligne des fibres invariables est xx qui divise le rectangle en deux moitiés égales.

Le moment d'inertie de chacune de ces moitiés est d'après la formule précédente [1] égal à $\dfrac{1}{3} b \left(\dfrac{h}{2}\right)^3$; le moment d'inertie total est égal au double.

C'est-à-dire que le moment d'un rectangle pris par rapport à l'axe passant par le centre de gravité est

$$I = \frac{2}{3} b \times \left(\frac{h}{2}\right)^3 = \frac{bh^3}{12} = \frac{Ah^2}{12}$$ en désignant par A l'aire $(b \times h)$ de la section transversale du solide.

La fibre la plus éloignée de la ligne des fibres invariables xx n'est pas unique ; toutes celles qui passent en ab et en cd sont dans le même cas ; donc

$$v = \frac{h}{2}, \quad \text{d'où } \frac{I}{v} = \frac{\left(\dfrac{bh^3}{12}\right)}{\dfrac{h}{2}} = \frac{bh^2}{6} = \frac{1}{6} A \cdot h.$$

Ainsi, la résistance à la flexion d'un prisme à base rectangulaire est proportionnelle à sa largeur et au carré de sa hauteur.

Pour une même superficie de la section, pour une même quantité de matière employée par suite de longueur, la résistance croîtra proportionnellement à la hauteur.

Car si $bh = \text{constante} = s, \dfrac{I}{v} = \dfrac{sh}{6}$

Pour le carré $b = h$, $I = \dfrac{1}{12} sb^2 = \dfrac{1}{12} b^4$ et $\dfrac{I}{v} = \dfrac{b^3}{6}$.

$$\text{si } h = 2b, \frac{I}{v} = \frac{b \cdot (2b)^2}{6} = 4 \frac{b^3}{6} = \frac{2}{3} b^3$$

la résistance est quadruple de celle du carré de même base.

$$\text{Si } h = 3b, \frac{I}{v} = 9 \frac{b^3}{6}$$

La résistance est 9 fois plus grande que celle du carré de même base et ainsi de suite.

On serait conduit à diminuer indéfiniment l'épaisseur des pièces au profit de leur hauteur, si les propriétés de la matière s'y prêtaient et, si au delà d'une certaine limite que la pratique seule peut indiquer, on n'était porté à craindre leur gauchissement.

Dans la charpenterie, il convient de faire $b = \dfrac{5}{7} h$; en effet, dans un cercle, le rectangle inscrit pour lequel le produit bh^2 est maximum, a ses côtés dans le rapport de 5 à 7 ; on a donc tout intérêt à débiter les bois en grume destinés à faire des poutres, solives ou arbalétriers, en prismes dont les côtés de la base offrent ce même rapport.

On peut vérifier que le volume et par suite le poids et le prix d'une pièce dans ces conditions sont inférieurs de 6 p. % aux volume, poids et prix de la pièce ayant pour base le carré inscrit qui donne le cube maximum, tandis que sa résistance l'emporte de 9 p. %.

Il est très-facile d'obtenir le rectangle inscrit dont les côtés sont entr'eux comme 5 à 7 ; il suffit de diviser en trois parties égales le diamètre db (fig. 10) et d'élever les perpendiculaires ae, cf aux points de division e, f ; la figure $abcd$, qui résulte de la construction, est le rectangle inscrit répondant au maximum de résistance(1).

2°. *Parallélogramme*. — La même formule s'applique évidemment à un parallélogramme de base b et de hauteur h (fig. 9).

3° Moment d'inertie *du rectangle dont un des côtés coïncide avec l'axe des moments*. (fig. 11.)

Dans ce cas $I = \dfrac{1}{3} Ab^2$.

4° Moment d'inertie *du rectangle dont l'axe des |moments est situé en dehors de la figure, c'est-à-dire par rapport à une droite yy parallèle au côté a, mais ne passant pas par le centre de gravité g du rectangle* (fig. 12).

On a évidemment
$$I = \frac{1}{3} a \left(m^3 - n^3\right) \qquad [1]$$

5° *Rectangle dont la hauteur est très-petite relativement à la distance qui sépare la figure de l'axe des moments* (fig. 13).

Si b est la hauteur du rectangle et h la distance du centre de gravité de figure à l'axe d'inertie, on a $m = h + \dfrac{b}{2}$, $n = h - \dfrac{b}{2}$, et en substituant dans la formule [1] ci-dessus, il vient

$$I = abh^2 + \frac{ab^3}{12} . \qquad [2]$$

Ce qui revient à remarquer qu'en prenant la somme des éléments d'un nombre de rectangles infiniment petits entre les limites $h + \dfrac{b}{2}$ et $h - \dfrac{b}{2}$, on a

$$I = \frac{1}{3} a \left[\left(h + \frac{b}{2}\right)^3 - \left(h - \frac{b}{2}\right)^3\right] = \frac{1}{3} a \left(3bh^2 + \frac{b^3}{4}\right) = ab \times h^2 + \frac{1}{12} ab^3$$

Le moment d'inertie par rapport à xx se compose donc de deux parties : l'une $ab \times h^2$ est le produit de l'aire de la fig. $efst$ par le carré h^2 de la distance à la droite xx du centre de gravité de cette figure ; l'autre $\dfrac{1}{12} ab^3$ n'est autre chose que

---

(1) La figure donne $\dfrac{\overline{ab}^2}{\overline{ad}^2} = \dfrac{be}{ed} = \dfrac{1}{2}$, d'où $\dfrac{ab}{ad} = \dfrac{1}{\sqrt{2}}$. Ainsi les dimensions sont dans le rapport $\sqrt{2} : 1$ ou $7 : 5$.

La figure donne aussi $\dfrac{\overline{ab}^2}{\overline{bd}^2} = \dfrac{be}{bd} = \dfrac{1}{3}$, on en déduit que les longueurs ab, bc, bd sont comme $1, \sqrt{2}, \sqrt{3}$.

le moment d'inertie de la figure par rapport à une droite yy menée parallèlement à xx par le centre de gravité. Cette loi est générale pour une figure quelconque.

Il arrive fréquemment que, dans les sections des poutres en tôle, l'épaisseur b d'une feuille soit très-petite par rapport à la distance h du centre de gravité de la feuille à l'axe neutre ; on peut, sans erreur appréciable, supprimer le terme $\frac{1}{12} ab^3$ dans la valeur de I et poser par approximation $I = ab \times h^2$.

6° *Rectangle incliné faisant avec l'horizontale un angle* α (fig. 14), figure analogue à celle des pannes dans les combles en charpente.

$$v = \frac{1}{2} (h \sin \alpha + b \cos \alpha)$$

$$I = \frac{1}{12} (h^3 \sin^2 \alpha + b^2 \cos^2 \alpha) bh$$

$$\frac{I}{v} = \frac{1}{6} \frac{(h^3 \sin^3 \alpha + b^2 \cos^2 \alpha) bh}{h \sin \alpha + b \cos \alpha}.$$

Cette valeur varie depuis un minimum pour lequel $\frac{I}{v} = \frac{b^2 h}{6}$ jusqu'à un maximum pour lequel $\frac{I}{v} = \frac{bh^2}{6}$ quand on fait varier l'angle α entre 0° et 90°.

12.   1° *Profil rectangulaire évidé, ou double* **I.**

Le rectangle peut être évidé, soit intérieurement, comme un tube, soit extérieurement, comme dans le profil dit en double **I** (fig. 15). La formule est la même dans les deux cas, à la condition de prendre les notations indiquées sur la figure. Le premier profil offre plus de stabilité ; le second, plus de facilité pour la fabrication.

Le centre de gravité et la ligne des fibres invariables sont au centre des figures, comme dans le cas précédent.

Le moment d'inertie du rectangle plein est $\frac{bh^3}{12}$.

Le moment d'inertie du rectangle évidé du tube ou des deux rectangles du double **I** est $\frac{b'h'^3}{12}$.

Celui du profil donné est égal à leur différence, c'est-à-dire que le moment d'inertie est évidemment la différence des moments d'inertie relatifs aux deux rectangles qui composent la figure et l'on a

$$I = \frac{1}{12} (bh^3 - b'h'^3)$$

la distance de la fibre la plus éloignée à la ligne des fibres invariables $v = \frac{h}{2}$,

donc $\frac{I}{v} = \frac{bh^3 - b'h'^3}{6h} = \frac{Ah^2 - A'h'^2}{6h}$ en appelant A, A' les surfaces des sections transversales des parallélipipèdes extérieur et intérieur (1).

___

(1) Nous venons de dire que la formule est la même dans les deux cas du rectangle évidé ou du profil en double I, on peut encore le démontrer de la manière suivante (fig. 17) :
Dans le cas où les deux nervures supérieure et inférieure sont égales, il est évident

La surface de la section étant constante, on peut faire varier de bien des manières le rapport des quatre quantités b, h, b', h' ; quelle relation donnera la forme la plus avantageuse?

On peut supposer d'abord que l'âme de la pièce et les deux branches ont une épaisseur constante et égale; on reconnaît qu'il est avantageux de faire cette épaisseur aussi faible que possible, on ne saurait toutefois descendre au-dessous d'une certaine limite indiquée par la pratique.

Cette épaisseur admise, le profil présente la forme la meilleure quand le rapport de la largeur à la hauteur $\dfrac{b}{h}$ est égal à environ $\dfrac{1}{3}$.

On obtient un résultat très-favorable quand on diminue l'épaisseur de l'âme jusqu'à ce qu'elle soit négligeable ; alors $b = b'$ (fig. 16)

$$\frac{I}{v} = \frac{b\,(h^3 - h'^3)}{6h}.$$

Si l'épaisseur $e = h - h'$ des semelles est mise en évidence dans cette formule, elle devient

$$\frac{I}{v} = be\left(\frac{h}{2} - \frac{e}{2} + \frac{e^2}{h6}\right).$$

Dans les grandes poutres symétriques en tôle, on peut, au moins pour une première approximation, négliger le moment d'inertie de l'âme et si l'épaisseur des ailes est assez faible par rapport à la hauteur, on peut aussi ne tenir aucun compte des deux derniers termes de l'expression précédente, elle se réduit alors à

$$\frac{I}{v} = \frac{bch}{2}$$

et elle est d'un emploi très-commode.

2° *Moment d'inertie d'un rectangle creux à parois minces* (b' *différant peu de* b) (fig. 18, pl. 1).

$$\frac{I}{v} = \frac{A - A'}{6}\,h, \quad (A = bh \text{ et } A' = b'h' \text{ aires des sections transversales}).$$

---

que la ligne des fibres invariables xx est au milieu de la section transversale et que le moment d'inertie est égal à la somme des moments d'inertie des rectangles qui constituent la nervure et de celui qui constitue le corps de la pièce ou, ce qui revient au même et conduit à des formules plus commodes pour les calculs, est égal à celui du rectangle extérieur $mnll$, diminué de deux fois celui d'un des rectangles égaux qs et hk.

On a donc, en posant $a = mn$, $b = ml$, $a' = pq + oh$ et hi $I = \dfrac{1}{12}(ab^3 - 2a'b'^3)$,

et la plus grande ordonnée étant $v = \dfrac{1}{2}b$, $\dfrac{I}{v} = \dfrac{1}{6}\dfrac{ab^3 - 2a'b'^3}{b}$.

On peut remarquer qu'on peut aussi assimiler cette forme à double **I** à un rectangle évidé. On voit en effet que si l'on coupe la fig. *mnpqrstlkiho* par la droite yy qui le partage en deux portions égales, on peut transporter la portion située à droite de cette ligne yy de manière qu'elle se joigne en mo et kl par les côtés np et sl, avec la portion de gauche, on forme ainsi un rectangle évidé, sans altérer ni les éléments de la section, ni leurs distances de l'axe xx des moments d'inertie; le moment cherché I n'est donc pas changé. En conséquence la formule $I = \dfrac{1}{12}(ab^3 - 2a'b'^3)$ donne le moment d'inertie de la section double **I**.

En effet, dans ces tubes rectangulaires creux $I = \frac{1}{12}(bh^3 - b'h'^3) = \frac{1}{12}(Ah^2 - A'h'^2)$ et si b' diffère peu de b, comme il arrive pour les tubes en tôle de fer assez mince, on peut prendre $b' = b$ et alors on a $I = \frac{1}{12}(A - A')b^2$.

$$v - \frac{h}{2}, \text{ on en déduit } \frac{I}{v} = \frac{1}{6}(A - A')b.$$

Par conséquent la formule d'équilibre pour ces tubes serait

$$\frac{RI}{v} = \frac{1}{6}R(A - A')b.$$

3° *Tubes à section carrée* (fig. 19). — Dans ce cas $b = b'$, $h = h'$ et les formules ci-dessus deviennent

$$I = \frac{1}{12}(Ab^2 - A'b'^2) = \frac{1}{12}(b^4 - b'^4) \text{ et } \frac{I}{v} = \frac{1}{6}\frac{(b^4 - b'^4)}{b}, \text{ parce que } v = \frac{1}{2}b.$$

Pour le cas, où la section carrée est à minces parois (b' différant peu de b)

$$\frac{I}{v} = \frac{1}{6}(b^3 - b'^3)$$

Cette formule donne une valeur légèrement trop faible pour $\frac{v}{I}$, mais elle facilite les calculs.

13. Le profil en double **I** à semelles égales est celui qu'on emploie fréquemment dans les constructions ; il présente les particularités suivantes :

1° La ligne des fibres neutres se trouve au milieu de la hauteur du solide, comme dans tous les profils symétriques ;

2° Il offre, par rapport au profil rectangulaire de faible épaisseur, une grande résistance par rapport aux actions perpendiculaires au plan de flexion.

3°. Une plus grande partie de sa section étant reportée à une certaine distance de son centre de gravité, il y a un moment d'inertie plus grand que pour le solide rectangulaire de même section.

Ces avantages sont tels qu'il doit être exclusivement employé pour les pièces de fer soumises à la flexion ; ils sont mis complétement en évidence par la comparaison entre le fer rectangulaire à 1/5 de base et le fer à double **I** de même section que l'on en peut obtenir par une simple transformation géométrique (fig. 20).

Le fer rectangulaire est représenté en A ; pour l'amener au profil B, on réduit à moitié l'épaisseur du premier fer et on reporte dans une position horizontale en forme d'ailes à chacune des extrémités, la moitié de la partie supprimée ; le fer en [qui en résulte est de même section que le fer primitif. Si maintenant, on distribue par moitié chacune des nervures des deux côtés du corps principal, on obtient en C le fer à **I** de même section.

Dans ces conditions, on établit que la substitution de l'un des fers à l'autre réduirait la dépense dans la proportion de $\frac{1,343}{1,942} = 0,69$.

Cette réduction de dépense par l'emploi des fers à **I** est souvent plus considérable et dans les conditions du meilleur emploi, on réduirait presqu'à moitié la section du fer à **I** équivalent à celle du fer rectangulaire au 1/5 de base.

Quant aux avantages relatifs à la plus grande stabilité et à la plus grande résistance aux actions transversales, l'examen seul de la figure 20 équivaut à une démonstration.

Il est bien rare maintenant que l'on emploie des poutres en fer à section rectangulaire dans les planchers ou dans les combles, mais il peut quelquefois être nécessaire d'y recourir dans d'autres constructions de moindre importance.

Une bonne proportion dans ce cas est celle de $a = \frac{1}{5} b$ qui correspond à

$$I = \tfrac{1}{12} ab^3 = \tfrac{1}{60} b^4, \quad \frac{I}{v} = \tfrac{1}{30} b^3 \quad \text{et} \quad A = ab = \tfrac{1}{5} b^2.$$

On a pour tous ces fers, la double relation

$$\frac{A}{M} = \frac{6}{R \cdot b} = 1{,}942 \cdot \frac{1}{R^{\frac{2}{3}} M^{\frac{1}{3}}} \qquad (M = \text{le moment fléchissant})$$

Cette formule suffira dans tous les cas, sous l'une ou l'autre de ses formes pour la comparaison avec un autre fer de même hauteur et de même moment résistant.

Pour les fers carrés, on aurait $\dfrac{A}{M} - 3{,}22 \dfrac{R^{\frac{2}{3}} M^{\frac{1}{3}}}{1}$, et d'une manière générale, en désignant par β le rapport de la base à la hauteur du profil

$$\frac{A}{M} = \frac{6}{R \cdot b} = \frac{3 \cdot 30 \, \beta^{\frac{1}{3}}}{R^{\frac{2}{3}} M^{\frac{1}{3}}}.$$

14. *Observations sur la détermination du centre de gravité d'une figure quelconque.*

Avant de passer à la détermination du moment d'inertie d'un fer à double I non symétrique, c'est-à-dire à nervures inégales, nous allons indiquer la manière de trouver le centre de gravité d'une figure irrégulière (fig. 21).

L'axe par rapport auquel le moment d'inertie doit être calculé, dans les problèmes relatifs à la flexion, devant toujours passer par le centre de gravité, il est nécessaire de déterminer cet axe toutes les fois que le centre de gravité n'est pas immédiatement donné. A cet effet, si l'on considère dans la figure un petit élément dA placé en M et dont l'abscisse est y par rapport à un axe parallèle à celui que l'on veut déterminer, le moment de cet élément est $y dA$; la somme de tous les moments analogues est $\Sigma y dA$; et cette somme doit être égale au moment de la surface totale A rapporté au centre de gravité g de la figure. Donc en désignant par Y, l'ordonnée du point g, on a

$$YA = \Sigma y dA, \text{ d'où l'on tire } Y = \frac{\Sigma y dA}{A}.$$

La valeur de l'ordonnée Y étant ainsi obtenue, on connaît l'axe xx par rapport auquel il faut calculer le moment d'inertie de la partie supérieure de la section et celui de la partie inférieure ; il ne reste plus qu'à faire la somme de ces deux moments pour avoir la valeur demandée de I.

15. *Relation entre les moments d'inertie pris par rapport à deux axes parallèles,* (fig. 22).

Le moment d'inertie d'une figure étant connu par rapport à un axe qui passe par le centre de gravité de la figure, on peut l'obtenir facilement par rapport à un axe parallèle au premier. Pour ne considérer, comme précédemment, que le cas d'une figure plane, si l'on désigne par I_A et I_G les moments d'inertie pris séparément par rapport aux axes zz et xx, ce dernier passant par le centre de gravité de la figure, on a, par définition, $I_A = \Sigma y^2 dA$ et en outre $y'^2 = (y + m)^2 = y^2 + 2my + m^2$, donc $I_A = \Sigma y^2 dA + 2m\Sigma y dA + m^2\Sigma dA$.

Mais, on a $\Sigma y^2 dA = I_G$, $m^2\Sigma dA = m^2 A$, et enfin $\Sigma y dA = 0$, puisque l'axe auquel sont rapportées les ordonnées y passe par le centre de gravité g de la figure, on conclut de là

$$I_A = I_G + m^2 A$$

formule extrêmement simple qui fait connaître l'un des deux moments d'inertie en fonction de l'autre, et qui peut servir à abréger les calculs dans un certain nombre de cas.

Cette formule montre d'ailleurs que le moment d'inertie est un minimum, lorsque l'axe d'inertie passe par le centre de gravité de la figure et ce minimum est la valeur que l'on doit considérer quand il s'agit de questions relatives à la résistance des matériaux. (*Voir plus loin une application numérique — fer à double* I *de semelles inégales.*)

16. *Profils en* T *simple. — Cas général. — (Rapport indéterminé entre les dimensions.)*

Dans ce cas, il faut d'abord déterminer la position de la ligne des fibres invariables qui n'est pas connue *à priori* et qui doit contenir le centre de gravité de la section : En appelant z sa distance à la face supérieure, on a, d'après le théorème des moments, en prenant ceux-ci par rapport à la ligne supérieure *mn* (fig. 23, pl. 1), on a

$$ab \times \frac{1}{2} b + a'b' \times \left(\frac{1}{2} b' + b\right) = (ab + a'b') \cdot z$$

d'où

$$z = \frac{1}{2} \frac{ab^2 + a'b'^2 + 2a'bb'}{ab + a'b'}.$$

Il est facile de voir maintenant que le moment d'inertie de l'aire *efrcdse* est égal à la somme des moments d'inertie du rectangle *efgh* et du rectangle *cdik*, diminuée de ceux des deux rectangles *rg* et *hs*.

Or, cette quantité est égale à

$$I = \frac{1}{3} \left[az^3 - (a - a')(z - b)^3 + a'(b + b' - z)^3\right]$$

La fibre la plus éloignée du plan des fibres neutres est évidemment située à la face *cd* ou à la distance $v = b + b' - z$ de ce plan; on a donc

$$\frac{I}{v} = \frac{1}{3} \frac{\left[az^3 - (a - a')(z - b)^3 + a'(b + b' - z)^3\right]}{b + b' - z}$$

expression dans laquelle il faudra substituer pour chaque cas, les valeurs de z relatives aux proportions adoptées.

Si l'on compare ce résultat à celui obtenu pour le double **I** et même pour le rectangle, on verra que le **⊤** simple est peu avantageux et que la résistance est inférieure à celle des deux autres profils. L'addition d'une seule semelle améliore peu le profil et ne se justifie que par la nécessité de trouver des points d'appui pour des pièces transversales dans quelques cas particuliers.

Cas particulier. — 1° $a' = b = \frac{1}{2} a$ et $b' = a$ (fig. 24-1).

$$z = \frac{2}{5} a \quad \text{et} \quad \frac{I}{v} = \frac{1}{15} a^3, \qquad \text{d'où l'on déduit la formule pratique}$$

$$\frac{Ra^3}{15}, \qquad \text{d'où} \qquad a^3 = \frac{15.}{R}.$$

2° $a' = b = \frac{1}{5} a$ et $b' = \frac{1}{2} a$ (fig. 24-2).

$$z = \frac{13}{60} a, \qquad \text{ou environ} \qquad z = \frac{1}{5} a$$

puis
$$\frac{I}{v} = \frac{11}{500} a^3, \qquad \text{et} \qquad \frac{RI}{v} = \frac{11}{500} a^3 \qquad \text{d'où} \qquad a^3 = \frac{500}{11 \cdot R}.$$

3° $a' = b = \frac{a}{10}$ et $b' = a$ (fig. 24-3).

$$\frac{I}{v} = 0{,}03072\, a^3, \quad z = \frac{13}{40} a, \qquad \text{ou environ} \qquad \frac{1}{3} a$$

c'est le cas des pièces minces en fer pour les couvertures en fer.

17. *Détermination du moment d'inertie d'un fer à double* **I** *de forme non symétrique ou irrégulière, c'est-à-dire à nervures inégales.* (Pièces employées pour les solives en fonte des ponts et pour les couvertures à grande portée ou les planchers en fer.)

Les fers à double **I**, au lieu d'avoir la symétrie qui a été examinée précédemment, ont quelquefois des nervures différant l'une de l'autre. Dans ce cas, le centre de gravité et par suite la ligne des fibres invariables ne sont plus au milieu de la hauteur, mais plus rapprochés de la nervure la plus forte.

Dans bien des cas, la différence des dimensions est assez faible pour que l'on puisse se contenter de la formule indiquée précédemment, en supposant les deux nervures égales à la plus petite, l'excédant de résistance qui en résultera pour la pièce telle qu'elle sera réellement, n'en assurera que mieux la solidité.

Mais, comme il est des cas où il y a entre les dimensions des nervures supérieure et inférieure une trop grande différence pour être négligée, il faut savoir en tenir compte.

En prenant les moments des deux parties du profil situées au-dessus et au-dessous de la ligne yy des fibres invariables, et nommant (fig. 25, pl. 1)

x la distance inconnue de cette ligne à la face supérieure;

a et a', les largeurs horizontales des nervures supérieure et inférieure;

a_1 l'épaisseur du corps de la pièce;

b_1 et b_1' l'épaisseur des nervures supérieure et inférieure;

b la hauteur totale extérieure du solide, on a pour le moment de la partie supérieure

$$a_1 x \times \frac{1}{2} . x - (a - a_1) . b_1 \left(x - \frac{b_1}{2} \right).$$

2

Et pour l'autre moment de la partie inférieure

$$a_1 (b - x) \cdot \frac{(b - x)}{2} + (a'_1 - a_1) b'_1 \cdot \left(b - x - \frac{b'_1}{2}\right).$$

Ces deux moments doivent être égaux, puisque la distance x se rapporte au centre de gravité de la section.

En effectuant les calculs et égalant ces deux moments, l'on a

$$x = \frac{(a - a') b^2_1 + a_1 b^2 + 2(a'_1 - a_1) b'_1 \left(b - \frac{b'_1}{2}\right)}{2[(a - a_1) b_1 + a_1 b + (a'_1 - a_1) b'_1]}. \qquad [3]$$

La position de la ligne des fibres neutres ainsi déterminée, les formules précédentes donnent les valeurs des moments d'inertie des deux portions, supérieure et inférieure, par rapport à cette ligne et en les ajoutant, on a le moment d'inertie total. On a ainsi pour le moment d'inertie de la partie supérieure

$$\tfrac{1}{3} a x^3 - \tfrac{1}{3} (a - a_1) (x - b_1)^3$$

et pour le moment d'inertie de la partie inférieure

$$\tfrac{1}{3} a'_1 (b - x)^3 - \tfrac{1}{3} (a'_1 - a_1) (b - x - b'_1)^3$$

et la somme de ces deux expressions donne

$$I = \tfrac{1}{3} \left[a x^3 - (a - a_1) (x - b_1)^3 + a'_1 (b - x)^3 - (a'_1 - a_1 (b - x - b'_1)^3\right] \qquad [4]$$

Lorsque la nervure la plus forte sera en dessous, le centre de gravité sera situé à une distance plus grande de la face supérieure que de la face inférieure, la fibre la plus éloignée de la ligne des fibres invariables sera alors sur la face supérieure à la distance $v = x$ et l'on aura

$$\frac{I}{v} = \tfrac{1}{3} \frac{\left[a x^3 - (a - a_1) (x - b_1)^3 + a'_1 (b - x)^3 - (a'_1 - a_1) (b - x - b'_1)^3\right]}{x}.$$

Si au contraire la nervure la plus forte était à la partie supérieure, $b - x$ serait plus grand que x, et ce serait cette valeur plus grande de $b - x$ qu'il faudrait introduire dans la formule pour celle de v.

La formule $y = \dfrac{\Sigma y\, dA}{A}$ indiquée précédemment (n° 14) abrégera beaucoup ces calculs. Pour en montrer l'application, faisons une application numérique.

18. *Déterminer le moment d'inertie d'une section en forme de double* **I**, *de dimensions données à semelles inégales* (fig. 26).

On doit d'abord remarquer qu'au point de vue de la flexion, le moment d'inertie est toujours pris par rapport à un axe passant par le centre de gravité de la section donnée, il faut donc chercher préalablement la position de ce point, et si l'on désigne par y sa distance à une droite menée perpendiculairement à l'axe de symétrie de la figure, par exemple, la droite $x\, x$, on a évidemment $y = \dfrac{\Sigma y\, dA}{A}$, et comme la figure donne

$$A = \begin{cases} + 0{,}032 \times 0{,}243 = 0{,}007776 \\ - 0{,}020 \times 0{,}221 = 0{,}004420 \\ + 0{,}064 \times 0{,}011 = 0{,}000704 \end{cases} = 0{,}0040600 \qquad \begin{array}{l} (0{,}032 - 0{,}012 = 0{,}020) \\ (0{,}096 - 0{,}032 = 0{,}064) \end{array}$$

$$\frac{\Sigma y\, dA}{A} \begin{cases} + 0{,}007776 \times 0{,}1215 \\ - 0{,}001420 \times 0{,}1215 \\ + 0{,}000704 \times 0{,}2375 \end{cases} = 0{,}0005749, \qquad \begin{array}{l} \left(\dfrac{0{,}243}{2} = 0{,}1215\right) \\ (0{,}243 + 0{,}011 + 0{,}0055 = 0{,}2375). \end{array}$$

Il en résulte
$$y = \frac{0,0005749}{0,0040600} = 0,1416.$$

La position du centre de gravité G, étant déterminée, on calcule facilement le moment d'inertie de la section par rapport à l'axe $x\,x$, qui passe par le centre G. On trouve ainsi

pour la partie inférieure $\frac{1}{3} . 0,032 \times (0,1416)^3 - \frac{1}{3} 0,020 \times (0,1306)^3 = 0,00001172$

pour la partie supérieure $\frac{1}{3} . 0,096 \times (0,1014)^3 - \frac{1}{3} 0,084 \times (0,0904)^3 = 0,00000511.$

Et par suite, le moment d'inertie total est $\qquad$ $I = 0,00001683.$

Application des formules [3] et [4] (n° 17).

Soient
$$a = 0^m,0635 ; \qquad a'_1 = 0^m,1016 ;$$
$$b_1 = 0\ ,0254 ; \qquad b'_1 = 0\ ,0097 ;$$
$$a_1 = 0\ ,0083 ; \qquad b\ = 0\ ,2129.$$

La formule [3] à l'aide de laquelle, on détermine la position du centre de gravité du profil donne

$$x = \frac{(0.0635-0,0083).\overline{0,0254}^2+0,0083\times\overline{0,2129}^2+2(0,1016-0,0083)\times0,0097\times(0,2129-0,0048)}{2(0,0635-0,0083)\times0,0254+0,0083\times0,2129+(0,1016-0,0083)\times0,0097,} = 0^m,0968$$

On en déduit [4].

$$I = \frac{1}{3}(0,0635 \times \overline{0,0968}^3 - (0,0625-0,0083)(0,0968-0,0254)^3 + 0,1016 \times (0,2129-0,0968)^3 -$$
$$(0,1016-0,0083)(0,2129-0,0968-0,0097)^3) = 0,00002801.$$

19. *Profil des pièces de fer en* U *et* ⊔. — Le profil U indiqué (fig. 27) peut être comparé à celui d'un fer à double **I** dont le corps serait d'une épaisseur double de celle de chacun des jambages de l'U. Cette forme offre les mêmes avantages que les fers à double **I**; elle se calcule de la même façon, et quand elle est retournée, elle repose sur les points d'appui par un large empâtement plus favorable, que la semelle du fer à **I**, à la parfaite stabilité de la construction. Il est essentiel cependant que le centre de gravité de la section soit au milieu de la hauteur, car toute inégalité, à cet égard, se traduisant d'un côté par l'augmentation de la valeur de v, réduirait la valeur de $\dfrac{I}{v}$ dans une notable proportion. En observant cette règle, on peut tirer un bon parti des fers dont la forme, indiquée par la figure 27 *bis*, n'est qu'une nouvelle traduction de la figure sans changement dans la hauteur ni dans la section, ni dans le moment d'inertie. Les mêmes formules pourraient encore être employées pour les fers en V en y appliquant les notations habituelles du fer à V équivalent (voir l'album des fers de Franche-Comté).

20. *Détermination du moment d'inertie* I *d'une section de poutre en tôle. c'est-à-dire d'un double* I *à nervures égales, composé de tôles et de cornières, pour poutres de chemins de fer.* (Les nervures inférieure et supérieure sont toujours d'égale section) (fig. 28).

1° *Méthode exacte.* — On fait encore un très-fréquent usage de poutres, dont les ailes sont formées de feuilles de tôle, réunies entre elles et à l'âme par des rivets et des cornières; ces poutres sont en général composées comme il suit : les deux tables ou semelles $m\,n$, $m^1\,n^1$ (fig. 28) sont réunies à une âme $e\,f$ au moyen de quatre cornières p, q, r, s ou d'un plus grand nombre et la section est symétrique à la fois par rapport aux deux droites rectangulaires $x\,x$, $y\,y$ passant par son centre de gravité g.

On n'a alors à s'occuper que d'une moitié de la section : celle qui est située au-dessous de $x\,x$ par exemple, sauf à doubler ensuite le résultat. On a la formule

$$I = {}^2/_3 \left[a\,(b^3 - b'^3) + a'\,(b'^3 - b''^3) + a''\,(b''^3 - b'''^3) + a'''\,b'''^3 \right]$$

ou bien

$$I = {}^2/_3 \left[ab^3 - (a - a')\,b'^3 - (a' - a'')\,b''^3 - (a'' - a''')\,b'''^3 \right].$$

Cette formule s'emploie pour le calcul des moments d'inertie des poutres de faible hauteur. L'usage des tables de cubes en simplifie l'application.

2° Méthode approximative pour les sections des grandes poutres.

On supposera pour plus de généralité, la section non symétrique par rapport à la droite $x\,x$ menée par son centre de gravité, de sorte que la position du centre de gravité ne soit pas connue d'avance (fig. 29).

On prendra, pour axe provisoire des moments une droite $z\,z$, perpendiculaire au plan de symétrie $y\,y$; on mesurera sur l'épure de la section, toutes les dimensions a, b, a', b'..... des rectangles élémentaires dans lesquels la section se décompose et les distances h, h'... des centres de gravité de ces rectangles à la distance $z\,z$.

Au moyen de ces données, on forme le tableau suivant : dans la colonne n° 1, on place les n°ˢ qui servent à désigner chacun des rectangles élémentaires.

Dans la colonne n° 2, on place les produits ab qui représentent l'aire de chacun des rectangles partiels ; leur somme A représente l'aire totale du profil donné.

Dans la colonne n° 3, on place les produits de chacune des aires inscrites dans la colonne n° 2 par la distance h de son centre de gravité à la ligne zz ; chacun de ces produits représente le moment d'un rectangle partiel par rapport à la ligne zz, leur somme S représente le moment du profil donné, en vertu de ce principe de statique que le moment de la résultante est égal à la somme des moments des composants.

Or, la statique nous apprend aussi que le moment d'une surface est égal au produit de cette surface par la distance de son centre de gravité à l'axe des moments ; soit h la hauteur inconnue du centre de gravité du profil au-dessus de la ligne zz, on doit donc avoir $S = hA$, d'où $h = \dfrac{S}{A}$.

DÉSIGNATION des rectangles	AIRES des rectangles particuliers	MOMENTS des rectangles par rapport à zz	VALEUR approximative du moment d'inertie des aires partielles
N° 0	$a \times b$	$ab \times h$	$abh \times h$
1	$a' \times b'$	$a'b' \times h'$	$a'b'h' \times h'$
2	$a'' \times b''$	$a''b'' \times h''$	$a''b''h'' \times h''$
3	$a''' \times b'''$	$a'''b''' \times h'''$	$a'''b'''h''' \times h'''$
4	$a^{iv} \times b^{iv}$	$a^{iv}b^{iv} \times h^{iv}$	$a^{iv}b^{iv}h^{iv} \times h^{iv}$
5	$a^{v} \times b^{v}$	$a^{v}b^{v} \times h^{v}$	$a^{v}b^{v}h^{v} \times h^{v}$
6	$a^{vi} \times b^{vi}$	$a^{vi}b^{vi} \times h^{vi}$	$a^{vi}b^{vi}h^{vi} \times h^{vi}$
TOTAUX.....	A	S	T

Ce quotient donnera immédiatement la position de la ligne des fibres invariable qui sera une parallèle à zz, menée à la distance h de cette ligne.

Dans la colonne n° 4, on place les produits de chacun des nombres inscrits dans la colonne n° 3, par la distance h de son centre de gravité à la ligne zz; chacun de ces produits représente le moment d'inertie d'un rectangle partiel par rapport à la ligne zz, en négligeant un terme très-petit. Leur somme T représentera le moment d'inertie du profil donné par rapport à zz avec une approximation très-suffisante (voir précédemment n° 12. — Profil rectangulaire évidé).

Or, on démontre, par des considérations qu'il est inutile de reproduire ici, que le moment d'inertie d'une surface par rapport à une ligne quelconque est égal au moment d'inertie par rapport à une parallèle à cette ligne menée par le centre de gravité, plus le produit de la surface pour le carré de la distance du centre de gravité à la ligne donnée. Pour déduire le moment d'inertie I par rapport à la droite xx menée parallèlement à zz par le point g, il faudra retrancher de T le produit de l'aire totale A par le carré de la distance h, ce qui revient à retrancher de T le produit $S h$. On a donc à faire la série d'opérations suivante :

$$h = \frac{A}{S}, \quad T = I + Ah^2, \quad \text{d'où} \quad I = T - Ah^2 = T - Sh.$$

On aura très-facilement v.

Cette méthode peut s'étendre à un profil quelconque (fig. 30 et 30 bis) en le décomposant en bandes étroites et horizontales ; mais elle donne, ainsi qu'il a été dit ci-dessus, une valeur un peu au-dessous de la valeur exacte.

21. *Méthode simplifiée pour les grandes sections symétriques par rapport à la droite xx* (fig. 31, pl. 1).

On néglige le moment d'inertie de l'âme ; on ajoute la section des cornières à la section de la table voisine ; soit A la section résultante, et l la distance du centre de gravité de la table supérieure m au centre de gravité de la table inférieure m'. On a, avec une approximation généralement suffisante :

$$I = \tfrac{1}{2}\, A\, l^2.$$

Dans ce cas, on peut prendre aussi pour valeur maximum de v la quantité $\dfrac{l}{2}$, de sorte que $\dfrac{I}{v}$ a pour valeur minimum Al.

Le moment d'élasticité a pour expression RAl, ce qui est évident, puisque RA représente la somme des forces moléculaires développées en sens différents dans chacune des sections m et m', et l le bras de levier du couple formé par ces deux groupes de forces.

Telles sont les formules indiquées par M. Collignon, dans son Cours de mécanique appliquée, pour la détermination du moment d'inertie I d'une section de poutre en tôle.

22. On peut aussi faire usage de la formule des fers à double I que nous avons considérés précédemment, c'est-à-dire qu'on a également (fig. 32 et 33, pl. 1)

$$I = \tfrac{1}{12}\, ab^3 - 2(a'b'^3 + a''b''^3 + a'''b'''^3)$$

et la fibre la plus allongée ou la plus raccourcie étant à la distance $v = \dfrac{b}{2}$ de la fibre invariable, placée au milieu, l'on a

$$\frac{v}{I} = \frac{ab^3 - 2(a'b'^3 + a''b''^3 + a'''b'''^3)}{6b}.$$

23. *Applications numériques des formules précédentes* (fig. 28 et 28 *bis*, pl. 1).

Soient, par exemple :

$b = 0^{\mathrm{m}},60$ hauteur totale ;

$a = 0\ ,30$ largeur des nervures ;

$e = 0\ ,010$ épaisseur d'âme pour la tôle et pour le supplément de l'arc correspondant étant en fer plat compris entre le 1/6 de la hauteur $b = 0,010$, d'où $e = 0,014$.

$e' = 0\ 0,10$ épaisseur des nervures

$e'' = 0\ 0,10$ épaisseur des cornières de $0^{\mathrm{m}}.070$ de côté dont le $1/8 = e''$.

Supposant le centre de gravité au milieu, et, considérant la poutre donnée uniquement composée de rectangles, on aura les relations suivantes :

$$\text{Pour la base}\quad I = \frac{0,3 \times \overline{0,60}^3}{12} - \frac{0,30 \times \overline{0,58}^3}{12} \qquad = 0,000,522,223$$

$$\text{Cornières}\quad I' = 2 \times \frac{0,06 \times \overline{0,58}^3}{12} - 2 \times \frac{0,06 \times \overline{0,56}^3}{12} \qquad = 0,000,194,960$$

$$\text{Cornières}\quad I'' = 2 \times \frac{0,01 \times \overline{0,56}^3}{12} - 2 \times \frac{0,01 \times 0,44}{12} \qquad = 0,000,148,720$$

$$\text{Ame}\quad I''' = \frac{0,010 + 0,004 = 0,014 \times \overline{0.58}^3}{12} \qquad = 0,000,227,630$$

$$\text{On aura donc pour la valeur de } I = \overline{0,001,093,533}$$

d'où

$$I = {}^1/_{12}\left[(ab^3 - 2(a'b'^3 + a''b''^3 + a'''b'''^3)\right] = 0,001,093.$$

2° *Application numérique* (fig. 32, pl. 1). (Application des formules du n° 22.)

$$\text{Soient } a = 400 \qquad b = 2100 \qquad b^3 = 9,261,000,000$$
$$a' = 95 \qquad b' = 2060 \qquad b'^3 = 8,741,816,000$$
$$a'' = 85 \qquad b'' = 2030 \qquad b''^3 = 8,365,427,000$$
$$a''' = 15 \qquad b''' = 1860 \qquad b'''^3 = 6,434,856,000$$

$$a\ b^3 = 400 \times 9,261,000,000 \qquad\qquad = 3,704,400,000,000$$
$$a'\ b'^3 = 95 \times 8,741,816,000 = 830,472,520,000$$
$$a''\ b''^3 = 85 \times 8,365,427,000 = 711,061,295,000$$
$$a'''\ b'''^3 = 15 \times 6,434,856,000 = 96,522,840,000$$

$$\overline{1,638,056,655,000 \times 2 = 3,276,113,310,000}$$
$$428,286,690,000$$

et

$$\frac{428,286690,000}{12} = 35690,557,500 = I = {}^1/_{12}\left[ab^3 - 2\,(a'b'^3 + a''b''^3 + a''b''^3)\right]$$

3° *Application numérique* (fig. 33).

$$\text{Soient } a = 500 \qquad b = 2100 \qquad b^3 = 9,261,000,000$$
$$a' = 140 \qquad b' = 2040 \qquad b'^3 = 8,489,644,000$$
$$a'' = 85 \qquad b'' = 2010 \qquad b''^3 = 8,120,601,000$$
$$a''' = 15 \qquad b''' = 1840 \qquad b'''^3 = 6,229,504,000$$

$$a \; b^3 \;\; .= 500 \times 9,261,000,000 \qquad\qquad\qquad = 4,630,500,000,000$$
$$a' \; b'^3 = 140 \times 8,849,644,000 = 1,156,540,000,000$$
$$a'' \; b''^3 = \;\; 85 \times 8,120,601,000 = \;\; 690,251,085,000$$
$$a''' \; b'''^3 = \;\; 15 \times 6,229,504,000 = \;\;\; 94,442,560,000$$
$$\overline{ 1,941,234,645,000 \times 2 = 3,882,469,290,000}$$
$$\overline{ 748,030,710,000}$$

et

$$I = {}^1/_{12}\, ab^3 - 2\,(a'b'^3 + a''b''^3 + a'''b'''^3) = \frac{748,030,710,000}{12} = 62,335,892,500$$

et moment de résistance

$$\frac{RI}{v} = \frac{6,000,000 \times 62,335,892,500}{1050} = 357,062$$

en prenant $R = 6,000,000$

tels sont les laborieux calculs à faire pour déterminer le moment de résistance correspondant à une tension de 6^K par mill. carré.

24. *Profil en croix d'équerre* (fig. 34). — La pièce étant encore symétrique, son centre de gravité est sur la ligne xx qui partage le rectangle en deux parties égales parallèlement à ses côtés et il est évident que le moment d'inertie de la section totale est égal à celui du rectangle *efgh* augmenté de deux fois celui du rectangle *imno*. On a donc d'après les notations de la figure $I = {}^1/_{12}\,(ab^3 - 2a'b'^3)$ et comme ici la plus grande ordonnée v du profil est $v = \dfrac{b}{2}$, on a

$$\frac{I}{v} = {}^1/_6 \,\frac{ab^3 + 2a'b'^3}{b}.$$

Ces formules sont les mêmes que celles du double **I** renversé (fig. 34 *bis*).
Ce profil n'est pas avantageux.
Passons maintenant à des profils triangulaires, circulaires, elliptiques, etc.

25. *Profils triangulaires. Triangle dont un des côtés est parallèle à l'axe des moments d'inertie* (fig. 35-1, pl. 1).

On a

$$dA = z\,dy \text{ et } \frac{z}{b} = \frac{m-y}{c}, \quad \text{d'où} \quad dA = \frac{b\,(m-y)}{c}\,dy;$$

il en résulte

$$I = {}^1/_{12}\,\frac{b}{c}\,(m^4 + 4mn^3 + 3n^4).$$

Cas particulier de la formule précédente.

1° *Triangle dont l'axe des moments passe par le centre de gravité de la figure* (fig. 35-1).
On a

$$m = \frac{2c}{n}, \quad n = \frac{3}{c}, \quad \text{d'où} \quad I = {}^1/_{36}\,bc^3 = {}^1/_{18}\,c^2 A, \quad v = {}^2/_3\,b, \quad \frac{I}{v} = {}^1/_{24}\,bc^2.$$

2° *Triangle dont l'axe des moments coïncide avec la base b* (fig. 35-2).
On a

$$n = 0 \quad \text{et} \quad m = c, \quad \text{d'où résulte} \quad I = {}^1/_{12}\,bc^3 = {}^1/_6\,c^2 A. \qquad [2]$$

3° *Triangle dont l'axe des moments passe par le sommet* (fig. 35-3).

On a

$$m = 0, \quad n = c \quad \text{et par suite} \quad I = {}^1/_4\, bc^3 = {}^1/_2\, c^2 A.$$

26. *Moment d'inertie d'un carré reposant sur une arête*, c'est-à-dire dont une diagonale coincide avec l'axe des moments (fig. 36, pl. 1).

On a deux triangles égaux et la formule [2] donne immédiatement le moment d'inertie d'un carré reposant sur une arête.

$$I = 2\,\frac{d}{12}\left(\frac{d}{2}\right)^3 = {}^1/_{48}\, d^4$$

et à cause de $\quad d = b\sqrt{2},\quad$ on peut aussi écrire $\quad I = {}^1/_{12}\, b^4.$

27. *Losange* (fig. 37). — Moment d'inertie par rapport à la diagonale a.

$$I = {}^1/_{48}\, ab^3. \quad V = \frac{b}{2}, \quad \frac{I}{v} = \frac{1}{2h}\, ab^2.$$

28. *Hexagone régulier* (fig. 38). — Décomposant la figure en triangles et en rectangles, on trouve facilement

$$I = {}^5/_{16}\, c^4 \sqrt{3} = {}^5/_{24}\, c^2 A.$$

29. *Octogone régulier* (fig. 39). — On obtient aussi pour l'octogone régulier

$$I = {}^1/_{12}\, c^4 \left(11 + 8\sqrt{2}\right) = {}^1/_{24}\, c^2 A \left(5 + 3\sqrt{2}\right).$$

30. *Profils circulaires.* — *Cercle plein* (fig. 40, pl. 2). — Le moment d'inertie d'un cercle par rapport à son diamètre ou axe des moments, est

$$I = \frac{\pi . R^2 . R^2}{4} = {}^1/_4 \times 3,14 . R^4 = {}^1/_4 AR^2 = \frac{AD^2}{16}$$

et parce que $v = R$

$$\frac{I}{v} = {}^1/_4 \times 3,14 . R^3 = \frac{AR}{4} = \frac{AD}{8}.$$

31. *Cercle évidé annulairement et à parois épaisses.* — Pour les profils annulaires de deux cercles concentriques, on retranche la partie vide de la partie pleine en faisant les deux opérations. Nommant r et r' les rayons extérieur et intérieur, on a, pour le cas des parois épaisses (fig. 41),

$$I = {}^1/_4 \times 3,14 \times (r^4 - r'^4) = {}^1/_4 A . (r^2 + r'^2) = 0,0491\,(D^4 - D'^4)$$

l'ordonnée la plus éloignée de la surface des fibres invariables étant ici $v = r$, on a

$$\frac{I}{v} = \frac{3,14 \times (r^4 - r'^4)}{4 . r} = \frac{A\,(r^2 + r'^2)}{4 . r} = \frac{0,0982 \times (D^4 - D'^4)}{D}.$$

32. *Cercle évidé annulairement et à parois minces* (r' *différant peu de* r). — Pour le cas de tubes cylindriques à parois minces (fig. 42).

On a

$$I = \frac{AR_1^2}{4}, \quad \text{et} \quad \frac{I}{v} = \frac{AR_1}{4}.$$

en nommant R_1 le rayon des tubes,

La formule d'équilibre devient alors

$$\frac{RI}{v} = \frac{R \cdot AR_1}{4}.$$

Comparaison d'un cylindre plein à un cylindre creux sous le rapport de la résistance à la flexion. — En comparant la formule $\frac{I}{v} = \frac{1}{4} AR$ du 1er cas, avec la valeur $\frac{1}{4} A \frac{(r^2 + r'^2)}{r}$ du second, M. Morin démontre qu'à section égale et par suite à volume égal, le moment d'inertie et par suite la résistance d'un cylindre plein, n'est guère que le 1/3 de celle d'un cylindre creux dont les dimensions sont conformes aux proportions qu'il a indiquées (Morin, page 170) (1).

33. *Profils elliptiques. Ellipse pleine.* — $2a$ étant le petit axe et $2b$ le grand axe, le moment d'inertie et la valeur de $\frac{I}{v}$, pour un profil elliptique plein, sont par rapport

au petit axe (fig. 43, pl. 2) : $\quad I = \frac{\pi ab^3}{4} = \frac{Ab^2}{4} ; \quad \frac{I}{v} = \frac{\pi ab^2}{2},$

au grand axe (fig. 44) : $\quad I = \frac{\pi ba^3}{4} = \frac{Aa^2}{4}, \quad \frac{I}{v} = \frac{\pi ba^2}{2}.$

34. *Ellipse creuse.* — Pour le profil annulaire elliptique, $2a'$ et $2b'$ étant le petit et le grand axe intérieurs, on a, par rapport :

au petit axe (fig. 45) : $\quad I = \frac{\pi}{4} (ab^3 - a'b'^3), \quad \frac{I}{v} = \frac{\pi(ab^3 - a'b'^3)}{2b},$

au grand axe (fig. 46) : $\quad I = \frac{\pi}{4} (ba^3 - b'a'^3), \quad \frac{I}{v} = \frac{\pi(ba^3 - b'a'^3)}{2a}.$

Profils circulaires ou elliptiques (fig. 47). — *Remarque.* — Les formules précédentes peuvent aussi se déduire de l'ellipse évidée qui sont les suivantes :

$$I = \frac{\pi}{4} (ba^3 - b'a'^3), \quad \frac{I}{v} = \frac{\pi (ba^3 - b'a'^3)}{4a}.$$

---

(1) Soient r le rayon extérieur, r' le rayon intérieur, on a

$$I = \frac{\pi (r'^4 - r'^4)}{4} = \frac{\pi (r^2 - r'^2)}{4} \times (r^2 + r'^2).$$

Et par suite, la limite de P sera

$$P = \frac{E\pi^3 (r^2 - r'^2) (r^2 + r'^2)}{4h^2},$$

divisant par $\pi (r^2 - r'^2)$, surface de l'anneau, on a

$$\frac{P}{\pi (r^2 - r'^2)} = \pi^2 E \frac{r^2 - r'^2}{4h^2}.$$

comparant ce résultat à celui qu'on obtiendrait pour une pièce cylindrique de longueur h et de section égale à celle de la pièce creuse, r'' étant le rayon de cette section pleine, on aura pour la limite correspondante de la force

$$\frac{P'}{\pi r''^2} = \frac{\pi E}{4} \left(\frac{r''}{h}\right)^2 \quad \text{et par suite} \quad \frac{P'}{P} = \frac{r''^2}{r^2 + r''^2} = \frac{r' - r'^2}{r^2 + r'^2}.$$

On voit donc qu'à égalité de section, la limite P peut être notable en remplaçant la pièce pleine par une pièce creuse, renfermant la même quantité de matière.

Pour l'ellipse pleine $a' = o, \quad b' = a$,

$$I = \frac{\pi}{4}\, ba^3, \quad \frac{I}{v} = \frac{\pi}{4}\, ba^2.$$

Pour le cercle évidé $a = b, \quad a' = b'$,

$$I = \frac{\pi}{4}\,(a^4 - a'^4), \quad \frac{I}{v} = \frac{\pi\,(a^4 - a'^4)}{4a}.$$

Pour le cercle plein $a' = o$,

$$I = \frac{\pi}{4}\, a^4, \quad \frac{I}{v} = \frac{\pi}{4}\, a^3.$$

35. *Examen comparatif des résultats précédents au point de vue de la déformation que subit un solide soumis à des efforts donnés.*

$$\text{La formule } f = \frac{EI}{M} \quad \text{ou plutôt} \quad \frac{I}{f} = \frac{M}{EI}$$

montre que la courbure des fibres moyennes, dans une section donnée, est d'autant plus faible que la quantité I est plus grande ; et l'on conçoit que, dans toute bonne construction, les matériaux employés doivent, autant que possible, conserver les formes qui leur ont été assignées à l'origine, et comme il convient, au point de vue de la dépense, de n'employer que la quantité de matière strictement nécessaire, on doit rechercher quelle est, pour une section donnée A, la disposition qui donne la plus grande valeur du moment d'inertie I de cette section. On peut pour cela comparer deux à deux, de la manière suivante, les formules qui se rapportent à une même forme de section, mais il convient de faire remarquer que pour la détermination de ces dimensions, il faut aussi tenir compte de l'influence spéciale de la hauteur de la section (fig. 48, pl. 2).

1° Sous le rapport de la courbure de la pièce, la disposition (B') est plus avantageuse que la disposition (B), d'où il semble résulter que l'avantage est d'autant plus grand que le rapport $\frac{a}{b}$ est lui-même plus grand, cependant plusieurs causes s'opposent, comme on l'a vu précédemment (n° 11), à ce que le rapport de la hauteur à la base dépasse une certaine limite.

2° Les dispositions (c') et (c) sont également avantageuses, mais la disposition (c') est toujours préférable, eu égard aux facilités d'exécution qu'elle présente sur la disposition (c).

3° La forme (D') serait évidemment préférable à la forme (D), si ces formes étaient en usage dans l'industrie.

4° Les dispositions (E) et (E') sont également avantageuses, mais la première se prête beaucoup mieux aux exigences de la construction.

5° En supposant toujours que la section soit la même, le rayon r de la figure (F') est nécessairement plus grand que le rayon R de la figure (F) et par conséquent la première disposition est plus avantageuse que l'autre.

6° Quant aux figures (K') et (K), on voit que la disposition (K') est la plus avantageuse au point de vue de la courbure que prendra la pièce sous une charge donnée.

Pour mieux fixer encore les idées sur les avantages respectifs des diverses formes de profil étudiées ci-dessus, on peut calculer les valeurs du rapport $\frac{I}{v}$ pour un certain nombre de figures, ayant toutes la même aire intérieure ; appliquées à la construction d'une pièce droite, de longueur donnée, elles emploieraient toutes la même quantité de matière, mais elles présenteraient dès résistances très-diverses.

Soit, par exemple, une aire de 100 centimètres carrés ; on a figuré dans le tableau ci-joint les résultats obtenus pour 20 profils ayant tous cette surface ; la colonne n° 5 indique la valeur de $\frac{I}{v}$ correspondant à chacun des cas étudiés ; la colonne n° 6 indique le rapport de cette valeur à celle qui est relative au cercle plein pris pour unité.

Si la substance employée est de fer, elle pourra supporter une charge permanente de 600 kilog. par centimètre carré, et si nous admettons qu'il ne convient pas de réduire l'épaisseur des pièces à moins d'un centimètre, les divers profils appliqués à des barres de 1ᵐ de long, posées sur deux appuis placés à leurs extrémités, pourront supporter respectivement les charges uniformément réparties indiquées ci-dessous.

n° 1.	cercle plein,	6,768 kilog.
n° 3.	carré,	7,968
n° 9.	rectangle, $\frac{b}{h} = \frac{1}{6}$,	18,192
n° 11.	double **I** $\frac{b}{h} = 1$,	60,048
n° 15.	id. $\frac{b}{h} = 5$.	88,752

Ces résultats mettent bien en évidence la supériorité du profil en double **I**.

On voit, par les valeurs de $\frac{I}{v}$ inscrites à la colonne n° 5, qu'à partir du rapport $\frac{1}{5}$ (n° 15), la résistance croît très-peu, et même qu'à partir du n°20 pour lequel $\frac{b}{h} = \frac{1}{6}$, elle va en diminuant, très-lentement, il est vrai, en s'approchant de la limite donnée par le n° 10. Il semble donc que le rapport le plus avantageux à observer dans les fers à double **I**, soit compris entre $\frac{b}{h} = \frac{1}{4}$ et $\frac{b}{h} = \frac{1}{5}$; l'excédant de rigidité obtenu par l'élargissement des ailes compense et au-delà, la faible résistance additionnelle que l'on obtiendrait en adoptant le rapport $\frac{1}{6}$.

Les résultats des n°ˢ 17 et 18 font ressortir le rôle des diverses parties d'un fer en **I** ; en effet, on a :

Profil complet	n° 15	88,752 kil. Rapports	1ᵐ,00
Suppression d'une aile	n° 16	52,896	0ᵐ,59
Suppression des 2 ailes	n° 17	41,472	0ᵐ,45
Suppression de l'âme	n° 18	49,728	0ᵐ,55
Toute la matière disponible concentrée dans les 2 ailes	n° 19	177,600	2ᵐ,00.

Ainsi, dans l'exemple précédent, à une âme pesant 56 kil., si l'on ajoute deux ailes pesant seulement 22 kilog., on la rendra capable de supporter une charge double de celle qu'elle pourrait supporter isolément.

36. *Résistance comparée de divers profils ayant tous la même aire.*

Numéros (1)	INDICATION des profils (2)	VALEUR des éléments (3)	Formule de $\frac{I}{b}$ (4)	Valeur $\frac{I}{b}$ de (5)	Rapport au cercle (6)	OBSERVATIONS (7)
		contimètres				
1	(Fig. 49, pl. 2.) Cercle plein	$a=5,6$	$\frac{I}{v}=\frac{\pi}{4}a^3$	141	1	Voir les figures correspondantes à ce tableau (fig. 49, pl. 2), portant les nᵒˢ de la 1ʳᵉ colonne.
2	Cercle évidé	$a=16,42$ $a'=15,42$	$\frac{I}{v}=\frac{\pi(a^4-a'^4)}{4a}$	772	5,47	
3	Carré	$h=10$	$\frac{I}{v}=\frac{h^3}{6}$	166	1,18	Tous les profils indiqués ont une aire égale à 100, excepté les nᵒˢ 16, 17 et 18.
4	Losange carré	$h=7,\quad b=14$	$\frac{I}{v}=\frac{bh^2}{6}$	114	0,82	
5	Rectangle $\frac{b}{h}=\frac{5}{7}$	$h=11,83$ $b=8,44$	$\frac{I}{v}=\frac{bh^2}{6}$	195	1,39	
6	id. $\frac{b}{h}=\frac{1}{2}$	$h=14,\quad b=7$	id.	229	1,63	
7	id. $\frac{b}{h}=\frac{1}{3}$	$h=17,50,\ b=5,7$	id.	291	2,12	
8	id. $\frac{b}{h}=\frac{1}{4}$	$h=20,\quad b=5$	id.	333	2,37	
9	id. $\frac{b}{h}=\frac{1}{5}$	$h=22,5,\quad b=4,5$	id.	379	2,70	
10	id. $\frac{b}{h}=\frac{1}{100}$	$h=100,\quad b=1$	id.	1666	10,00	
11	Double ⵊ $\frac{b}{h}=1$	$b=h=34$	$\frac{I}{v}=\frac{bh^3-b'h'^3}{6h}$	1251	8,93	
12	id. $\frac{b}{h}=\frac{1}{2}$	$b=25,5,\quad h=51$ $b'=24,5,\quad h'=49$	id.	1634	11,67	
13	id. $\frac{b}{h}=\frac{1}{3}$	$b=20,5,\quad h=61,5$ $b'=19,5,\quad h'=59,5$	id.	1791	12,79	
14	id. $\frac{b}{h}=\frac{1}{4}$	$b=17,\quad h=68$ $b'=16,\quad h'=66$	id.	1834	13,00	
15	id. $\frac{b}{h}=\frac{1}{5}$	$b=14,\quad h=74$ $b'=13,\quad h'=72$	id.	1849	13,07	
16	Simple T	$b=14,\quad h=73$ $b'=13,\quad h'=72$ $v=42$	$v=\frac{bh^2-b'h'^2}{2(bh-b'h')}$ $I=\frac{1}{3}(bh^3-b'h'^3)-v^2(bh-b'h')$	1102	7,80	Obtenu en supprimant une aile du nᵒ 15.
17	Ame du nᵒ 15	$b=1,\quad h=72$	$\frac{I}{v}=\frac{bh^2}{6}$	864	6,12	Suppression des deux ailes du nᵒ 15.
18	Double ⵊ s. âme	$b=14,\quad e=2$ $h=74$	$\frac{I}{v}=\frac{beh}{2}$	1036	7,34	Suppress. de l'âme du nᵒ 15.
19	id.	$b=50,\quad e=2$ $h=74$	id.	3700	26,43	Toute la matière étant concentrée dans les ailes écartées, comme dans le nᵒ 15.
20	Double ⵊ $\frac{b}{h}=\frac{1}{6}$	$b=12,\quad h=78$ $b'=11,\quad h'=76$	$\frac{I}{v}=\frac{bh^3-b'h'^3}{6h}$	1850	13,11	
21	id. $\frac{b}{h}=\frac{1}{10}$	$b=8,\quad h=86$ $b'=7,\quad h'=84$	id.	1820	13,02	
22	id. $\frac{b}{h}=\frac{1}{15}$	$b=6,\quad h=90$ $b'=5,\quad h'=88$	id.	1790	12,78	
23	Croix d'équerre	$a=1,\quad b=49,5$ $a'=24,75,\ b'=1$	$\frac{I}{v}=\frac{ab^3-2a'b'^3}{6b}$	408	2,91	

37. *Détermination du moment d'inertie d'une figure irrégulière quelconque.*

Outre les fers dont nous venons de parler, il en est d'autres d'une forme plus irrégulière dont il faut savoir également déterminer les moments d'inertie.

1° *Soit à déterminer le moment d'inertie de la figure plane irrégulière* (50, pl. 2).

On détermine d'abord la position de la ligne des fibres invariables qui n'est pas connue. On prend alors l'empreinte du profil dont il s'agit de trouver le moment d'inertie, et pour déterminer la position de la ligne des fibres invariables passant par le centre de gravité et parallèlement à sa base, on appuie yy; on partage cette base en un certain nombre de parties rectangulaires, en sept par exemple ; on mène du milieu de ces rectangles à la base, les ordonnées l', l'', l''', l^{IV}, l^{V}, l^{VI}, l^{VII} ; on fait la surface de chacun de ces rectangles qu'on multiplie par chacune de ces ordonnées, produit que l'on exprime en mètres carrés ; on fait la somme des surfaces, puis la somme des surfaces multipliées par les ordonnées, et l'on divise cette dernière somme par la première, le résultat donne la hauteur en millimètres de la ligne des fibres invariables passant par le centre de gravité g, c'est ce qui résulte de ce qui a été dit n° 20.

On obtient ensuite le moment d'inertie comme il a été également indiqué n° 20.

2° *Cas où le centre de gravité se trouve en dehors du fer, dans l'espace compris entre les deux joues* (fig. 52 pl. 2).

L'inspection seule de la figure indique qu'il faut opérer comme dans l'exemple précédent par rapport à une ligne yy pour déterminer la position de la ligne parallèle xx passant par le centre de gravité, et par suite le moment d'inertie de la figure proposée.

3° *S'il s'agit de déterminer le moment d'inertie d'un fer à simple* T *de la forme indiquée* (fig. 51) ce fer présentant des surfaces rectangulaires et trapézoïdales régulières, on peut en obtenir facilement le centre de gravité en suivant une méthode analogue à celle indiquée n° 20. On peut aussi le diviser en rectangles présentant la même surface que le fer et opérer comme ci-dessus.

On peut encore avoir recours, pour déterminer le moment d'inertie d'une figure plane irrégulière, aux procédés graphiques suivants indiqués par M. Tresca, dans son cours de mécanique appliquée.

1re Méthode. — *Soit* dbc *la portion de figure considérée et a a' l'axe du moment d'inertie* (fig. 65, pl. 2).

Le moment d'inertie élémentaire d'une bande infiniment petite de hauteur dy et de longueur dx prise parallèlement à l'axe $a\,a'$ est $y^2\,xdy$. Si l'on construit un rectangle ayant la même hauteur dy et pour base une longueur $m\,n'$ égale à $x\,y^2$, ce rectangle exprime graphiquement la valeur du moment d'inertie élémentaire de la bande considérée. Si l'on décompose toute la figure en un nombre suffisant de bandes semblables et qu'on fasse la même construction pour chacune d'elles, on obtient un ensemble de points tels que n' et l'aire comprise dans cette courbe représente le moment d'inertie de la figure.

2e *Méthode.* Si l'on prend maintenant un rectangle infinitésimal perpendiculaire à l'axe $a\,a'$ (fig. 65, pl. 2), son moment d'inertie est, égal à $\frac{1}{3}\,dx\,y^3$, de sorte que si l'on détermine à l'échelle du dessin, une longueur $m\,n'$ égale au produit $\frac{1}{3}\,y^3$, le rectangle dont la base est dx et la hauteur mn' exprime le moment d'inertie de l'élément ydx.

En faisant la même construction pour un nombre suffisant d'éléments semblables pris sur l'ensemble de la figure donnée, on détermine encore une aire dont la valeur est le moment d'inertie cherché.

Il peut arriver que la figure considérée ait un évidement comme dans la figure $b'a'd'$ (fig. 67, pl. 2). Dans ce cas, le moment d'inertie d'un élément, tel que mn a pour expression $\frac{1}{3} dx (y^3 - y'^3)$ et la représentation graphique de cette valeur est donnée par un rectangle dont la base est toujours dx et dont la hauteur pq a pour valeur le produit $\frac{1}{3} (y^3 - y'^3)$.

Ce cas se présente souvent dans la recherche du moment d'inertie d'une section à double I de fers du commerce, ou par certaines considérations de construction ou de fabrication, ce profil présente des contours qui se prêtent peu au calcul; c'est en particulier ce qui arrive pour les fers laminés, en forme de double I, dont les semelles sont terminées et raccordées avec le corps par des contours arrondis et dont le corps n'a pas partout la même épaisseur et qu'il est par conséquent difficile de ramener à des formules géométriques simples.

Nous avons indiqué plus loin (n° 44) un procédé tout géométrique et d'une application facile, qui est une application des méthodes de quadrature, donné par M. Morin dans ses leçons de mécanique.

Par des procédés analogues M. Tresca indique de la manière suivante qu'on peut obtenir la détermination graphique du centre de gravité d'une aire plane.

1re Méthode. Pour calculer la valeur de y qui satisfait à l'équation $Y = \dfrac{\int y d \mathrm{A}}{\mathrm{A}}$, on décompose la section considérée en bandes parallèles à l'axe des x (fig. 68, Pl. 2). Le moment de la bande mn étant égale à $yxdy$, il suffit de construire un rectangle dont la hauteur soit dx et dont la base $m\,n'$ soit égale à xy; puis de déterminer un nombre suffisant de points tels que n'; on obtient ainsi une courbe limitant une aire dont la valeur est égale à $\int y d\mathrm{A}$, et en divisant par A, on obtient Y. La valeur $X = \dfrac{\int x d \mathrm{A}}{\mathrm{A}}$ qui avec l'ordonnée Y fixe la position du centre de gravité, se détermine de la même manière par une décomposition de la figure en bandes parallèles à l'axe des y.

2e Méthode. (Fig. 69, Pl. 2). On peut déterminer la valeur $\dfrac{\int y d \mathrm{A}}{\mathrm{A}} = Y$ en considérant des bandes parallèles à l'axe des y et pour chacune desquelles la quantité $yd\mathrm{A}$ ait pour expression $\dfrac{y}{2} \times ydx$. On obtient ainsi une aire dont la valeur divisée par celle de la figure donnée, fait connaître la valeur de Y.

27 bis. *Procédé Poncelet*. Pour déterminer le moment d'inertie d'une figure irrégulière quelconque, M. Poncelet a donné aussi le procédé suivant fort simple.

Soit ik une section transversale quelconque du corps (fig. 53) et a l'aire d'une fibre située à la distance mc ou $m'c' = v$ de la ligne des fibres invariables xx. Menons $mp = m'd = mc$ perpendiculaire au plan de ik; on aura évidemment $av = a \times mp$ ou le volume du prisme dont la base est a et la hauteur mp ou v, et le produit $av^2 = a \times mp \times mc$ sera le moment de ce volume, par rapport au plan des fibres invariables qui passe par le centre de gravité et qui est perpendiculaire au plan des forces moléculaires.

Donc, pour avoir le moment d'inertie total, il faudrait prendre la somme des moments de toutes les tranches élémentaires des profils semblables à ilc et $l'kc$, tant en dessus qu'en dessous de cx, et ajouter ensemble les deux sommes respectivement relatives aux parties supérieure et inférieure de la section.

Or, pour le triangle ilc, cette somme est égale au moment du triangle par rapport à cx, ou au produit de sa surface $\frac{1}{2}\,ci \times il$ par la distance $\frac{2}{3}\,pi$ de son centre de gravité à la ligne cx ; elle est donc égale à $\frac{1}{3}\,ci^3$, attendu que $ci = il$.

Cas où le conteur de la section transversale considérée est quelconque.

Lorsque le profil de la section transversale sera quelconque, si l'on appelle toujours v l'ordonnée extérieure $c'c_1$ de son contour extérieur par rapport à la ligne xx et e l'épaisseur d'une tranche élémentaire $c'c_1$ du profil, le moment d'inertie de cette tranche par rapport à xx sera $\frac{1}{3}\,v^3 e$ et la valeur de la quantité $\frac{I}{v}$ relative à cette tranche sera $\frac{1}{3}\,v^2 e$.

Pour avoir les valeurs totales de I et de $\frac{I}{v}$ pour la section entière, il faudra donc prendre la somme de toutes les quantités semblables, ce qui se fera facilement, soit par les méthodes de calcul connues, s'il s'agit de formes régulières et géométriques, soit par la formule de Simpson.

Dans ce dernier cas, si l'on nomme a la largeur du profil dd, on la partage en un nombre pair $2n$ de parties égales ; on a par le tracé, pour chaque point de division, les ordonnées $v_1, v_2, v_3 \ldots\ldots v_{2n+1}$ et l'on en déduit

$$I = \tfrac{1}{3} \times \tfrac{1}{3}\,\frac{a}{2n}\left[v_1^3 + v_{2n+1}^3 + 4\left(v_2^3 + v_4^3 + \ldots\ldots\right) + 2\left(v_3^3 + v_5^3 + \ldots\ldots\right)\right]'$$

(voir notre Traité de démonstrations), et

$$\frac{I}{v} = \tfrac{1}{3} \times \tfrac{1}{3}\,\frac{a}{2nv}\left[v_1^3 + v_{2n+1}^3 + 4\left(v_2^3 + v_4^3 + \ldots\ldots\right) + 2\left(v_3^3 + v_5^3 + \ldots\ldots\right)\right]$$

v étant la plus grande de toutes les ordonnées du profil considéré, on prend séparément les valeurs de ces quantités pour les deux parties du profil situées au-dessus et au-dessous de la ligne xx et on les ajoute pour avoir les valeurs totales de I et de $\frac{I}{v}$.

38. *Forme générale des formules pratiques fréquemment employées pour le calcul des résistances des pièces droites.*

La formule générale due à M. Navier est $\dfrac{RI}{v} = \dfrac{Pl}{8}$

dans laquelle

$l =$ la longueur de la poutre (portée dans œuvre) exprimée en mètres. (C'est le bras de levier de la force P ou distance de son point d'application au point d'encastrement.)

$P =$ la charge que peut supporter le solide avec sécurité ou l'effort qui agit à l'extrémité de la pièce normalement à sa longueur.

$R =$ l'effort de traction ou de compression par mètre carré ou par unité de surface, le plus grand que l'on puisse avec sécurité faire supporter à la fibre la plus allongée ou la plus comprimée. (C'est l'effort auquel on puisse soumettre avec sécurité la substance dont on veut calculer la résistance sans dépasser, dans aucun cas, la limite de son élasticité.

C'est, pour le bois, le coefficient de sécurité que l'on prend égal au $\frac{1}{10}$ environ de la charge de rupture pour un mètre carré de section.

$I =$ le moment d'inertie de la section d'encastrement par rapport à l'axe inférieur de rotation autour de la ligne des fibres invariables, c'est-à-dire par rapport à l'axe passant par le milieu de la hauteur.

$v = \frac{1}{2}$ de la hauteur totale du solide. C'est la distance entre la ligne des fibres invariables, c'est-à-dire de la fibre neutre à la fibre la plus éloignée ou la plus comprimée de la section considérée (ligne passant toujours par le centre de gravité du profil transversal).

$\frac{I}{v}$ = rapport du moment à la section du solide que l'on considère.

$\frac{RI}{v}$ = moment de résistance du solide (lequel est dû aux forces moléculaires intérieures) considéré égal à $\frac{Pl}{8}$.

Cette formule détermine la résistance des solides.

1° *Reposant librement sur 2 appuis et chargés uniformément sur toute la longueur* (fig. 54, pl. 2).

Sans changements dans la formule $\frac{RI}{v} = \frac{Pl}{8}$.

2° *Reposant librement sur 2 appuis et chargés d'un poids P au milieu de la portée* (fig. 55).

En prenant la $\frac{1}{2}$ du résultat de la même formule.

3° *Encastrés par une extrémité et chargés à l'autre bout d'un poids P* (fig. 56).

En prenant le $\frac{1}{4}$ du résultat de la même formule.

4° *Encastrés par une extrémité et chargés uniformément sur toute la longueur* (fig. 56 *bis*).

En prenant la $\frac{1}{2}$ du résultat de la même formule.

5° *Encastrés par les 2 bouts et chargés uniformément sur toute la longueur* (fig. 57).

En doublant le résultat de la même formule.

6° *Encastrés par les 2 bouts et chargés au milieu d'un poids P* (fig. 57 *bis*).

Sans changements dans la même formule.

39. Voici comment on peut obtenir cette formule générale $\frac{RI}{v} = \frac{Pl}{8}$ par un raisonnement fort simple sans être obligé d'avoir recours à des expressions analytyques.

1° Considérons d'abord les solides encastrés par une extrémité et chargés d'un poids P à l'autre bout (fig. 56).

L'effort exercé par le poids P à l'extrémité de la pièce se mesure évidemment par le produit de cette charge P par son bras de levier l ou par Pl et doit faire équilibre au moment de résistance de la pièce $\frac{RI}{v}$, c'est-à-dire que le moment de résistance de la pièce doit être égal au moment de la force P pris par rapport à la section d'encastrement. On a donc $\frac{RI}{v} = Pl$.

2° Considérons ensuite les solides encastrés par une extrémité et chargés uniformément sur toute la longueur (fig. 56 *bis*).

L'effort, exercé dans ce cas, par la charge uniformément répartie, s'exprime par $P \times \frac{l}{2}$, ou par le poids P, multiplié par la moitié du bras de levier (fig. 58).

Car ici, la charge étant répartie, son plus grand effort passe par son centre de gravité, ou par le milieu de l, et l'on a $\frac{RI}{v} = P \times \frac{l}{2}$, comme il a été dit ci-dessus.

3° Ce cas rentre dans le précédent, si l'on prend une charge P égale à celle uniformément répartie et qu'on la place à l'extrémité d'un solide dont le bras de levier ou sa longueur serait $\frac{l}{2}$ ou la moitié de l (fig. 58).

4° Voyons maintenant les solides reposant librement sur deux appuis de niveau et chargés au milieu de leur longueur d'un poids 2 P (fig. 59).

En examinant la figure, on remarque qu'il y a parfaite symétrie par rapport à la ligne du point d'application du poids 2 P et que si l'on supprime les 2 appuis des extrémités pour les remplacer par un seul situé au milieu m de la longueur $2\,l$, l'équilibre devra continuer à exister, parce qu'il n'y a pas de raison pour que le solide penche à droite ou à gauche, tout étant parfaitement identique de part et d'autre.

La question revient à considérer le solide comme encastré au milieu et comme si la moitié du poids 2 P ou P agissait à chacune des extrémités; les efforts réunis des poids P s'exprimeraient alors par $\frac{RI}{v} = 2P \times l$ ou par $\frac{RI}{v} = P \times \frac{l}{2}$, relation du cas n° 2. Ce qui montre que lorsqu'un solide repose librement sur 2 appuis et qu'il est chargé d'un poids P agissant à son milieu, l'effort exercé en ce point par le poids P est le même que celui qu'exercerait le même poids uniformément réparti sur un solide encastré par une de ses extrémités et dont la longueur serait moitié plus petite.

5° Si enfin nous examinons le cas d'un solide reposant aussi librement sur deux appuis horizontaux et chargés d'un poids P réparti uniformément sur toute sa longueur (fig. 60).

Par un raisonnement analogue à celui du cas précédent, on arriverait à la relation $\frac{RI}{v} = 2P \times \frac{l}{4}$ qui est précisément le double de celle $\frac{RI}{v} = P \times \frac{l}{2}$ de la fig. 58. Il s'ensuit que quand une pièce repose librement sur deux appuis de niveau et qu'elle est chargée uniformément sur toute la longueur, la résistance est la même que celle d'une pièce de moitié de longueur également chargée d'une manière uniforme, mais qui serait encastrée par une de ses extrémités.

6° Revenant à la formule trouvée $\frac{RI}{v} = 2P \times \frac{l}{4}$, si nous divisons toutes les parties du 2° terme par 2, on obtient $\frac{RI}{v} = P \times \frac{l}{8} = \frac{Pl}{8}$ qui n'est autre que la formule générale $\frac{RI}{v} = \frac{Pl}{8}$ à laquelle nous voulons arriver.

7° De l'examen des divers cas que nous venons d'examiner, il découle que *l'encastrement double la résistance* des solides qui y sont soumis, et que la charge uniformément répartie produit un effort moitié de celui qui résulterait de la même charge placée à l'extrémité d'un solide encastré à l'autre bout, ou au milieu du même solide reposant librement sur deux appuis placés à ses extrémités, ce qui justifie l'emploi de la formule générale $\frac{RI}{v} = \frac{Pl}{8}$ dans les six cas différents énoncés tout d'abord, en faisant subir au résultat les modifications simples en regard de chaque cas.

8° Si dans la formule générale $\frac{RI}{v} = \frac{Pl}{8}$, on tire la valeur de P, on obtient

$$P = \frac{\frac{8RI}{v}}{l}.$$

Mais si nous faisons $l = 1$, il vient : $P = \dfrac{\frac{8RI}{v}}{1} = 8\dfrac{RI}{v}$, formule qui exprime la résistance d'un solide quelconque pour une longueur d'un mètre, résistance qui équivaut au moment $\dfrac{RI}{v}$ du solide considéré, multiplié par 8.

On peut au moyen de cette formule calculer à l'avance la résistance des solides en bois, en fer, en fonte ou autres, des sections les plus usuelles, et former ainsi des tables qui feraient connaître la résistance des solides de même section et d'une longueur quelconque, en divisant la valeur $\dfrac{8RI}{v}$ indiquée par ces tables, pour une longueur d'un mètre, par la longueur que l'on se donnerait, car pour une longueur l quelconque, la formule donne $P = \dfrac{\frac{8RI}{v}}{l}$.

Si au lieu de la charge totale uniformément répartie, on voulait avoir la charge par mètre courant ou $\dfrac{P}{l} = p$, il n'y aurait qu'à substituer dans $\dfrac{RI}{v} = \dfrac{Pl}{8}$, à P sa valeur $p \times l$ et l'on aurait

$$\frac{RI}{v} = \frac{Pl}{8} = \frac{(p \times l)\, l}{8} \text{ ou } \frac{RI}{v} = \frac{pl^2}{8}, \text{ d'où } p = \frac{8RI}{vl^2}$$

p représentant alors le poids par mètre (cette dernière formule est aussi d'un emploi très-fréquent).

MESURE DES FLÈCHES.

40. Nous nous contenterons d'indiquer les formules qui servent à calculer les flèches dans les cas les plus ordinaires. Ces formules montrent que l'avantage de la diminution de la flèche s'ajoute à celui de l'accroissement de résistance qu'on obtient en répartissant uniformément les charges, en encastrant les extrémités et en multipliant les appuis. Ainsi, la flèche que prend une pièce uniformément chargée n'est que les $^3/_8$ de celle qu'elle prendrait si la charge était concentrée à son extrémité supposée libre ; elle est égale aux $^5/_8$ quand la pièce repose sur deux appuis.

La flèche d'une pièce encastrée à ses deux extrémités et uniformément chargée, n'est que le $^1/_5$ de celle que produit la même pièce, si elle était simplement posée sur ses appuis.

Quand la pièce, au lieu d'avoir la forme prismatique, a la forme d'égale résistance, on réalise une économie notable de matière, mais la rigidité diminue. Par exemple, dans le cas où ce solide est chargé uniformément, posé sur deux appuis, la flèche est triple de celle qui correspond à une section constante. Dans quelques circonstances, on recherche cette diminution de rigidité ; ainsi les ressorts métalliques qui servent pour amortir les chocs, dans certains ouvrages mécaniques (serrurerie, voitures, wagons des chemins de fer), ou à mesurer les forces (dynamomètres), doivent présenter à la fois beaucoup de résistance et beaucoup de flexibilité ; on leur donne, le plus souvent, la forme de solides d'égale résistance.

Les applications théoriques et numériques que nous ferons plus loin mettront en évidence d'une manière assez nette les résultats de la théorie de la flexion. On verra qu'avec une même quantité de matière répartie sur une longueur donnée, on pourra obtenir des résultats bien différents suivant les dispositions qu'on adoptera. Supposons que l'on prenne pour terme de comparaison un solide en forme de cylindre plein à base circulaire posé sur deux appuis capable de supporter un poids P en son milieu.

Si, au profil du cercle plein (n° 36-1) on substitue le double I (n° 14) au lieu de la charge P, on pourra faire porter au solide une charge 13 fois plus grande, soit   13 P.

Si au lieu de concentrer la charge au milieu, on la répartit uniformément, on pourra la doubler, soit   26 P.

Si au lieu de poser le solide sur les appuis, on l'encastre solidement, on pourra augmenter la charge de moitié en sus   39 P.

Enfin, si au lieu de la forme prismatique, on adopte la forme d'égale résistance, avec la même quantité de matière, on pourra encore accroître, dans une très-forte proportion, cette dernière charge.

COEFFICIENT DE SÉCURITÉ POUR LE FER ET LA FONTE.

41. L'expérience directe apprend que la rupture des fers laminés a lieu moyennement, lorsqu'ils sont soumis à une tension de 35 kilog. par millimètre carré de section transversale, ou à une compression de 25 kilog., mais que l'élasticité du fer est déjà altérée avec la charge de 13 kilog. par millimètre carré de section. Aussi pour rester dans les limites de l'élasticité, et pour se mettre en dehors des différences qui résultent de la provenance des fers et de leur mode de fabrication, est-il prudent de ne jamais soumettre le fer laminé, soit par extension, soit par compression, à un effort supérieur à une fraction de la charge de rupture, fraction qui varie selon le degré de sécurité qu'on veut obtenir ou suivant les risques de la construction.

Une valeur du coefficient de sécurité comprise entre le $\frac{1}{3}$ et le $\frac{1}{4}$ de celui de rupture est considérée comme un maximum. Il est prudent de se tenir dans les limites de $\frac{1}{5}$ à $\frac{1}{4}$.

Suivant M. le général Morin, le nombre R qui exprime l'effort permanent sous les flexions transversales que chaque unité de surface du corps peut supporter avec sécurité, ne doit pas, dans les travaux des ponts-et-chaussées et des chemins de fer, dépasser 6 kilog. par millimètre carré, chiffre prescrit d'ailleurs à toutes les compagnies de chemins de fer. Aucune des parties composant une construction en fer, dans ces administrations, ne doit donc être soumise, soit en traction, soit en compression, à un effort maximum de plus de 6 kilog. par millimètre carré de section. Cette limite a surtout sa raison d'être lorsqu'elle s'applique à des ponts qui, indépendamment des variations de température, sont exposés à des vibrations considérables qui pourraient détériorer promptement les assemblages si l'on faisait subir au fer un travail plus considérable. Ce coefficient de sécurité correspond à très-peu de chose près au $\frac{1}{6}$ de la charge de rupture par traction, les fers composant les pièces d'un pont offrant une résistance absolue de 3500 kilog. par centimètre carré, d'après les expériences de M. Love (1) ; par rapport à la compression, il répond à peu près au $\frac{1}{4}$ de la rupture.

---

(1) Les essais fort détaillés, dans l'ouvrage de M. Love (édition 1859), sur les diverses résistances et autres propriétés du fer et de la fonte, ont donné comme moyenne de la rupture par centimètre carré :

Depuis l'apparition des fers à double **I** (en 1849), l'expérience a appris à être moins timide et aujourd'hui beaucoup de bons constructeurs, les principaux architectes de la capitale, font travailler le fer à 8 et même à 10 kilog. dans les ouvrages qui n'ont pas à subir des vibrations, tels que les planchers de bâtiments. Les applications importantes, faites dans ces conditions aux hôtels du Louvre et du grand hôtel du boulevard des Capucines, justifient, par leur bon résultat, la valeur de ce coefficient de sécurité.

Vu la solidarité des matériaux d'une construction bien exécutée, on ne doit pas être surpris qu'un coefficient même de 10 kilog n'ait pas d'inconvénient bien sensible. Néanmoins le coefficient de 10 kilog. paraît élevé, parce que si le fer est de médiocre qualité, il travaillera par *compression*, souvent à un taux plus grand que le $^1/_8$ de la rupture et qui pourra se rapprocher de la moitié (puisque 25 kilog. étant le coefficient moyen de rupture par compression, les fers de qualité médiocre donneront un coefficient inférieur à 25 kilog.). M. Barré fait remarquer une autre raison qui est bien négligée par les constructeurs, bien qu'elle soit importante par rapport à la stabilité ou à l'invariabilité des ouvrages exécutés. C'est que les coefficients élevés appliqués, par exemple, à des planchers, donnent des flèches ou des déformations inadmissibles pour des portées un peu grandes, ainsi qu'on peut s'en assurer par des calculs fort simples (calcul de la flèche d'une solive reposant sur deux appuis que nous indiquerons plus loin), et il croit que l'on ne doit presque jamais dépasser le coefficient de 8 kilog. par millimètre carré et qu'on doit réserver le coefficient de 10 kilog. pour les constructions provisoires, dans lesquelles on peut même le porter à 12. Beaucoup de praticiens qui ont exécuté de bons planchers portent ce coefficient en moyenne à 9 kilog. ; d'après M. Reynaud, ingénieur des ponts-et-chaussées, professeur d'architecture à l'école polytechnique, on peut pour les planchers convenablement faits et bien scellés, adopter $R = 15^k$. Cet ingénieur cite comme exemple les planchers en fer de la caserne du Prince-Eugène, pour lesquels $R = 15^k,777$.

Les planchers en général soumis à une température sensiblement constante, n'ont à subir que de très-faibles variations momentanées, si on les compare à celles d'un pont sur chemin de fer, et de plus, les surcharges prévues, comme on le verra plus loin, sont largement suffisantes pour obtenir une complète garantie.

D'un autre côté, dans la plupart des applications, les poids permanents du fer, du hourdage et du parquet, sont à peu près égaux aux surcharges accidentelles, en sorte que le travail permanent est le plus souvent réduit de 5 à 6 kilog. d'après MM. César Jolly et Joly fils, et il atteint rarement le maximum 10 kilog. par l'addition complète des surcharges prévues.

Ce nombre R doit évidemment varier avec la nature de la construction, la qualité des fers employés et l'appréciation sur la destination des constructions. Il serait inexact d'appliquer à toutes les constructions un même coefficient.

On peut donc pour les planchers en fer admettre successivement pour le coefficient de sécurité $R = 6^k$, $R = 8^k$, $R = 10^k$, $R = 12^k$, c'est-à-dire adopter la valeur

1° Pour les tôles tirées parallèlement au laminoir	3450^k
2° Pour les cornières.	3450
3° Pour les fers plats laminés en grande largeur, employés généralement pour semelles des poutres.	3600
Soit une moyenne générale de.	3500^k

pour tous les fers entrant dans la composition des poutres.

maximum de R dans certains cas, sans pour cela compromettre la sécurité, tandis que pour les charpentes et les ponts, on devra diminuer ce coefficient.

Sous l'action des charges correspondantes au coefficient de 10 kilog., les barres prennent une flèche momentanée de $^1/_{300}$ de leur longueur, flèche admissible pour des constructions à petites ouvertures, comme celles des planchers, mais que la prudence conseille de ne pas dépasser.

Poutres et poitrails. Dans la construction de grands planchers avec poutres en tôle, une flèche de $^1/_{300}$ serait trop considérable pour les poutres, et c'est pour la réduire qu'il convient d'adopter 8 kilog. pour coefficient de sécurité.

Les poutres ou poitrails, soit en tôle et cornières, soit en fer à double **I**, employés dans les bâtiments pour ménager de grandes ouvertures aux boutiques des rez-de-chaussée, sont soumises à des charges permanentes considérables et ne doivent éprouver que de très-légères flexions pour éviter les tassements qui en seraient la conséquence. C'est dans ce but qu'on doit leur appliquer le coefficient 6^k.

Coefficient d'élasticité applicable au calcul des flèches.

Pour calculer les flèches que prennent les pièces soumises à un effort de flexion, on introduit, dans les formules, la valeur d'un coefficient E d'élasticité, égal, en moyenne, à 18,000,000,000 kilog. par mètre superficiel.

Poutres en tôle et cornière. D'après les expériences de MM. César Jolly et Joly fils, les fers à double **I** sont de même résistance que les tôles et cornières employées dans la construction de ponts et de poutres isolées.

La rupture de la fonte par *traction* varie entre 12^k et 16^k par millim. carré de section transversale, mais il est prudent de ne faire travailler la fonte (*à l'extension*) qu'au $^1/_8$ et même au $^1/_6$ de la charge de rupture, lorsqu'elle est soumise à des vibrations. Les flèches doivent être très-faibles et ne doivent point dépasser $^1/_{600}$ de la portée.

La rupture de la fonte par *compression* pour des hauteurs de pièces variant de une fois à cinq fois la plus petite dimension de la section transversale, est autrement variable, elle peut aller jusqu'à 45 kilog. par millimètre carré de section transversale pour les fontes de première fusion, et peut s'élever à 60 kilog. pour les fontes de seconde fusion ; mais elle diminue rapidement avec la longueur de la pièce.

Dans la pratique, on fait travailler la fonte à l'extension de 1^k $^1/_2$ à 2^k, et à la compression, on peut aller jusqu'à 10^k en adoptant 60^k pour le coefficient de rupture des fontes de première qualité, mais il est prudent de ne pas dépasser 8^k et même $7^k,5$.

La fonte, comparée au fer laminé, est en moyenne près de deux fois aussi élastique que le fer, c'est-à-dire qu'elle se déforme beaucoup plus que ce dernier sous le même effort ; c'est une raison qui l'a fait exclure d'un grand nombre d'applications.

On doit éviter de faire travailler la fonte à la flexion ; c'est cette raison qui l'a fait rejeter, en France, depuis longtemps pour l'usage des planchers. En Angleterre, on en fait encore des applications aux planchers, bien que des accidents la condamnent pour un tel usage.

Mais la fonte rend de grands services comme supports verticaux, consoles, plaques d'arrêt, coussinets, plaques de compression sous les colonnes, etc.

42. VALEURS NUMÉRIQUES DU COEFFICIENT DE SÉCURITÉ R ET DU COEFFICIENT D'ÉLASTICITÉ E A SUBSTITUER DANS LES FORMULES PRÉCÉDENTES.

DÉSIGNATION DES MATIÈRES	VALEUR DE E	VALEUR DE R	
		produisant la rupture	qu'on ne doit pas dépasser en pratique
Fer laminé pour construction de premier ordre....................	20,000,000,000	30,000,000	600,000 à 10,000,000
Fer laminé pour poitrails (construction ordinaire)..................	18,000,000,000	40,000,000	8,000,000
Fonte de bonne qualité non soumise à des chocs....................	12,000,000,000	28,000,000	7,000,000
Bois de chêne de France............	1,200,000,000	6,000,000	500,000 à 800,000
Sapin rouge......................	1,500,000,000	8,000,000	600,000 à 800,000
Sapin blanc......................	1,300,000,000	6,000,000	600,000 à 700,000

On adopte souvent, dans les applications numériques, comme unité de dimensions, le millimètre : dans ce cas, on prend pour les valeurs de R et de E :

Fer laminé pour construction ordinaire	$R = 6^K$ à 10^K	$E = 20,000^K$
Fer laminé pour poitrail (id.)	$R = 8^K$	$E = 18,000$
Fer laminé pour ponts	$R = 6^K$	$E = 18,000$
Fonte	$R = 7^K$	$E = 12,000$
Chêne	$R = 0.7^K$	$E = 1200$
Sapin rouge	$R = 0,8$ à $0,9^K$	$E = 1500$
Sapin blanc	$R = 0,6$ à $0,7^K$	$E = 1300$

RÉSISTANCE A LA FLEXION DES DIVERS PROFILS DE FERS A DOUBLE I DU COMMERCE.

43. On verra, dans les tableaux de résistance des fers à double **I** des usines qui y sont mentionnées, que la hauteur de ces fers varie de $0^m,08$ à $0^m,40$.

L'épaisseur du corps ou âme de ces fers est très-variable, depuis $0^m,003$ pour les plus petits jusqu'à $0^m,020$ pour les plus grands. Les ailes ont à peu près la même épaisseur que l'âme, mais leur largeur diffère beaucoup ; elles sont reliées à l'âme par des congés et leurs extrémités sont arrondies par des demi-cercles ou des quarts de cercle.

Diverses sortes de fers laminés. Ces fers se distinguent :

1° *En fers dits ordinaires* ou *à petites ailes* à double **I** symétrique fabriqués par toutes les usines métallurgiques ; ils présentent des séries assez régulières de $0^m,080$ à $0^m,300$ de hauteur, dont les profils sont un peu variables d'une usine à l'autre.

Chaque échantillon de fer présente un *minimum* et un *maximum* de largeur et poids. Les usines fabriquent sur commande les épaisseurs intermédiaires.

2° *En gros fers symétriques* de $0^m,080$ à $0^m,400$ de hauteur, dits *à larges ailes* à double **I**, tous très-variables dans leurs proportions suivant les usines qui les fabriquent.

Tous ces modèles sont utilisés pour la construction des planchers, surtout les fers à larges ailes qui sont ordinairement moins hauts. Dans les combles, on n'a pas les mêmes raisons pour écarter les fers de grande hauteur.

3° Les fers à ailes inégales, ou à double I non symétriques, qui se fabriquent surtout aux usines de la Providence, de Châtillon-Commentry et du Creuzot.

4° En fers à triple I dont la nervure intermédiaire est placée au milieu de sa hauteur ou à distance inégale des bourrelets. L'usine de la Providence en fabrique un seul modèle. Ces fers servent pour planchers voûtés en briques. La nervure intermédiaire sert d'assise inférieure à la retombée de chaque voûte de remplissage comprise entre les deux fers et s'étend sur toute la longueur de ces fers.

5° *En fers en U renversé* (Ω) *connus sous le nom de fers Zorés* (nom de leur inventeur) qui servent spécialement aux planchers de sous-sols voûtés en briques, et *les fers Zorés tronqués* ou *arrondis*, qui sont une modification du modèle en U renversé. Ces fers se fabriquent aux usines de Franche-Comté qui en ont le monopole.

6° *En fers à simple* $\top$, employés comme accessoires dans les assemblages métalliques.

7° *En fers carrés de petits échantillons* ou *fers carillons* de 5, 10 et 20 millimètres d'équarrissage entrant dans la construction des planchers en fer pour maintenir le hourdis, et les fers carrés de plus gros échantillons, servant à former les chevêtres en forme de Z et dont la fonction est de maintenir l'écartement des poutres ou solives en fer à double I.

8° *En fers carrés de très-gros échantillons, fers ronds, fers méplats*, tous employés, comme accessoires, pour chaînages, clefs d'arrêt et contrevenlement.

9° En double I, à nervures égales, composé de tôle et de cornières pour poutres et ponts de chemin de fer.

Les fers à I du commerce sont figurés de grandeur d'exécution, dans des albums publiés par les différentes usines.

Les fers laminés des deux usines de la Providence et de Montataire sont les types les plus anciens (1) dont les autres usines se sont rapprochées, surtout pour les fers à petites ailes. Pour les fers à larges ailes et les gros fers, les usines fabriquent des échantillons très-différents, comme on peut s'en rendre compte, en jetant les yeux sur notre album général accompagnant cette brochure et qui sont la reproduction des fers indiqués dans les albums de chaque usine.

Comme il importe de connaître la résistance d'un fer à I, selon le cas où il doit être employé, ces albums devraient, pour être véritablement d'une grande utilité aux constructeurs, donner en même temps l'indication de la valeur $\dfrac{I}{v}$, du poids par mètre linéaire et de la charge totale supposée uniformément répartie que ce fer peut supporter, sans que R dépasse 6^K, 8^K ou 10 kil. par millim. carré de section.

L'album des forges de Montataire contient tout simplement la désignation des profils des fers à I de cette usine, avec l'indication seule des dimensions et des poids de chacun d'eux.

---

(1) C'est en 1849 que l'on est parvenu à fabriquer des barres en fer que l'on étire au laminoir, en leur donnant la forme d'un I à double tête; on les a nommés, pour cette raison, fers à double I. L'usine de la Providence est la première qui fabriqua ces fers. Avant cette époque, on ne faisait que des poutres en fer de forge, composées du corps principal et de semelles reliées au corps par des cornières à l'aide de rivets ou de boulons.

Les albums des usines de la Providence, des hauts-fourneaux de Maubeuge et des forges de Franche-Comté ne donnent que des nombres exagérés sur la charge à faire supporter aux fers à double I, déduits de diverses expériences sur ces fers, sans aucune indication du coefficient de sécurité, de sorte que ces résistances se rapportent à un travail de 12, 14, 16 kil. et même au-delà par millimètre carré, ainsi que l'on pourra en juger, en jetant les yeux sur la colonne de ces résistances, coefficient égal à la moitié de la charge de rupture, bien que la prudence et l'expérience conseillent de ne pas dépasser le $^1/_3$ et même le $^1/_4$ du coefficient de rupture (nous avons indiqué précédemment (n° 42) la valeur de ce coefficient).

Cette exagération de la charge à faire supporter aux fers à double I est très-préjudiciable à la sécurité des constructions.

Les albums des usines du Creuzot et des forges de Châtillon et Commentry sont les seuls où l'on trouve calculées les valeurs de $\frac{I}{v}$ pour R = 6, R = 8 et R = 10^K par $^m/_m$ carré et pour des portées de 2 à 8^m, de 0^m,25 en 0^m,25.

L'album de MM. Dupont et Dreyfus d'Ars-sur-Moselle comprenait un travail assez complet sur cette matière, mais depuis la vente de leurs usines d'Ars (par suite de la réunion de cette localité à la Prusse) et leur rétablissement à Pompey près Nancy, on n'y fabrique plus de fers à I.

Pour combler la lacune qui existe dans ces albums, nous avons établi le tableau (n° 76) donnant le poids par mètre courant des fers à double I forgés dans ces usines, leurs sections et les charges maximum que peuvent supporter ces fers reposant librement par leurs extrémités sur des appuis espacés de 2^m à 8^m, pour des résistances de 6^K, 8^K et 10^K par $^m/_m$ carré, charges uniformément réparties.

Afin de comparer facilement et d'un seul coup d'œil les résistances des fers des diverses usines, nous avons groupé ces fers selon leur hauteur totale.

Au lieu de donner la charge uniformément répartie pour une portée de 2^m, 2^m.25, 2^m.50, 2^m.75, 3^m.00 etc., comme l'indiquent les albums du Creuzot et de Châtillon-Commentry, nous l'avons calculée seulement pour une portée de 1^m.00 (charge uniformément répartie sur cette portée), de sorte que pour une portée quelconque, en nombre entier ou fractionnaire, il suffit de diviser la résistance obtenue pour un mètre de longueur par ce nombre entier ou fractionnaire, ce qui est plus conforme à la vérité et à l'exactitude.

Par exemple, la résistance d'un fer à I du profil minimum de 0^m.120 de hauteur et du poids de 10^K, de Montataire, étant de 2829^K pour une portée de 1^m.00 avec R = 8 kil par mill. carré, celle du même fer à I de 4^m.63 de portée sera de $\frac{2829}{4^m.63}$ ou 611^K. charge uniformément répartie.

En appliquant le coefficient R = 6 kil. pour le calcul des fers à I, on dit qu'on fait travailler le fer à 6^K par $^m/_m$ carré et que, dans ce cas, il peut supporter avec sécurité   472^K

Si on voulait le faire travailler à 7^K par $^m/_m$ carré, il faudrait ajouter $^1/_6$ en plus et on aurait   552

De même pour un trav. à 8^K p. $^m/_m$ car., on ajout. $^2/_6$ ou $^1/_3$ et on aurait 630

—   à 9^K — $^3/_6$ ou $^1/_2$ —   708

—   à 10^K — $^4/_6$ ou $^2/_3$ —   788

En publiant notre tableau où se trouvent réunis les rapports $\frac{I}{v}$, pour tous les fers à double I fabriqués dans les principales usines de France, ainsi que leurs résistances maximum pour un travail de 6, 8, 10^K par $^m/_m$ carré sur une portée de 1^m de longueur, notre but est d'éviter aux constructeurs les longs et laborieux calculs qu'exige la recherche des dimensions d'une poutre ou solive, en fer à **I**, qui doit résister à un effort déterminé, et en même temps, d'obtenir, par leur comparaison entr'eux, la réalisation de la plus stricte économie.

Le rapport $\frac{I}{v}$ permet en effet de se prononcer immédiatement sur le modèle à adopter. Les valeurs de $\frac{I}{v}$ étant proportionnelles aux résistances absolues dans les mêmes conditions et les poids étant proportionnels aux prix d'achat en forge, les quantités $\left(\frac{I}{v} : P\right)$ expriment les rapports de l'effet utile au poids de chaque échantillon.

Donc, plus ce coefficient est grand et plus la section est avantageuse au seul point de vue de la résistance absolue, abstraction faite de la main d'œuvre.

D'après l'annuaire du bureau des longitudes et suivant plusieurs auteurs, le poids du mètre cube de fer $= 7788$ kil. ; c'est cette quantité qu'on emploie ordinairement pour le calcul du poids des fers à double **I**.

Dans les formules indiquées en tête des colonnes 7 et 8 donnant les moments d'inertie I et le rapport $\frac{I}{v}$, les lettres ont les significations suivantes :

$a =$ largeur des semelles,
$2a' =$ largeur des semelles moins l'âme,
$b =$ hauteur totale du profil,
$b' =$ hauteur entre les ailes,
$v = \frac{1}{2}$ hauteur du fer à **I**.

44. *Application de la formule* $I = \frac{1}{12}(ab^3 - 2a'b'^3)$ *aux fers symétriques dits ordinaires à petites ailes, ou à larges ailes. — Rectification des profils.*

Pour appliquer cette formule aux fers à **I**, dont il vient d'être parlé, il faut les supposer rectangulaires et rectifiés. Or, les profils indiqués dans les albums des usines métallurgiques ne le sont jamais ; il faut donc les modifier par un tracé fait avec soin et qui consiste à supprimer les parties arrondies des semelles ou bourrelets qu'on appelle aussi *tables*, les congés qui les relient à l'âme et même à supprimer aussi les inclinaisons de la paroi verticale (voir les fers de Montataire et de la Providence) et à remplacer toutes ces lignes par des droites perpendiculaires les unes aux autres, de manière à compenser autant que possible les parties supprimées et à obtenir un profil évidé, rectifié et de même surface, comme l'indique la figure de quadrature (fig. 61, pl. 2) et qui permettra d'obtenir des résultats rigoureux par l'application de la formule ci-dessus rappelée.

La surface A du profil peut toujours s'obtenir d'après les dimensions indiquées sur le dessin, mais on peut aussi la déduire du poids k par mètre, car le mètre cube de fer pesant 7788^K (ou à peu près 7800^K employé par quelques auteurs), le poids du mètre linéaire d'une section A sera aussi donné par la relation

$$A \times 7788 = k, \quad \text{d'où} \quad A = \frac{k}{7788} .$$

44 *bis. Méthode indiquée par M. Morin pour la détermination du moment d'inertie des fers à double* **I** *des usines de Montataire et de la Providence.*

Ainsi que nous l'avons dit ci-dessus, les semelles de ces fers sont arrondies par leurs extrémités et reliées à l'âme du fer par quatre congés. A partir de ces jonctions, l'épaisseur du corps va en diminuant jusqu'à son axe, où l'épaisseur e de l'âme inscrite sur chaque profil est placée au niveau de l'axe neutre situé au centre de gravité. Cette augmentation d'épaisseur de l'âme à partir de cet axe jusqu'aux deux nervures qui s'y relient par quatre congés, comme nous venons de le dire, a été suggérée par l'emploi des cornières dans les poutres construites en fer, lesquelles cornières contribuent à augmenter la résistance de ces poutres près des semelles précisément aux endroits où la compression et l'extension agissent promptement.

Ces contours arrondis ou congés, les différences d'épaisseur d'une même semelle et aussi d'un même corps ou âme condamnent à une approximation souvent insuffisante, l'application de la formule $\dfrac{I}{v} = \dfrac{ab^3 - 2a'b'^3}{6b}$, à laquelle on a recours pour calculer les moments d'inertie.

Pour lever cette difficulté, M. Morin propose le procédé géométrique suivant pour déterminer les moments d'inertie d'un semblable profil :

On prend d'abord l'empreinte exacte d'une section transversale faite dans cette barre, l'on a un profil semblable à celui dont la moitié est représentée par la fig. 62 et 63, et en élevant ensuite des perpendiculaires aux différents points de la largeur l, qui forme la base de ce profil, l'on peut avoir, pour chacune d'elles, la valeur des ordonnées v du contour extérieur, et v_1 du contour intérieur correspondant à une même abscisse.

Le moment d'inertie d'une tranche ou petit trapèze élémentaire mn et d'épaisseur e est exprimé par $\frac{1}{3}\left(v^3 - v_1^3\right)e$ (1).

Si donc on construit une courbe dont les diverses valeurs $\frac{1}{3}\left(v^3 - v_1^3\right)$ soient les ordonnées correspondantes aux valeurs des abscisses du profil précédent, on aura un nouveau profil (fig. 63 *bis*) dont chaque élément de surface aura pour valeur $\frac{1}{3}\left(v^3 - v_1^3\right)e$ et dont la surface totale, que l'on déterminera par la méthode Poncelet ou Simpson (n° 37 *bis*), représentera, dans les proportions des échelles adoptées, la valeur du moment d'inertie de la partie supérieure du profil cherché.

Pour éviter une série de divisions par 3, dans le calcul des ordonnées successives, les valeurs de $v^3 - v_1^3$ ont été représentées sur la fig. à l'échelle de 1 centimètre pour 0,0001 ou de cent pour un, ce qui correspond à une échelle trois fois plus grande par rapport aux valeurs véritables des ordonnées $\dfrac{v^3 - v_1^3}{3}$; il faudra donc diviser la surface trouvée par la quadrature, par 300 pour avoir la valeur du moment d'inertie.

Dans le cas de la fig. 63 *bis* la surface $a'b'c'd' = 0^{mq},0010175$. Le moment d'inertie du solide $abcd$ par rapport à la ligne xx est donc égal à 0,000003392.

Si le profil est symétrique par rapport à la ligne des fibres invariables, qui passe par le centre de gravité, on doublera la valeur de la partie supérieure. Si au contraire le profil n'est pas le même au-dessus et au-dessous de cette ligne, l'on répétera la construction pour la partie inférieure et l'on ajoutera les deux moments d'inertie trouvés pour avoir le moment total.

Dans le cas dont il s'agit, le moment d'inertie pour la section complète de la pièce à double I, par rapport à la ligne des fibres, sera par suite de la symétrie

$$I = 2 \times 0,000003392 = 0,000006784.$$

---

(1) Morin, page 173.

45. *Usage des rapports $\frac{\mathrm{I}}{v}$ calculés dans notre tableau des résistances des fers à double* **I**.

L'usage de ce tableau se comprend à première vue, sans qu'il soit nécessaire d'entrer dans d'autres détails ; néanmoins, nous allons donner un exemple pour l'expliquer et en même temps faire voir à quelle économie de temps et de métal on peut arriver par leur emploi.

Soit donc à calculer la section d'un fer à **I** posé librement sur deux appuis distants de 6^m et chargé d'un poids uniformément réparti de 240^k par mètre courant, sachant que le fer ne doit pas travailler plus de 8^k par millimètre carré.

1° *Recherche par les moments.* L'équation des moments répondant à ce cas particulier de la résistance des matériaux est la suivante : $\dfrac{\mathrm{RI}}{v} = \dfrac{Pl^2}{8}$.

Remplaçant P et l par leurs valeurs 240^k et 6^m, on a

$$\frac{\mathrm{RI}}{v} = \frac{240 \times (6 \times 6)}{8} = 1080.$$

2° *Recherche par les résistances pour une portée de $1^m,00$.*

$240 \times 6 = 1440^k$ répartis uniformément sur la longueur de la solive, ou $1440 \times 6 = 8640^k$ sur une portée de $1^m,00$.

Le fer cherché doit donc avoir un moment résistant de 1080 pour travailler à 8^k par millimètre carré ou résister à une charge maximum de 8640^k uniformément répartie sur une portée de $1^m,00$.

En cherchant dans les diverses colonnes des moments résistants, ceux qui approchent le plus de 1080^k, ou dans les colonnes de résistances, celles qui approchent le plus de 8640^k, tout en lui étant supérieurs, on trouve les solutions suivantes :

DÉSIGNATION DES FERS à employer	$\dfrac{\mathrm{RI}}{v}$	Résistance pour une portée de 1 mètre	Hauteur du fer	Épaisseur de l'âme	Largeur des ailes	Poids par mèt. courant
			$^m/_m$	$^m/_m$	$^m/_m$	^{k}
Fer ordinaire , profil minimum de Maubeuge....................	1136,48	9092	0 200	8	62	21
Fer ordinaire , profil minimum du Creuzot.....................	1178,24	9425	200	8	60	20 $^1/_4$
Fer à larges ailes, profil minimum de Châtillon-Commentry...............	1092,98	8742	140	8	80	22 ,24
Fer à larges ailes, profil minimum de la Providence ou de Châtillon-Com.	1194,68	9556	160	8	80	22
Fer à larges ailes, profil minimum de Châtillon-Commentry...............	1113,7	8910	175	8	80	19 $^1/_2$
Fer à larges ailes, profil maximum de la Providence	1120,46	8964	140	12	80	24 ,90
Fer à larges ailes, profil maximum de Maubeuge.....................	1152,856	9223	140	13 $^1/_2$	81	27 ,50
Fer à larges ailes, profil minimum de Commentry	1160,56	9284	140	12	84	26 ,52

On peut trouver encore dans le tableau d'autres solutions aussi rapprochées, mais on peut s'arrêter à ces 8 solutions qui donnent des valeurs à peu près égales pour $\mathrm{R} = 8$, travail du fer.

Sous le **rapport** du poids du métal, la différence n'est pas bien grande, et les nombres indiqués permettent de choisir le fer le plus économique.

Sous le rapport de la hauteur de poutre nécessaire, la différence est également peu sensible, puisqu'elle n'est que de 6 $^{m}/_{m}$ entre la plus forte et la plus faible.

Si donc la hauteur de la poutre est arbitraire, il convient d'adopter celle qui donne le poids le plus faible ; sinon, on adopte celle qui correspond à cette hauteur, en choisissant, toutefois, parmi les solutions correspondantes la plus économique.

De ce qui précède, il résulte d'abord l'utilité indispensable de la colonne du poids des fers par mètre courant, puisqu'elle décide souvent du choix de la section, puis la rapidité avec laquelle on opère, puisqu'en un instant on dispose, pour chaque problème à résoudre, de plusieurs solutions, entre lesquelles on n'a plus qu'à choisir.

Le travail du fer, dans chacun de ces fers à **I**, se trouve immédiatement par la formule $\dfrac{RI}{v} = M$ qui donne pour la valeur de R, $R = \dfrac{M}{\dfrac{I}{v}}$. En divisant la valeur de M par celle du rapport $\dfrac{I}{v}$ correspondant à chaque poutre, on obtient la valeur de R par mètre carré.

Ainsi, pour le 1er fer de l'exemple ci-dessus de Maubeuge, on a

$$\frac{1080}{0,000142060} = 7,602426,$$ valeur peu éloignée du coefficient prescrit de 8,000000^{k}.

Terminons par un dernier exemple et supposons qu'il s'agisse d'une travée de pont de 5^{m} de portée destinée au passage des piétons et qui, dans certains cas fort rares, pourrait avoir à supporter quatre personnes par mètre carré, ou 280^{k}, en supposant de plus que le tablier se compose simplement d'un plancher en madriers de chêne jointifs de 0^{m},10 d'épaisseur, pesant 100^{k} maximum par mètre carré, recouvert d'un macadam de 0^{m},25 d'épaisseur, pesant environ 450^{k} au mètre carré, le poids total à supporter par mètre carré se composerait ainsi qu'il suit :

Tablier { madriers		100^{K}
{ macadam		450
Charge additionnelle		280
	Total	$\overline{830}$ kilog.

Si l'on espace les poutres de 0^{m},80, la charge par mètre courant de longueur de poutre sera de 830$^{K} \times 0,80 = 664^{K}$, et la portée étant supposée de 5^{m}, on a

$$\frac{RI}{V} = \frac{664 \times 25}{8} = 2075$$

Ou $664 \times 5 = 3320^{K}$ répartis uniformément sur la longueur du profil à **I**, ou $3320 \times 5 = 16600^{K}$ répartis uniformément sur une portée de 1^{m},00.

Le tableau des résistances indique que c'est un fer de la Providence à larges ailes de 0^{m},205 de hauteur, du poids de 42^{K} le mètre courant et d'une résistance de 16863^{K}, le fer travaillant à 6^{K} par $^{m}/_{m}$ carré qu'il faut employer.

Ou un fer à larges ailes de Châtillon-Commentry de 0^{m},220 de hauteur, du poids de 40^{K},50 et d'une résistance de 16621^{K}.

Ou un fer ordinaire de la Providence de 0^{m},27 de hauteur, du poids de 40^{K} et d'une résistance de 16695^{K}.

APPLICATION AUX PLANCHERS EN FER A DOUBLE I
ET AUX PLANCHERS EN BOIS.

46. Les planchers, qui sont les parties destinées à séparer les divers étages d'un édifice, se composent généralement de trois parties distinctes :

1° *Une partie résistante* reposant sur les murs de l'édifice ;

2° *Un parquet ou carrelage* placé sur la première partie;

3° Un plafond adapté sous les deux autres.

La partie résistante ou charpente du plancher est formée de pièces qui portent des noms spéciaux, suivant leur destination.

Dans les planchers de petites dimensions, lorsque l'espace à recouvrir est peu considérable, la charpente se compose simplement de pièces reposant à leurs deux extrémités sur les murs et qu'on nomme *solives*.

Dans le cas contraire, c'est-à-dire dans les planchers de grandes dimensions, on divise l'espace à recouvrir par des pièces de plus grandes dimensions qu'on nomme *poutres*. Dans ce cas, les solives reposent sur ces poutres par leurs extrémités, ou bien elles y reposent par une extrémité et sont engagées, par l'autre, dans les murs.

Le passage d'un escalier ou d'une cheminée dans un plancher exige toujours le ménagement d'ouvertures dans ce plancher : les solives qui correspondent à ces espaces ne peuvent se continuer jusqu'au mur voisin ; elles reposent alors sur une pièce parallèle au mur et appelée *chevêtre*.

Les solives sur lesquelles repose le chevêtre prennent le nom de *solives d'enchevê-trure*.

Pour éviter l'encastrement des solives dans les murs, on adapte souvent contre ceux-ci, au moyen de corbeaux en fer, une pièce dite *lambourde* sur laquelle viennent s'assembler les abouts des solives en bois.

Dans les constructions ordinaires, on fait reposer, sur les murs qui les portent, les pièces de bois ou solives de $0^m,25$ à $0^m,30$; mais, dans les calculs de résistance, on ne tient aucun compte de pareils scellements, parce qu'ils ne donnent aucune force à la portée de la pièce de bois ; qu'ils n'augmentent pas ou n'augmentent que d'une manière inappréciable la force de résistance du corps employé à la pression qu'on peut lui faire subir, et qu'alors on considère les pièces de bois comme *reposant sur deux points d'appui*.

§ Ier. — *Planchers en fer à double* I.

47. Dans les localités où les bois sont chers, on emploie, pour l'établissement des planchers, au lieu de solives et pièces de bois, des fers à double I, ce qui offre, sur le bois, une plus grande garantie de durée.

Généralement, dans l'établissement des planchers ordinaires, on espace les fers à I de $0^m,60$, de $0^m,75$ à $1^m,00$ d'axe en axe, et on remplit les intervalles qui les séparent par des petites voûtes en briques en forme d'arcs de cercle.

On évalue aussi le poids, par mètre carré, que peut porter le plancher d'une maison d'habitation ordinaire de 280 kil. à 300^K et même plus selon la désignation des locaux (voir le tableau ci–après). Sous cette charge, il est généralement admis que la construction offre toute sécurité de solidité et de durée.

Dans ce poids de 300 k. qu'on adopte dans la pratique pour la charge que peut supporter un plancher d'habitation ordinaire, se trouvent compris, non-seulement le poids des cloisons, meubles et surcharge évaluée à une personne, mais encore celui des fers à double I, des entretoises, des voûtes, de la forme et du carrelage.

Les fers à I sont ordinairement scellés dans les murs de $0^m,25$ à $0^m,30$ et quelquefois un peu plus, mais dans les calculs de résistance et comme pour les bois, on ne tient aucun compte de ces scellements et on considère toujours les fers à I comme reposant sur de simples points d'appui. On en tient compte, lorsque ces scellements sont de $0^m,70$ à $0^m,80$, cas seulement dans lequel les fers à I sont dits *encastrés*.

Dans les formules que nous allons indiquer, on adopte comme unité de dimension le millimètre et comme unité de poids le kilogramme.

48. *Tableau de répartition des charges des planchers sur les poutres aux espacements ordinaires, pour lesquelles il convient de calculer les dimensions des planchers.* (Extrait des *Annales du Conservatoire des Arts et Métiers*.)

DÉSIGNATION DES LOCAUX	Charge par mèt. carré de plancher		Nombre de personnes correspondant à la charge additionnelle	Charge totale par m.q de plancher $= P$	Écartement des poutres e	Charge par m. courant de poutre $P.e$ (**)	OBSERVATIONS
	des hourdis	de la charge addit. supposée permanente					
MAISONS D'HABITATION							
Chambres d'habitation et cabinets.............	150ᴷ	100ᴷ	1,3	250	1ᵐ,00 0,90 0,80 0,70	250ᴷ 225 200 175	Charges également adoptées par les constructeurs et indiquées par *MM. Jolly et Joly fils* (*). Planchers hourdés en platras.......... 350ᴷ Planchers hourdés en briques creuses... 300 Epaisseur 0ᵐ,30.
Pièces de réception...... Salons ordinaires.......	180	200	2,6 à 3,0	380	1,00 0,90 0,80 0,70 0,60 0,50	380 342 304 266 228 190	*MM. Jolly et Joly fils.* Planchers hourdés en platras.......... 400ᴷ Planchers hourdés en briques creuses... 350 Epaisseur 0ᵐ,35.
Grands salons..........	180	300	4	480	1,00 0,90 0,80 0,60 0,50 0,40	480 432 384 288 240 192	*MM. Jolly et Joly fils.* Planchers hourdés en platras.......... 450ᴷ Planchers hourdés en briques creuses... 400 Epaisseur 0ᵐ,35.
ÉDIFICES PUBLICS							
Bureaux. Salles ordin...	150	200	3,0	350	0,70	245	*MM. Jolly et Joly fils.* Planchers hourdés en platras.......... 450ᴷ Planchers hourdés en briques creuses... 400 Epaisseur 0ᵐ,30.
Salles de réunions, d'assemblées.............	180	320	4,6	500	0,70 0,60 0,55	350 300 275	Hourdis et plafond épais.
Salons pour les grandes réunions	180	420	6,0	600	0,70 0,60 0,50 0,40 0,35	420 360 300 240 210	*MM. Jolly et Joly fils.* Planc. hourd. en plat. 600ᴷ id. en briq. creuses. 550 Epaisseur 0ᵐ,35. Hourdis et plafond plus épais.
Magasins de marchandises encombrantes et de peu de poids......	50	450	»	500	0,70 0,55 0,45	350 275 225	Sans hourdis, mais avec plafond.
Magasins de marchandises lourdes, entrepôts, docks, etc.......	100	900	»	1000	0,70 0,60 0,50	700 600 500	Sans hourdis, mais avec plancher double.

(*) Études pratiques sur la construction des planchers et poutres en fer.—Paris, Dunod.

(**) Pour ramener une charge superficielle de plancher par mètre carré à la charge par mètre courant de longueur de chaque poutrelle, en ayant égard à l'écartement des poutrelles, on a la relation $pl = Pl.e$ d'ou $p = P.e$

(P désignant la charge par mètre carré de plancher, l la portée de chaque solive, e l'écartement des solives. p, la charge par mètre courant de la solive.)

Réciproquement, par une opération contraire, on détermine la charge par mètre superficiel de plancher correspondant à une charge donnée par mètre de longueur de solive et à un écartement de solive donné,

C'est ainsi, qu'une charge superficielle de 480ᵏ avec un écartement de solive égal à 0ᵐ.90 donne une charge uniforme de $(480 \times 0,90) = 432^k$ par mètre de longueur de solive.

Et qu'une portée de solive égale à 4ᵐ.20 et une charge uniforme donnée égale à 480ᵏ.

la charge superficielle de plancher est $\dfrac{480}{4,20} = 114^K,285$. — *Écartement des poutrelles.*

49. *Tableau indiquant les fers de profils minimum que l'on peut employer suivant la charge des planchers et leur portée.* (Extrait de l'ouvrage de M. Barré.)

PORTÉES dans œuvre des solives à double I	POUR LES CHARGES PAR MÈTRE CARRÉ DE						
	300ᴷ	350ᴷ	400ᴷ	450ᴷ	500ᴷ	550ᴷ	600ᴷ
	On peut prendre des fers avec les hauteurs suivantes (en millimètres)						
	ᵐ/ₘ	ᵐ/ₘ	ᵐ/ₘ	ᵐ/ₘ	ᵐ/ₘ	ᵐ/ₘ	ᵐ/ₘ
de 2ᵐ à 2ᵐ,25	80	80	80	100	100	120	120
2ᵐ,25 à 2ᵐ,50	80	80 100	100	100 120	100 120	120	120 140
2ᵐ,50 à 3ᵐ,00	80 100	100 120	106 120	120	120 140	120 140	140
3ᵐ,00 à 3ᵐ,75	100 120	120 140	120 140	120 140	140 160	140 160	140 160
3ᵐ,75 à 4ᵐ,50	120 140	140 160	140 160	140 160	160 180	160 180	160 180
4ᵐ,50 à 5ᵐ,50	140 160 180	160 180	160 180	160 180 200	180 200	180 200	180 200 220
5ᵐ,50 à 7ᵐ,00	180 200 220	180 200 220	200 220	200 220	200 220	200 220	220
7ᵐ à 8ᵐ,50	220	220	220 235	250 200	260	260	260 330

Écartement des poutrelles. En général, dans l'établissement des planchers ordinaires, on espace les fers à I de 0,60 de 0,75 à 1ᵐ.00 d'axe en axe. On peut d'ailleurs s'en rendre compte de la manière suivante :

Après avoir fait choix de la hauteur des solives, on détermine leur écartement eu égard à la charge par mètre superficiel de plancher et au coefficient de travail que l'on adopte, de la manière suivante :

Soit à construire un plancher de 3ᵐ.50 de portée, recevant une charge de 450 kil. par mètre carré superficiel, déterminer l'écartement des solives et le profil du fer à double I nécessaire.

Si l'on avait toute latitude pour la hauteur des fers, la question pourrait être résolue très-diversement. Si l'on se reporte au second tableau ci-dessus, on trouve que pour une charge de 450 k. par mètre carré, avec la portée de 3ᵐ.50, on peut adopter des fers à double I de 12ᶜ ou 14ᶜ de hauteur. Adoptons le fer de 0ᵐ.14 avec le coefficient 8 kil. par millim. carré, l'étendue superficielle portée par chaque solive est égale à 3ᵐ.50 multipliée par la distance x, mesurée d'axe en axe des solives ; en multipliant cette étendue par 450 kil., on obtient la charge totale et uniforme de chaque solive, charge qui sera

$$(3,50 \times 450 \times x) \text{ kil.}$$

Cherchant ce que peut porter le fer minimum de 0ᵐ.14 de hauteur, dans notre tableau des résistance des fers à I (prenant, pour exemple, le type de l'usine de la Providence, du poids de 14ᴷ par mètre), on trouvera, pour une portée de 1ᵐ.00. la charge de 4311ᴷ avec le coefficient de sécurité R de 8 kil. et pour la charge uniformément répartie sur 3ᵐ.50 de portée $\dfrac{4311}{3,50} = 1232^{K}$ par mètre courant.

Il faut donc égaler ce nombre au précédent, ce qui donne

$$3,5 \times 450 \times x = 1232, \quad \text{d'où} \quad x = \frac{1232}{3,5 \times 450} = 0^{m}.78,$$

tel est l'écartement des solives.

Remarque. La distance x des solives est proportionnelle au coefficient de sécurité pour un même fer ; d'après cela, si l'on veut calculer l'écartement des mêmes solives avec le coefficient 6 kilog., on aura

$$\frac{8}{6} = \frac{0,78}{x}, \quad \text{d'où} \quad x = \frac{3}{4} \times 0,78 = 0^{m}.57 \tfrac{1}{2}.$$

On verra plus loin les calculs à exécuter pour déterminer la hauteur des solives, en raison du poids du plancher sur leur longueur.

Sous le rapport de la hauteur des poutrelles, ce tableau laisse une certaine latitude et ne doit être considéré que comme une indication générale dont on pourra s'écarter, si l'on peut disposer à volonté de l'épaisseur des planchers, parce qu'alors il y aura avantage à prendre soit les plus forts échantillons des fers, soit des fers à larges ailes, ce que l'on reconnaîtra plus loin par les applications numériques qui seront données.

50. *Formules pratiques fréquemment employées pour le calcul des résistances des pièces droites.*

Appliquons les formules établies précédemment aux principaux problèmes qu'on a ordinairement à résoudre pour l'établissement des planchers.

1ᵉʳ *Cas.* — *Pièce horizontale l encastrée à une extrémité, soumise à un poids* P *à l'autre, et à un poids pl également réparti* (fig. 56 *bis*, pl. 2).

La flèche de courbure est
$$f = \frac{1}{EI}\left[\frac{Pl^3}{3} + \frac{pl^4}{8}\right] \tag{1}$$

Si on suppose $p = o$, On a
$$f' = \frac{1}{EI} \cdot \frac{Pl^3}{3} \tag{1 bis}$$

Si on suppose $P = o$ et $pl = P$, $f'' = \frac{1}{EI} \cdot \frac{Pl^3}{8}$.

C'est-à-dire que le même poids également réparti ou appliqué à l'extrémité de la pièce, donnera des flèches qui seront dans le rapport 3 : 8,

Pour un prisme rectangulaire $I = \frac{ab^3}{12}$, on aurait (1) $f'' = \frac{4Pl^3}{Eab^3}$, d'où l'on tire le poids de $P = \frac{Eab^3 f'}{4l^3}$ capable de produire une flèche donnée f'.

Cette formule indique que pour une même flèche, le poids P est proportionnel à la largeur a de la pièce, au cube de sa hauteur b et inversement proportionnel au cube de sa longueur l.

Équation d'équarrissage. — On a
$$P' = \frac{v}{I}\left[Pl + \frac{pl^2}{2}\right] \tag{2}$$

pour un prisme rectangulaire $\frac{I}{v} = \frac{ab^2}{6}$,

donc
$$P' = \frac{6}{ab^2}\left[Pl + \frac{pl^2}{2}\right] \tag{2 bis}$$

Équation à laquelle on peut satisfaire en faisant varier soit a ou b dimensions de la pièce, soit P et p les poids appliqués.

pour $P = o$, on aura
$$P' = \frac{6}{ab^2} \cdot Pl$$

---

(1) Le maximum de v dans la section rectangulaire est égal à $\frac{b}{2}$ de sorte que la valeur minimum de $\frac{I}{v}$ est égale à $\frac{I}{v} \frac{\frac{ab^3}{12}}{\frac{b}{2}} = \frac{1}{6} ab^2$ et $f = \frac{1}{\frac{Eab^3}{12}} \frac{Pl^3}{3} = \frac{12Pl^3}{3Eab^3} = \frac{4Pl^3}{Eab^3}$.

pour $p = o$, et $pl = P_1$, on aura : $P' = \dfrac{6}{a'b'^2} \cdot \dfrac{P_1 l}{2}$

Si $P_1 = P$ et $b' = b$, il faudra qu'on ait : $a' = \dfrac{a}{2}$;

Si $P_1 = P$ et $a' = a$, il faudra qu'on ait : $b'^2 = \dfrac{b^2}{2}$, $b' = \dfrac{b}{\sqrt{2}} = 0,71b$,

Si $a' = a$ et $b' = b$, il faudra qu'on ait : $P_1 = \dfrac{P}{2}$:

Ainsi quand le poids est également réparti, au lieu d'agir à l'extrémité, la pièce peut, ou *porter un poids double*, ou *avoir une largeur moitié moindre*, ou enfin, *n'avoir que le $^{71}/_{100}$ de la hauteur.*

En tirant la valeur de P ou P_1, dans les équations précédentes, on a

$$P = \frac{ab^2}{6l} P', \quad P_1 = \frac{ab'^2}{3l} \cdot P'.$$

On en conclut que la charge doit varier proportionnellement à la *largeur*, au *carré de la hauteur* de la section et en raison inverse de la *longueur de la pièce*.

51. Avant de passer aux applications numériques,
rappelons ici que *la résistance d'un effort transversal, d'une pièce prismatique encastrée par une de ses extrémités, et sollicitée à l'autre par une force unique* P, *est donnée par la formule* $Pl = \dfrac{RI}{v}$ (1)   [X]

et la flèche par la formule $\dfrac{Pl^3}{3} = EIf$ [Y]

que la valeur de I étant : pour une pièce à section rectangulaire (fig, 11, pl. 1re, ou fig. 48-B', pl. 2) $I = \dfrac{ab^3}{12}$, $\Big($ou $I = ^1/_{12} A \cdot b^2$, parce que cette expression peut se mettre sous la forme $I = ab \cdot ^1/_{12} b^2$ et que $ab = A$ est l'aire du rectangle; $^1/_{12} b^2$ est le carré d'une longueur $\dfrac{1}{2\sqrt{3}} b$ qui a reçu le nom de *rayon de gyration* de la surface considérée$\Big)$ et $v = \dfrac{b}{2}$, les deux formules fondamentales [X] et [Y] deviennent, en remplaçant v et I par leurs valeurs

$$Pl = \frac{Rab^2}{6} \quad \text{et} \quad \frac{Pl^3}{3} = \frac{Eab^3f}{12}, \quad \text{d'où} \quad f = \frac{4Pl^3}{Eab^3}. \quad\quad [A]$$

---

(1) La rupture dans ce cas aura lieu évidemment au point d'encastrement et la résistance de la pièce se compose de la somme des résistances à la traction et à la compression de toutes les fibres qui composent la section de rupture (n° 6). Le moment de rupture c'est-à-dire la somme des moments des résistances de toutes les fibres, pris par rapport à la ligne des fibres invariables, est égal au moment de la force P, pris par rapport au point de rupture. On a donc $Pl = \dfrac{RI}{v}$.

Nous verrons par la suite que les deux formules [X] et [Y] sont fondamentales.

— *Pour les pièces de section carrée* (fig. 48-E), $v = \dfrac{c}{2}$ et $I = \dfrac{c^4}{12}$, les formules [X] et [Y] deviennent

$$Pl = \frac{Rc^3}{6}, \quad \text{et} \quad \frac{Pl^3}{3} = \frac{Ec^4}{12} f, \quad \text{d'où} \quad f = \frac{4Pl^3}{Ec^4} \qquad [B]$$

— *Pour les pièces de section* C *ou* C' (fig. 48, pl. 2) $v = \dfrac{b}{2}$ et $I = \dfrac{ab^3 - a'b'^3}{12}$, les formules [X] et [Y] deviennent

$$Pl = \frac{R \cdot (ab^3 - a'b'^3)}{6b} \qquad [C]$$

E $\qquad \dfrac{Pl^2}{3} = \dfrac{E\,(ab^3 - a'b'^3)\,f}{12}, \quad$ d'où $\quad f = \dfrac{4pl^3}{E\,(ab^3 - a'b'^3)} \cdot \qquad [D]$

— *Pour les pièces de section* M *ou* N (pl. 3) $v = \dfrac{b}{2}$, et $I = \dfrac{ab^3 - (a'b'^3 + a''b''^3)}{12}$

$$Pl = \frac{R\,[ab^3 - (a'b'^3 + a''b''^3)]}{6b} \qquad [E]$$

Et $\dfrac{Pl^3}{3} = \dfrac{E\,[ab^3 - (a'b'^3 + a''b''^3)]\,f}{12}, \quad$ d'où $\quad f = \dfrac{4Pl^3}{E\,[(ab^3 - (a'b'^3 + a''b''^3)]} \quad [F]$

— *Pour les pièces de section* P (pl. 3) $v = \dfrac{b}{2}$, $I = \dfrac{ab^3 - [a'b'^3 + a''b''^3 + a'''b'''^3]}{12}$

$$Pl = \frac{R \cdot [ab^3 - (a'b'^3 + a''b''^3 + a'''b'''^3)]}{6b} \qquad [G]$$

— *Pour les pièces de section transversale* ayant la forme d'un ⊤ simple (fig. 23, pl. 1.

$$v = \frac{1}{2} \times \frac{ab^2 - (a'b^2 + a'h^2)}{ab - a'b + a'h} \cdot$$

$$Pl = \frac{R}{3} \times \frac{av^3 - (a - a')\,(v - b)^3 + a'\,(h - v)^3}{h - v} \cdot \qquad [H]$$

— *La section de la pièce étant un parallélogramme, dont la diagonale* a (fig. 14 *bis*, pl. 1) *est perpendiculaire à la direction de la force* P, on a $v = h$ et $I = \dfrac{ab^3}{6}$ les formules [X] et [Y] deviennent

$$Pl = \frac{Rab^2}{6}, \quad \text{et} \quad \frac{Pl^3}{3} = \frac{Eab^3f}{6}, \quad \text{d'où} \quad f = \frac{2Pl^3}{Eab^3} \cdot \qquad [I]$$

— *Si la section était un carré ayant pour côté* c, on aurait $a = \dfrac{2c}{\sqrt{2}}$, et $b = \dfrac{c}{\sqrt{2}}$, et ces valeurs substituées dans les formules [X] et [Y] donneraient

$$Pl = \frac{Rc^3}{6\sqrt{2}} \quad \text{et} \quad \frac{Pl^3}{3} = \frac{Ec^4f}{12}, \quad \text{d'où} \quad f = \frac{4Pl^3}{Ec^4} \cdot \qquad [J]$$

— *Si la section est un losange* (fig. 37, pl. 1), les formules sont les mêmes que pour le parallélogramme (fig. 14 *bis*).

— *Pour une section triangulaire* mpn, *moitié du losange* (fig. 37), *b étant toujours*
égal à *mn* et *h* à $\frac{pq}{2}$,

$$ Pl = \frac{Rbh^2}{12}, \quad \text{et} \quad \frac{Pl^3}{3} = \frac{Ebh^3 f}{12}, \quad \text{d'où} \quad f = \frac{4Pl^3}{Ebh^3} \qquad [\text{K}] $$

ce qui fait voir que les valeurs de Pl et f sont respectivement moitié et double de
celles données par le losange entier.

— *Lorsque la section de la pièce est un triangle* (fig. 35-1, pl. 1) *et que la ligne
d'inertie* xx *est parallèle à l'un des côtés*, on a $v = {}^2/_3\, c$ et $I = {}^1/_{36}\, bc^3$
les formules [X] et [Y] deviennent

$$ Pl = \frac{Rbc^2}{24} \quad \text{et} \quad \frac{Pl^3}{3} = \frac{Ebc^3 f}{36}, \quad \text{d'où} \quad f = \frac{12Pl^3}{Ebc^3}. \qquad [\text{L}] $$

— *La section du solide étant un rectangle disposé de manière que la ligne d'inertie*
xx *fasse avec le côté* h, *un angle* α (fig. 14, pl. 1), on a

$$ v = {}^1/_2\, (h \sin \alpha + b \cos. \alpha), \quad I = \frac{Rbh}{12}\, (h^2 \sin.^2 \alpha + b^2 \cos.^2 \alpha). $$

et les formules [X] et [Y] deviennent

$$ Pl = \frac{Rbh}{6} \times \frac{h^2 \sin^2 \alpha + b^2 \cos.^2 \alpha}{h \sin \alpha + b \cos. \alpha}, \qquad [\text{M}] $$

et $\dfrac{Pl^3}{3} = \dfrac{Ebhf}{12}\, (h^2 \sin^2 \alpha + b^2 \cos.^2 \alpha),$ d'où $f = \dfrac{4Pl^3}{Ebh\,(h^2 \sin^2 \alpha + b^2 \cos.^2 \alpha)}$ [N]

Si $\alpha = o,\ \sin \alpha = o,\ \cos. \alpha = 1$ et par suite

$$ Pl = \frac{Rbh^2}{6} \quad \text{et} \quad \frac{Pl^3}{3} = \frac{Ebh^3 f}{12}, \quad \text{d'où} \quad f = \frac{4\,Pl^3}{Ebh^3}, $$

valeurs de la section rectangulaire quand la pièce est fléchie dans le sens des côtés
de cette section.

— *La section de la pièce étant un cercle d'un rayon* r (fig. 40, pl. 2),

$$ v = r,\ \text{et}\ I = \frac{\pi r^4}{4}, $$

les formules [X] et [Y] deviennent

$$ Pl = \frac{R\pi r^3}{4}, \quad \text{et} \quad \frac{Pl^3}{3} = \frac{\pi E r^4 f}{4}, \quad \text{d'où} \quad f = \frac{4Pl^3}{3\pi E r^4}, \qquad [\text{P}] $$

d'où il résulte que le moment de rupture du carré est à celui du cercle inscrit dans
le rapport de 1 à $\frac{3}{16}$.

— *Si la pièce est un cylindre creux*, r étant le rayon extérieur et r′ le rayon
intérieur (fig. 41), on a

$$ v = r, \quad \text{et} \quad I = \frac{\pi}{4}(r^4 - r'^4) $$

et les formules [X] et [Y]

$$ Pl = \frac{R\pi(r^4 - r'^4)}{4r.} \qquad [\text{Q}] $$

et $\quad \dfrac{Pl^3}{3} = \dfrac{\pi E f}{4}\, (r^4 - r'^4),$ d'où $f = \dfrac{4Pl^3}{3\pi E\,(r^4 - r'^4)}.$ [R]

Pour $(r' = er)$, il vient

$$Pl = \frac{R\pi}{4} r^4 (1 - e^4), \quad \text{et} \quad f = \frac{4Pl^3}{3\pi Er^4 (1 - e^4)},\qquad [S]$$

en faisant $r' = o$, ou $e = o$ dans ces formules, on obtient celles du cylindre plein.

— *Pour un solide à section elliptique* dont $2h$ est l'axe vertical et $2b$ l'axe horizontal,

$$v = h, \ I = \frac{\pi}{4} bh^3,$$

les formules [X] et [Y] deviennent

$$Pl = \frac{R\pi bh^2}{4} \quad \text{et} \quad \frac{Pl^3}{3} = \frac{\pi Ebh^2 f}{4}, \quad \text{d'où} \quad f = \frac{4Pl^3}{3\pi Ebh^3}\qquad [T]$$

Pour $b = h$, on retombe sur les formules relatives à la section circulaire.

— *Pour un solide creux à section elliptique*, $2h$ et $2b$ étant les axes de l'ellipse extérieure et $2h'$ et $2b'$ ceux de l'ellipse intérieure, on a

$$v = h, \ I = \frac{\pi}{4} (bh^3 - b'h'^3),$$

et les formules [X] et [Y] deviennent

$$Pl = \frac{R\pi(bh^3 - b'h'^3)}{4h}.\qquad [U]$$

$$\frac{Pl^3}{3} = \frac{\pi Ef}{4} (bh^3 - b'h'^3), \quad \text{d'où} \quad f = \frac{4Pl^3}{3\pi E (bh^3 - b'h'^3)}.\qquad [V]$$

Si les ellipses intérieure et extérieure sont semblables, c'est-à-dire, si on a $b' = eb$ et $h' = eh$, les formules précédentes donnent

$$Pl = \frac{R\pi}{4} bh^3 (1 - e^4), \quad \text{et} \quad f = \frac{4Pl^3}{3\pi Ebh^3 (1 - e^4)}.\qquad [V']$$

APPLICATIONS NUMÉRIQUES.

52. 1re *Application à un fer à double* **I** *encastré par une extrémité (au moins de* $0^m,70$ *à* $0^m,80$*), l'autre extrémité étant libre et devant être soumise à l'action d'un poids unique* P *placé à cette extrémité (fig. 56, pl. 2), déterminer*

1° Le poids qu'il pourra supporter à cette extrémité ;

2° La flèche qui sera produite.

Dans les formules suivantes, on adopte comme unité de dimensions le millimètre, et comme unité de poids le kilogramme.

Soit, pour exemple, un fer à double **I** de $0^m,16$ de hauteur, pesant 15 kilog. le mètre (fig. 64, pl. 2), et posons :

$l = 2^m,00$ ou 2000 millimètres ;

P poids à déterminer ;

$a = 0^m,048$ ou 48 millimètres ;

$\frac{a'}{2} = 0,020$ ou $a' = 0^m,040$ ou 40 millimètres ;

$b = 0^m,160$ ou 160 millimètres ;
$b' = 0^m,146$ ou 146 —
$R = 10$;
$E = 20000.$

La formule [C] donne $P = \dfrac{R\,(ab^3 - a'b'^3)}{6lb}.$ [3]

et en y substituant ces valeurs,

$$P = \frac{10 \times (48 \times \overline{160}^3 - 40 \times \overline{146}^3)}{6 \times 2000 \times 160} = 375^k,63,$$ poids que le fer peut supporter à son extrémité dans le vide.

La flèche est donnée par la formule [D].

$$f = \frac{4Pl^3}{E\,(ab^3 - a'b'^3)}, \quad \text{ou} \quad f = \frac{4 \times 375,63 \times \overline{2000}^3}{20000 \times (48 \times \overline{160}^3 - 40 \times \overline{146}^3)} = 8^{mm},333 \quad [4]$$

dont les $^3/_4 = 6^{mm},250$, flèche de la charge double uniformément répartie.(*Voir l'application suivante.*)

Nota. La flexion f que doit prendre une pièce dans la limite de $^1/_{500}$ pour la théorie, égale à $0^m,022$ millimètres (en pratique, on prend $^1/_{300}$ (ou $0^m,015$) pour le fer et $^1/_{600}$ pour la fonte pour certains cas. La théorie n'admet que $^1/_{500}$ pour le fer et $^1/_{1000}$ pour la fonte pour les flexions transversales).

Connaissant la valeur de I et la flexion f d'une pièce, on peut donc aussi déterminer la charge P qu'elle peut supporter en son milieu par la formule fondamentale [Y].

2° Application à un fer double I encastré (comme ci-dessus), par une extrémité, l'autre extrémité étant libre (fig. 56 bis, pl. 2), déterminer :

1° Le poids pl uniformément réparti dont il pourra être chargé ;
2° Le poids p par mètre courant ;
3° La flèche produite sous cette charge.

Dans ce cas, les deux formules fondamentales [X] et [Y] deviennent

$$pl \times \frac{l}{2} = \frac{RI}{v}, \quad \text{ou} \quad \frac{pl^2}{2} = \frac{RI}{v}, \quad \text{ou} \quad pl = \frac{R\,(ab^3 - a'b'^3)}{3lb}, \qquad [5]$$

et $^1/_8\,pl \times l^3$ ou $\dfrac{pl^4}{8} = EIf,$ d'où on tire (n° 50) $f = \dfrac{1}{EI}\dfrac{pl.l^3}{8},$

et en y substituant la valeur de I (n° 51)

$$f = \frac{1}{E\left(\dfrac{ab^3 - a'b'^3}{12}\right)} \cdot \frac{pl.l^3}{8} = \frac{8}{3} \cdot \frac{pl.l^3}{E\,(ab^3 - a'b'^3)}, \qquad [6]$$

ou, en prenant les mêmes valeurs que ci-dessus

$$pl = \frac{10 \times (48 \times \overline{160}^3 - 40 \times \overline{146}^3)}{3 \times 2000 \times 160} = 751^k,27,$$ poids que le fer dont il s'agit pourra supporter uniformément réparti.

Le poids par mètre courant sera $p = \dfrac{751,27}{l} = \dfrac{751,27}{2} = 375^k,63.$

Et la flèche $f = \dfrac{3 \times 751,27 \times \overline{2000}^3}{2 \times 20000 \times \left(48 \times \overline{160}^3 - 40 \times \overline{146}^3\right)} = 6^{mm},250.$

Il résulte de ces deux applications que le même fer peut supporter une charge uniformément répartie double de celle qui peut être appliquée à son extrémité.

Le poids uniformément réparti étant de $751^k,37$, appliqué à l'extrémité du fer qui se trouve dans le vide, la flèche serait $f = \dfrac{4 \times 751,29 \times \overline{2000}^3}{20000 \times \left(48 \times \overline{160}^3 - 40 \times \overline{146}^3\right)} = 16^{mm},667,$

dont les $^3/_8 = 6^{mm},250$. Ce qui indique que le même poids également réparti ou appliqué à l'extrémité de la pièce donne des flèches qui sont dans le rapport de 8 à 3, ou qu'une même pièce, pour une même charge, donne une flèche f qui n'est, pour le cas où la charge est uniformément répartie, que les $^3/_8$ de celle produite par la même charge appliquée à l'extrémité de la pièce.

Et dans le cas où une même pièce supporte une charge totale pl, répartie uniformément sur toute sa longueur, double de la charge P qu'elle supporte quand P est appliqué à l'extrémité de la longueur, les flèches sont dans le rapport de 4 à 3, c'est-à-dire que la flèche pour le cas où la charge est uniformément répartie, double de celle appliquée à l'extrémité de la pièce, est les $^3/_4$ de la flèche produite sous cette double charge.

3e Application. Le même fer chargé d'un poids P placé à son extrémité libre et d'un poids pl uniformément réparti sur toute sa longueur.

On a vu (n° 50) que pour une pièce prismatique, on a

$$Pl + \frac{pl^2}{2} = \frac{RI}{v} \quad \text{ou} \quad \left(P + \frac{pl}{2}\right)l = \frac{RI}{v},$$

$$\text{et} \quad \frac{Pl^3}{3} + \frac{pl^4}{8} = EIf, \quad \text{ou} \quad \left(\frac{P}{3} + \frac{pl}{8}\right)l^3 = EIf.$$

En remplaçant v et I par les valeurs qui conviennent aux sections des pièces, on obtient des formules semblables à celles des n°s 51 et celles de la 2° application précédente.

Ainsi, pour une pièce à section rectangulaire, on a

$$\left(P + \frac{pl}{2}\right)l = \frac{Rab^2}{6}, \qquad\qquad [7]$$

$$\text{et} \quad \left(\frac{P}{3} + \frac{pl}{8}\right)l^3 = \frac{Eab^3f}{12}, \quad \text{d'où} \quad f = \frac{12\left(\frac{P}{3} + \frac{pl}{8}\right)l^3}{Eab^3}. \qquad [8]$$

et pour un fer à double **I**,

$$\left(P + \frac{pl}{2}\right)l = \frac{R\left(ab^3 - a'b'^3\right)}{6b}, \qquad\qquad [7\ bis]$$

$$\text{et} \quad \left(\frac{P}{3} + \frac{pl}{8}\right)l^3 = \frac{E\left(ab^3 - a'b'^3\right)f}{12}, \quad \text{d'où} \quad f = \frac{12\left(\frac{P}{3} + \frac{pl}{8}\right)l^3}{E\left(ab^3 - a'b'^2\right)}. \quad [8\ bis]$$

Nous nous abstenons de faire une application numérique qui ne serait que la répétition des deux précédentes combinées ensemble.

53. *2e Cas. Pièce horizontale* l, *posée par ses extrémités sur deux appuis, soumise à* *l'action d'un poids P placé au milieu de sa portée et d'un poids pl uniformément réparti* (fig. 54-55 et 55 *bis*, pl. 2).

La charge totale de la pièce étant P+pl, chacun des points d'appui peut être remplacé par une force égale à $\dfrac{P+pl}{2}$; agisssant de bas en haut (fig. 55 *bis*, pl. 2), et lorsque la pièce sera en équilibre, on pourra la supposer encastrée au milieu o de la longueur ; or, les actions étant symétriques de part et d'autre du point o, l'équation de chacune des moitiés de l'élastique reviendra à celle d'une pièce de longueur $\dfrac{l}{2}$ encastrée à une de ses extrémités, supportant à l'autre un effort $\dfrac{P+pl}{2}$ et de plus un poids p par unité de longueur, avec cette différence seulement que p agit en sens inverse de $\dfrac{P+pl}{2}$ et que ces forces devront être affectées de signes contraires.

Nous avons trouvé dans le cas précédent (formule [1], n° 50).

$$f = \frac{1}{EI}\left[\frac{Pl^3}{3} + \frac{pl^4}{8}\right].$$

Faisant $l = \dfrac{l}{2}$, $P = \dfrac{P+pl}{2}$ et $p = -p$, on aura ici

$$f = \frac{1}{EI}\left[\frac{Pl^3}{3.2.8} + \frac{pl^4}{3.2.8} - \frac{pl^4}{8.16}\right],$$

et en réduisant, il vient :

Flèche de courbure $f = \dfrac{1}{48.EI}\left[Pl^3 + \dfrac{5}{8}pl^4\right].$ [9]

Pour une pièce rectangulaire $I = \dfrac{ab^3}{12}$,

$$f = \frac{1}{4.E.ab^3}\left[Pl^3 + \frac{5}{8}pl^4\right]. \qquad [10]$$

De cette valeur et de la précédente [1] on conclut très-facilement :

1° Suivant que le même poids agira seul au milieu ou sera également réparti, *f* variera comme 8 à 5.

2° Si $p = o$, à même portée et pour le même poids P dans les deux hypothèses, la flèche de courbure de la pièce posée sur deux appuis et chargée au milieu, ne sera que les $^3/_{48}$ ou le $^1/_{16}$ de celle de la pièce encastrée à une de ses extrémités et chargée à l'autre. A portée double, la flèche de la première ne sera encore que moitié de celle de la seconde, ou, si l'on veut, pour la même flèche, le poids pourra être double dans la première disposition.

Équarrissage. En faisant les mêmes substitutions dans l'équation d'équarrissage [2] de la pièce encastrée, on trouve :

$$P' = \frac{v}{I}\left(\frac{Pl}{2.2} + \frac{pl^2}{2.2} - \frac{pl^2}{2.4}\right) = \frac{v}{I}\left(\frac{Pl}{4} + \frac{pl^2}{8}\right) \qquad [11]$$

pour un prisme rectangulaire, on a $\dfrac{v}{I} = \dfrac{6}{ab^2}$

donc
$$P' = \frac{6}{ab^2}\left(\frac{Pl}{4} + \frac{pl^2}{8}\right) \qquad [11\ bis].$$

En faisant successivement $p = 0$ et $P = 0$, $pl = P$, l'expression [11] montre que, pour la même pièce, le poids pourra être doublé, quand il sera réparti au lieu d'être placé au milieu.

En comparant les expressions [11] et [2] on voit immédiatement qu'à même longueur l, la pièce posée sur deux appuis pourra porter une charge quadruple de celle qu'on pourrait placer sur la même pièce encastrée à une de ses extrémités. On voit donc combien il importe dans les constructions d'éviter les pièces en porte-à-faux, ou sans soutiens à une de leurs extrémités (1).

54. *Applications aux fers à* **I** *à ailes symétriques :*

1° *Fer à double* **I** *reposant par ses deux extrémités sur deux appuis de niveau et devant être soumis à l'action d'une charge* P *placée au milieu de sa portée* (fig. 55 Pl. 2), déterminer

1° Le poids qu'il pourra supporter dans son milieu ;

2° La flèche produite par cette charge.

On suppose d'abord que l'on puisse négliger le poids de la pièce. Dans ce cas, la pièce travaillant comme si elle était encastrée au milieu de la longueur et sollicitée à chacune de ses extrémités par une force égale à $\frac{P}{2}$, toutes les formules précédentes se reproduiront, seulement P sera remplacé par $\frac{P}{2}$ et l par $\frac{l}{2}$ (n° 53).

Les deux formules fondamentales [X] et [Y] deviendront donc, en conservant aux lettres les mêmes significations,
$$\frac{Pl}{4} = \frac{RI}{v}, \qquad \text{et}\ \frac{Pl^3}{48} = EIf \qquad [12]$$

remplaçant v et I par les valeurs qui conviennent aux sections transversales des pièces, on obtient des formules semblables à celles du 1er cas.

Ainsi, pour une pièce à section rectangulaire, on a
$$\frac{Pl}{4} = \frac{R\,ab^2}{6} \qquad \text{et}\ \frac{Pl^3}{48} = \frac{E\,ab^3\,f}{12}, \text{d'où } f = \frac{Pl^3}{4\,E\,ab^3} \qquad [12\ bis].$$

Et pour un fer à double **I** symétrique, on déduit de la formule [12]
$$P = \frac{2R.\,(ab^3 - a'\,b'^3)}{3\,lb} \qquad [13]$$
$$f = \frac{Pl^3}{2E\,(ab^3 - a'\,b'^3)} \qquad [14]$$

la comparaison des formules [X] et [Y] et des formules [12] fait voir, ainsi que nous l'avons déjà dit ci-dessus, qu'une même pièce supporte, dans le cas où elle repose sur deux appuis, une charge 4 fois plus grande que quand elle est seulement encastrée

---

(1) Ces rapports sont admissibles en pratique tant que la flèche est faible et que la longueur de la pièce l'emporte beaucoup sur la hauteur de la section ; autrement les données de la théorie ne se vérifient plus. (Voir les expériences de M. Vicat insérées dans les Annales des Ponts-et-Chaussées, année 1833 — 2° semestre, page 201.)

par une extrémité et chargée à l'autre, et que pour un même poids, la flèche est 16 fois plus petite.

Conservant les mêmes valeurs qu'au fer à double I du 1er cas (n° 52), en supposant que $l = 5^{m},00$, au lieu de $2^{m},00$, on a

$$P = \frac{2 \times 10 \times (48 \times \overline{160}^3 - 40 \times \overline{146}^3)}{3 \times 5000 \times 160} = 601^{K},015$$

$$\text{et } f = \frac{601,015 \times \overline{5000}^3}{2 \times 20,000 \times (48 \times \overline{160}^3 - 40 \times \overline{146}^3)} = 26^{mm},041.$$

2° *Le même fer à double I reposant sur deux appuis et devant être chargé d'un poids P uniformément réparti* (fig. 54 Pl. 2), déterminer

1° Ce poids uniformément réparti que pourra supporter ce fer.

2° Le poids par mètre courant.

3° La flèche produite sous la charge de ce poids.

p étant la charge par mètre courant, la charge totale est pl, dont la moitié est $\dfrac{pl}{2}$ et les formules fondamentales [X] et [Y] deviennent

$$\frac{pl^2}{8} = \frac{RI}{v} \qquad \text{et } \frac{1}{48} \times \frac{5}{8} pl^4 = EIf, \quad \text{d'où} \quad f = \frac{5\,pl^4}{384\,EI} \qquad [15]$$

Pour une pièce prismatique à section rectangulaire, on a, en remplaçant v et I par les valeurs qui conviennent à cette section [n° 51],

$$\frac{pl^2}{8} = \frac{Rab^2}{6} \qquad\qquad [16]$$

et
$$\frac{1}{48} \times \frac{5}{8} pl.\,l^3 = \frac{Eab^3 f}{12}, \quad \text{d'où} \quad f = \frac{\frac{5}{8} pl^4}{4Eab^3} = \frac{5pl^4}{32Eab^3} \qquad [17]$$

Et pour le fer à double I dont la section se décompose exactement en parties rectangulaires

$$\frac{pl^2}{8} \text{ ou } \frac{Pl}{8} - \frac{R\,(ab^3 - a'\,b'^3)}{6\,bl}, \quad \text{d'où} \quad pl = \frac{4}{3} \cdot \frac{R\,(ab^3 - a'\,b'^3)}{bl} \qquad [18]$$

poids uniformément réparti sur la portée du fer.

$$P' = \frac{4}{3} \cdot \frac{R\,(ab^3 - a'\,b'^3)}{bl^2} \text{ poids par mètre courant}$$

$$P'' = \frac{4}{3} \cdot \frac{R\,(ab^3 - a'\,b'^3)}{bl^2 e} \text{ poids par mètre carré mis en place}$$

(e désignant l'espacement des solives ou poutres entre elles),

et
$$f = \frac{5}{32} \cdot \frac{pl \times l^3}{E\,(ab^3 - a'\,b'^3)} \text{ (1)} \qquad [19]$$

---

(1) On démontre que $EIf = \dfrac{1}{12} \cdot \dfrac{5}{32} pl^4$, faisant dans cette équation $P = pl$, il vient

$EIf = \dfrac{1}{12} \times \dfrac{5}{32} Pl^3$, d'où l'on tire enfin pour la valeur de la flèche $f = \dfrac{1}{12} \times \dfrac{5}{32} \times \dfrac{Pl^3}{EI}$

$= \dfrac{1}{12} \times \dfrac{5}{32} \cdot \dfrac{Pl^3}{\dfrac{E\,(ab^3 - a'\,b'^3)}{12}} = \dfrac{5}{32} \cdot \dfrac{Pl^3}{E\,(ab^3 - a'\,b'^3)}.$

Substituant les mêmes données que ci-dessus dans la formule [18]

$$pl = \frac{4 \times 10 \times (48 \times \overline{160}^3 - 40 \times \overline{146}^3)}{3 \times 500 \times 160} = 1202^{\text{K}},03 \text{ poids pouvant être unifor-}$$

mément réparti sur la longueur du fer à **I** d'où il résulte que $P' = \dfrac{1202^{\text{K}},03}{5^{\text{m}}} = 240^{\text{K}},40$,

poids par mètre courant.

On voit en effet, dans le tableau des résistances (n° 76) que le poids de 1202^{K} uniformément réparti sur la longueur de $5^{\text{m}},00$ de fer ou 6010^{K} uniformément répartis sur une portée de $1^{\text{m}},00$ répond à un fer minimum du profil ordinaire de Franche-Comté pesant 15^{K} par mètre courant et travaillant à 10^{K} par millimètre carré.

Et pour la flèche, formule [19]

$$f = \frac{5 \times 1202,03 \times \overline{5000}^3}{32 \times 20000 \times (48 \times \overline{160}^3 - 40 \times \overline{146}^3)} = 16^{\text{mm}},275.$$

Il résulte des formules [12] et [18] et de ces deux applications que le poids pl est double de celui supporté par la même pièce chargée en son milieu et que la flèche est les $\frac{5}{8}$ de celle produite par le même poids appliqué au milieu de la pièce.

3° *Le même fer à double* **I** *reposant sur deux appuis, chargé d'un poids* pl *uniformément réparti et devant, en outre, être soumis à l'action d'un poids* P *placé au milieu de la longueur* (fig. 54, pl. 2).

Déterminer ce poids, ainsi que la flèche produite sous cette double charge.

Nous avons vu (n° 53) qu'on a, pour ce cas

$$\frac{Pl}{4} + \frac{pl^2}{8} \quad \text{ou} \quad \left(P + \frac{pl}{2}\right) \times \frac{l}{4} = \frac{RI}{v}$$

et

$$\frac{Pl^3}{48} + \frac{1}{48} \times \frac{5}{8}\,pl^4 \quad \text{ou} \quad \left(P + \frac{5}{8}\,pl\right)\frac{l^3}{48} = EIf.$$

Pour une pièce prismatique à section rectangulaire, on a donc, en remplaçant v et I par leurs valeurs (n° 51),

$$\left(P + \frac{pl}{2}\right)\frac{l}{4} = \frac{Rab^2}{6} \tag{20}$$

$$\left(P + \frac{5}{8}\,pl\right)\frac{l^3}{48} = \frac{Eab^3 f}{12}, \quad \text{d'où} \quad f = \frac{\left(P + \frac{5}{8}\,pl\right)l^3}{4Eab^3}. \tag{21}$$

Et pour un fer à double **I**

$$P = \frac{2R\,(ab^3 - a'b'^3)}{3lb} - \frac{pl}{2} \tag{22}$$

$$f = \frac{Pl^3}{4E\,(ab^3 - a'b'^3)} + \frac{5pl^4}{32E\,(ab^3 - a'b'^3)}. \tag{23}$$

Conservant les mêmes données que dans les exemples précédents et supposant à p, celle de 100^{k} par mètre courant,

$$P = \frac{2 \times 10 \times (48 \times \overline{163}^3 - 40 \times \overline{146}^3)}{3 \times 5000 \times 160} - \frac{5 \times 100}{2} = 351^{\text{K}},01.$$

Et
$$f = \frac{351,01 \times \overline{5000}^3}{4 \times 20000 \times (48 \times \overline{160}^3 - 40 \times \overline{146}^3)} + \frac{5 \times \overline{5000}^4}{32 \times 20000 \times (48 \times \overline{160}^3 - 40 \times \overline{146}^3)} = 7,604 + 6,770$$

d'où
$$f = 14^{mm},374.$$

55. *Pièce horizontale posée par ses extrémités sur deux appuis* b, b' *et devant être soumise à l'effort d'un poids* P, *placé en un point quelconque de l'intervalle*, $(l' + l'' = l)$ (fig. 70, pl. 2).

Déterminer ce poids et la flèche produite sous sa charge.

Dans cette hypothèse, la manière la plus simple d'arriver aux formules qui donnent la flèche et l'équarrissage, c'est de supposer qu'après l'équilibre la pièce est encastrée au point O où agit le poids P.

Il est évident qu'on aura successivement à considérer la partie bo sollicitée à la distance l' par l'effort $\dfrac{Pl''}{l' + l''}$ qui est la réaction du point d'appui b et la partie ob' sollicitée à la distance l'' par la réaction de b', $\dfrac{Pl'}{l' + l''}$. Sans entrer dans aucune discussion, nous dirons de suite qu'on a pour la première partie de la flèche

$$f' = \frac{P.l'^2.l''^2}{3.EI.l},$$

l'abscisse correspondant au point le plus bas de la courbe ob', en la désignant par x, a pour valeur

$$x = l''\left(1 - \tfrac{1}{3}\sqrt{3 + 6\frac{l'}{l''}}\right).$$

On aura pour la seconde partie de la flèche

$$f'' = \frac{1}{EI} \cdot \frac{Pl'x}{l}\left[\frac{l'x}{2} - \frac{x^2}{6} - \frac{l''}{3}(l'' - l')\right].$$

Et pour la flèche entière

$$f = f' + f'' = \frac{1}{EI} \cdot \frac{P}{l}\left(\frac{l'^2.l''^2}{3} - l'x\left[\frac{l'x}{2} - \frac{x^2}{6} - \frac{l''}{3}(l'' - l')\right]\right). \qquad [24]$$

Équarrissage. On a $\dfrac{Pl'l''}{l} = \dfrac{RI}{v}$, $\qquad\qquad\qquad\qquad\qquad\qquad$ [25]

d'où on tire
$$P' = \frac{v}{I} \cdot \frac{Pl'l}{l' + l''} = \frac{v}{I} \cdot \frac{Pl'l''}{l}. \qquad\qquad [25\ bis]$$

Pour une pièce rectangulaire, on a, en remplaçant v et I par leur valeur (n° 51)
$$\frac{Pl'l''}{l} = \frac{Rab^2}{6}. \qquad\qquad\qquad\qquad [26]$$

Et pour un fer à double I,
$$\frac{Pl'l''}{l} = \frac{R(ab^3 - a'b'^3)}{12}. \qquad\qquad\qquad [27]$$

Application. — *Un fer à double* I *reposant sur deux appuis et devant être chargé d'un poids* P *à une distance* x *de son milieu* (fig. 70 bis, pl. 2).

Déterminer ce poids et la flèche produite.

Le poids se calcul ici par la formule

$$P = \frac{2lR\,(ab^3 - a'b'^3)}{3(l^2 - 4x^2)4}. \qquad\qquad\qquad [28]$$

Avec les même données que précédemment (1er cas) et x étant supposé de $1^m,20$ ou 1200^{mm}. On a

$$P = \frac{2 \times 5000 \times 10 \times \left(48 \times \overline{160}^3 - 40 \times \overline{146}^3\right)}{3 \times \left(\overline{5000}^2 - 4 \times \overline{1200}^2\right) \times 160} = 780^K,95.$$

Pour la flèche, on a également

$$f = \frac{P\,(l^2 - 4x^2)^2}{4 \cdot l \cdot E\,(ab^3 - a'b'^3)}.\qquad [29]$$

ou $$f = \frac{780,95 \times \left(\overline{5000}^2 - 4 \times \overline{1200}^2\right)^2}{4 \times 5000 \times 20000 \times \left(48 \times \overline{160}^3 - 40 \times \overline{146}^3\right)} = 10^{mm},200.$$

2° *La même pièce chargée, outre le poids P placé en un point quelconque, d'un poids p par mètre courant uniformément réparti.* On aura

$$P' + \frac{pl}{2} \cdot \frac{l'.l''}{l} = \frac{RI}{v}.\qquad [30]$$

Pour une pièce à section rectangulaire, cette formule devient, en remplaçant v et I par leur valeur (n° 51)

$$\left(P + \frac{pl}{2}\right)\frac{l'l''}{l} = \frac{Rab^2}{6}.\qquad [31]$$

Si $l' = l'' = \dfrac{l}{2}$, il vient $P' = \dfrac{v}{I} P \dfrac{l}{4}$, comme on l'a trouvé précédemment, quand le poids P était supposé au milieu.

56. *Pièce horizontale l posée par ses extrémités sur deux appuis, et chargée de deux poids égaux à* P, *symétriquement placés par rapport au milieu, c'est-à-dire, éloignés du milieu O d'une même distance l'* (fig. 72, pl. 2).

La flèche totale de la pièce est donnée par la formule

$$f = \frac{P}{2EI}\left[\frac{l^3}{8} - \frac{l^3}{8.3} - \frac{l'^2 l}{2} + \frac{l'^3}{3}\right] = \frac{P}{2EI}\left[\frac{l^3}{12} - l'^2\left(\frac{l}{2} - \frac{l'}{3}\right)\right]$$

pour $l' = \dfrac{l}{4}$

$$f = \frac{P}{2EI}\left[\frac{l^3}{12} - \frac{l^3}{4.4.2} + \frac{l^3}{4.4.4.3}\right] = \frac{11.Pl^3}{384.EI} = \frac{1}{35}\,\frac{Pl^3}{EI} \text{ à peu près.}\quad [32]$$

Si on compare la formule [32] avec la formule [9] en y faisant $p = o$, on en conclut que les flèches seront dans le rapport de 48 : 35 ou environ 4 : 3. Ainsi, un poids 2P placé symétriquement à une distance des extrémités égale au quart de longueur, donne une flèche qui n'excède à peu de chose près que de $^1/_3$ celle qui est produite par le poids P placée au milieu.

Équarrissage. — Le moment des forces extérieures étant égal à $P\left(\dfrac{l}{2} - l'\right)$ pour toute la longueur cc' et plus petit pour un point quelconque de ca, l'équarrissage sera donné immédiatement par la formule

$$P' = \frac{v}{I} P\left(\frac{l}{2} - l'\right)\qquad [33]$$

pour $l' = \dfrac{l}{4}$ $$P' = \frac{v}{I} P \frac{l}{4},$$

même équarrissage que si le poids était moitié moindre et placé au milieu.

*Si au lieu de considérer la charge composée de deux forces égales à P symétrique-
ment placées par rapport au milieu O, on considère les forces égales symétriquement
placées par rapport aux points d'appui (fig. 72, pl. 2), c'est-à-dire éloignées des appuis d'une même distance l.*

On a $M = Pl' = \dfrac{EI}{r} = \dfrac{RI}{v}$,   d'où $P = \dfrac{M}{l'}$ et $f = \dfrac{Pl'^3}{6EI}$.   [33 *bis*]

*Si la même pièce reçoit en outre une charge additionnelle de p par mètre courant
uniformément répartie sur la longueur* l (fig. 72 *bis*, pl. 2).

On a $M = \dfrac{EI}{r} = \dfrac{RI}{v} = Pl' + \dfrac{pl^2}{2}$.   [33 *ter*]

57. 3° *Cas. — Pièces horizontales encastrées par les deux extrémités.*

Pièce horizontale l *encastrée à ses deux extrémités, chargée d'un poids* P *au milieu
et d'un poids* pl *uniformément réparti* (fig. 57, pl. 2)

On ramène ce système à celui de deux pièces encastrées horizontalement par
une de leurs extrémités en a et o et chargée à l'autre qui est le point d'inflexion i
d'un poids égal, mais agissant en sens contraire (fig. 74, pl. 2).

En ne tenant pas compte du poids également réparti p, les deux portions de
l'élastique oi, ai sont identiques et la flèche totale f sera double de la flèche f' de

oi ou ai, et comme on a : $f' = \dfrac{1}{EI} \cdot \dfrac{Pl^3}{2 \cdot 3 \cdot 64}$,

donc $f = 2f' = \dfrac{1}{EI} \cdot \dfrac{Pl^3}{192}$.   [34]

Si on compare cette flèche avec celle [9] de la même pièce posée sur deux appuis
au lieu d'être encastrée, en y faisant $p = o$, on voit que les flèches sont dans le
rapport $^{48}/_{192} = {}^1/_4$. La flèche de la pièce encastrée ne sera que le $^1/_4$ de l'autre.

En supposant $P = o$ et désignant par f_i, f_a les flèches de oi et ai, on aura

$$f_i = \frac{1}{EI} \cdot \frac{5pl^4}{3456}, \qquad f_a = \frac{1}{EI} \cdot \frac{pl^4}{864}$$

donc, flèche de courbure pour $P = o$

$$f = f_i + f_a = \frac{1}{EI} \cdot \frac{pl^4}{384}.$$ [35]

Pour $pl = P$, $f = \dfrac{1}{EI} \cdot \dfrac{Pl^3}{384}$, flèche moitié de celle produite par une force P agissant au milieu de la pièce.

Si on voulait avoir la flèche de courbure en tenant compte à la fois de P et p, il
suffirait d'ajouter les résultats donnés par [34] et [35].

Équarrissage. — Pour $p = o$, les deux élastiques étant identiques et analogues à
celle d'une pièce encastrée par une de ses extrémités, la section dangereuse sera
indifféremment au milieu ou aux points d'encastrement, ce qui donne

$$P' = \frac{v}{I} \cdot \frac{Pl}{8}.$$ [36]

Pour une pièce posée librement, on a trouvé : $P' = \dfrac{v}{I} \cdot \dfrac{Pl}{4}$, la résistance est donc
double quand la pièce est encastrée à ses deux extrémités.

Pour $P = o$, la courbure n'est plus la même en o et en a.

En o, on a $\dfrac{1}{\rho} = \dfrac{1}{EI} \cdot \frac{1}{3} \dfrac{pl^2}{8}$,

En a, on a $\dfrac{1}{\rho} = \dfrac{1}{EI} \cdot \frac{2}{3} \dfrac{Pl^2}{8}$. ($\rho$ est le rayon de courbure en chaque point après la flexion).

La courbure étant deux fois plus forte en a, c'est là que se trouve la section dangereuse, et l'équation d'équarrissage sera

$$P' = \frac{v}{I} \cdot \frac{pl^2}{12} \quad [36\,bis] \text{ et en supposant } pl = P, \quad P' = \frac{v}{I} \cdot \frac{Pl}{12}$$

d'où l'on voit que le rapport des résistances pour [36] et [36 *bis*] est :: 2 : 3.

Fers à I *ou solives portant des cloisons*

58. *Calcul d'une solive portant une cloison dans toute sa longueur.*

Soit une cloison de distribution intérieure pesant 100 kil. le mètre superficiel, qui s'étend horizontalement sur une longueur de 7^m et sur une hauteur de $3^m,40$, exécutée en bois et plâtre de $0^m,08$ d'épaisseur.

Recherchons les dimensions d'une solive ou de deux solives nécessaires pour soutenir cette cloison placée parallèlement aux solives, et prenons 8 kilog. pour coefficient de sécurité.

La charge uniforme et totale est exprimée par $7^m \times 3^m,40 \times 100^k = 2380$ kil. ou $2380 \times 7^m = 16660$ pour une portée de $1^m,00$.

L'inspection du tableau (n° 76) des résistances des fers à double I indique que le fer ordinaire (à petites ailes) du profil maximum de la Providence, de $0^m,22$ de hauteur, pesant 40^k et offrant une résistance de 16924 pour une portée de $1^m,00$ et d'un travail de 8^k par $^m/_m$ carré.

— Ou le fer du profil maximum de Châtillon et Commentry ou de Maubeuge de $0^m,22$ de hauteur, pesant 40^k et offrant une résistance de 16970^k dans les mêmes conditions.

— Ou le fer du profil maximum de Franche-Comté de $0^m,22$ de hauteur pesant 40^k et offrant une résistance de 16958 est plus que suffisant.

— On peut essayer si deux fers peuvent résoudre la question et dans quelles conditions :

Chacun d'eux devra porter alors $\dfrac{16660}{2}$ ou 8330^k sur un mètre de portée.

En consultant le même tableau, on voit que le fer ordinaire du profil minimum de Maubeuge de $0^m,18$ de hauteur pesant 19^k le mètre courant et offrant une résistance de 8957 pour une portée de $1^m,00$, (avec le coefficient de sécurité de 8 kil. par $^{mm}\cdot$) peut convenir.

On peut donc aussi adopter deux fers de $0^m,180$ de hauteur.

Il en résultera même une légère économie, puisqu'on n'emploiera, par mètre courant, que 38^k de fer laminé au lieu de 40^k par la 1re solution.

Si le mur est d'une faible épaisseur, il pourra reposer directement sur les semelles des deux fers placés l'un à côté de l'autre ; s'il devait saillir, il faudrait interposer une plaque de tôle de $0^m,01$ à $0^m,015$ pour empêcher les matériaux de briques ou moellons de travailler à la cohésion.

On peut encore faire une plus forte économie, si la construction permet l'adoption d'un fer à larges ailes. En effet, on trouve que le fer à larges ailes du profil minimum du Creuzot de $0^m,235$, pesant 32 kil. par mètre courant et offrant une résistance de 19029, avec le coefficient de sécurité de 8 kil. par ^{mm} et la portée d'un mètre, est plus que suffisant pour porter la charge uniforme de 2380^K sur une portée de 7^m, puisque $\frac{19029}{7} = 2718$. On n'emploiera donc par mètre courant que 32 kil de fer laminé, au lieu de 38 kil. en employant deux fers de $0^m,180$ de hauteur, ou au lieu de 40 kil. en employant un seul fer de $0^m,220$ de hauteur.

On pourrait encore employer le fer à larges ailes du profil minimum de Franche-Comté de $0^m,220$ de hauteur, pesant 40^K le mètre courant et offrant une résistance de 17555^K pour une portée de $1^m,00$, mais l'emploi de ce fer ne donnerait aucune économie sur l'emploi des fers précédents.

Remarque. — La solive de cet exemple est considérée comme isolée, mais s'il s'agit d'une cloison de distribution sur un plancher, le poids de cette cloison doit être considéré comme un poids supplémentaire.

Si le plancher auquel elle s'applique doit résister à 450^K, par exemple, par mètre superficiel et se composer par conséquent de solives en double **I** de $0^m,16$ de hauteur pesant 25^K le mètre, il faut choisir pour supporter cette cloison, un fer pouvant résister à une charge de 450^K, plus le poids supplémentaire de la cloison, (Voir le 1er exemple des *Planchers en fer*, page 73).

59. *Calcul des fers à* **I** *ou solives portant une cloison perpendiculaire à leur longueur* (fig. 81, pl. 3).

Le moyen qui paraît le plus simple en pratique, pour résoudre ce cas, consiste à évaluer l'excédant de poids produit par une telle cloison, par mètre superficiel de plancher. A cet effet, on suppose qu'une solive bc, par exemple, remplace tout le plancher et que le poids de la cloison y est appliqué en un seul point a'. On est ainsi ramené à calculer la section d'une solive bc chargée uniformément d'un poids p par mètre courant, provenant de la charge totale du plancher et sollicité en un point a' par un poids distinct P, cas qui se trouve résolu par l'une ou l'autre des propositions du 2° cas (n° 55).

Par le 2°, en tenant compte du poids p par mètre courant uniformément réparti, on calcule P par la formule [30], page 65

$$P + \frac{pl}{2} \cdot \frac{l'l''}{l} = \frac{RI}{v}.$$

Par la 1re, en ne considérant que le poids distinct P placé en un point quelconque de la solive, c'est-à-dire en faisant abstraction de la charge superficielle du plancher, on calcule ce poids par la formule suivante [26] page 64

$$\frac{Pl'l''}{l} = \frac{RI}{v}.$$

Soit, par exemple, une pièce de $6^m,00$ dans le sens des solives sur $6^m,50$ devant supporter à $1^m,60$ de l'un des points d'appui des poutrelles, une cloison de $3^m,25$ de hauteur, exécutée en bois et plâtre de $0^m,08$ d'épaisseur; son poids total sera de $6^m,50 \times 3,25 = 21^{mq},125 \times 100^K$, poids du mètre carré de cloison $= 2112^K,50 = $ P agissant aux distances l et l' des appuis (fig. 81, pl. 3).

Si on désigne par P' la charge uniformément répartie correspondante au poids P de la cloison, on aura

$$\frac{Pl'l''}{l} = \frac{P'l}{8}, \quad \text{d'où} \quad P' = \frac{8Pl'l''}{l^2}$$

ou $P' = \dfrac{8\times 2112,5\times 1,60\times 4,40}{36^{mq},00} = 3305^{k}$ qui uniformément répartis sur la surface

totale de $6^{m}\times 6^{m},5 = 39^{mq},00$ correspondant par mètre superficiel à $\dfrac{3305}{39,00} = 84^{k},76$.

D'où il résulte que si le plancher dont il s'agit devait supporter une charge, par exemple, de 400^{k} par mètre superficiel, il faudrait, par l'addition d'une cloison placée transversalement aux solives, à $1^{m},60$ de l'un des points d'appui, ajouter environ 100^{k} par mètre superficiel. Le calcul des solives en fer à **I** devrait donc être fait dans l'hypothèse que la charge du plancher est de $400 + 85 = 485$ par mètre carré, soit 500^{k}.

S'il y a plusieurs cloisons, construites dans le même sens, on opérera d'une manière analogue.

Ce calcul est très-simple, mais n'est qu'approximatif, comme le fait voir la solution exacte suivante; mais donnant en général un excès de sécurité sur la formule exacte, indiquée, il devra être préféré sous ces deux rapports par les praticiens.

M. Barré qui a traité la même question d'une manière exacte (1) indique les calculs suivants à faire pour obtenir la surcharge due au poids de la cloison;

Il suppose d'abord comme ci-dessus qu'une solive bc remplace tout le plancher et que le poids de la cloison y est appliqué en un seul point a'; il démontre ensuite que lorsque la charge P est placée entre l'appui b' et le milieu m de la portée :

1° Le point de rupture est situé entre le point d'application a' du poids P et le point milieu m de la portée de la solive,

Si l'on a :
$$\frac{P}{pl} < \frac{l}{2l'} - 1.$$

2° Si l'on a $\dfrac{P}{pl} >$, ou $= \dfrac{l}{2l'} - 1$, le point de rupture est en a'. Cela posé, voici les calculs à exécuter. (Les dimensions étant les mêmes que celles indiquées dans la fig.81, pl. 3, pour l'exemple précédent.)

$$P = 6^{m},50 \times 3,25 \times 100 = 2112^{k},5 \text{ poids de la cloison}$$
$$pl = 6,50 \times 6,00 \times 400 = 15600^{k} \text{ poids du plancher}$$
$$p = \frac{15600}{6} = 2600 \text{ charge par mètre courant.}$$

La réaction en b' en se reportant à la verticale q, ayant pour valeur

$$q = \frac{Pl'}{l} + \frac{pl}{2} \quad \text{ou} \quad \frac{P}{l}(l - l') + \frac{pl}{2}$$

est égale à

$$q = \frac{2112.5}{6,00} \times (6,00 - 1,60) + \frac{15600}{2} = 9349^{k},152.$$

Et par suite $x = \dfrac{q - P}{p} = 2,79 > l',(l' = 1,60)$, donne la position du point de rupture.

---

(1) Nous renvoyons le lecteur à l'excellent ouvrage de M. Barré, où il trouvera toute l'analyse et la discussion mathématiques de cette question.

Enfin le maximum du point de résistance est

$$M = qx - \frac{px^2}{2} - P(x - l').$$

ou $\quad 9349,15 \times 2,79 - \dfrac{2600 \times \overline{2.79}^2}{2} - 2112.5 \times (2.79 - 1,60) = 13456^{\text{k}},25$

Par suite, on obtient la charge centrale équivalente, c'est-à-dire le poids P qui, appliqué au milieu m de la portée $6^{\text{m}},00$ produirait la même valeur pour le moment de résistance, par l'équation

$$M = \frac{Pl}{4} = 13456,25, \quad \text{d'où} \quad P = \frac{13456,25 \times 4}{6^{\text{m}},00} = 8970^{\text{k}},83$$

ce qui répond à une charge uniforme double ou

$$8970,83 \times 2 = 17941^{\text{k}},66.$$

En divisant 17941,66 par l'étendue superficielle du plancher, on aura la charge rapportée au mètre carré, ce qui donne

$$\frac{17941,66}{39^{\text{mq}},00} = 460,04$$

d'où il résulte une surcharge de $460 - 400 = 60^{\text{k}}$ par mètre carré due au poids de la cloison, au lieu de 85^{k} indiqués par la solution approximative précédente.

60. *Calcul d'un poitrail devant supporter une charge donnée de maçonnerie.*

Supposons qu'on ait à porter un mur en briques de $0^{\text{m}},22$ d'épaisseur, de 3^{m} de hauteur, avec une portée dans œuvre de $2^{\text{m}},50$ et qu'on veuille établir une poutre ou poitrail formé de deux fers à double I, placés l'un à côté de l'autre, déterminer le profil de ces fers, en supposant le coefficient de sécurité de 8 kil. par $^{\text{m}}/_{\text{m}}$ carré.

Le mur cubera $0,22 \times 3^{\text{m}} \times 2^{\text{m}},50 = 1^{\text{m.c}},65$ et soit 1700 kil. le poids du mètre cube de maçonnerie ; le poids du mur sera $1700 \times 1,65 = 2805$, soit 2800^{k} répartis uniformément sur toute la portée de $2^{\text{m}},50$, ou 7000^{k} répartis sur une portée de $1^{\text{m}},00$.

En consultant le tableau des résistances, chaque fer devant résister à une charge de $\dfrac{7000^{\text{k}}}{2} = 3500$ pour une portée de $1^{\text{m}},00$, on voit de suite que : — le fer ordinaire du profil maximum de Montataire ou de Maubeuge de $0^{\text{m}},120$ de hauteur, pesant l'un $14^{\text{k}}.28$ et l'autre 15^{k} par mètre courant et offrant une résistance de 3535^{k} — ou le fer ordinaire du profil maximum de la Providence de $0^{\text{m}},120$ de hauteur, pesant 15^{k} et offrant une résistance de 3662^{k} — ou le fer ordinaire du profil maximum de Franche-Comté de $0^{\text{m}},120$ de hauteur, pesant 15^{k} et offrant une résistance de 3584^{k} satisfont l'un et l'autre à la question.

L'emploi de deux de ces fers exigera 30^{k} de fer laminé par mètre courant de portée.

Le tableau des résistances indique qu'il y aurait économie à ne prendre qu'un seul fer ordinaire du profil maximum de la Providence de $0^{\text{m}},160$ de hauteur, pesant 25^{k} et offrant une résistance de 7409^{k} pour une portée de $1^{\text{m}},00$ ou $\dfrac{7409}{2.50} = 2963^{\text{k}}$, charge uniforme sur une portée de $2^{\text{m}},50$.

— Ou un fer ordinaire du profil maximum du Creuzot de $0^{\text{m}},160$ de hauteur, pesant $21^{\text{k}},5$ et offrant une résistance de 7180 pour une portée de $1^{\text{m}},00$.

— Ou un fer ordinaire du profil maximum de Maubeuge de 0ᵐ,160 du poids de 25ᴷ et offrant une résistance de 7434ᴷ.

— Ou encore, un fer à larges ailes du profil minimum de la Providence de 0ᵐ,140 de hauteur, du poids de 20ᴷ,9 et offrant une résistance de 7586 pour une portée de 1ᵐ,00 avec le coefficient de sécurité R = 8 kil. par $^m/_{in}$ carré.

Ce dernier fer serait le plus économique en offrant le plus de résistance.

VÉRIFICATION DU COEFFICIENT DE SÉCURITÉ OU DE TRAVAIL LORSQUE LA CHARGE D'UNE POUTRE ET SES DIMENSIONS SONT DONNÉES.

61. 1ᵉʳ *Exemple.* — *Supposons qu'il s'agisse d'une poutre de rive d'un pont formée d'un fer à double I et reposant librement sur les culées espacées de* 4ᵐ,00.

Cette poutre supporte une charge permanente provenant d'une partie du plancher et du ballast, que nous supposerons de 182ᴷ par mètre courant et d'une charge accidentelle due au passage de deux hommes de 120ᴷ (le poids d'un homme étant de 60ᴷ); nous supposerons également qu'on a employé un fer à I ayant les dimensions suivantes (fig. P, pl. 1) :

$$a = 101,5, \quad a' = 45^{mm}, \quad b = 240^{mm}, \quad b' = 222^{mm},$$
$$l = 4^m \text{ ou } 4000^{mm}, \qquad P = 120^K, \qquad p = 182^K.$$

Le moment de rupture maximum doit se trouver au milieu de la portée. L'équation d'équilibre devient en ce point

$$\frac{RI}{v} = \frac{l}{4}\,(P + {}^1/_2\,pl) \quad \text{d'où} \quad R = \frac{l\,(P + {}^1/_2\,pl)}{4 \times \dfrac{I}{v}},$$

On a d'abord $\qquad I = {}^1/_{12}\,(ab^3 - 2a'b'^3), \quad v = \dfrac{b}{2},$

et $\qquad \dfrac{1}{v} = \dfrac{ab^3 - 2a'b'^3}{6b} = \dfrac{101.5 \times \overline{240}^3 - 2 \times 45 \times \overline{222}^3}{6 \times 240} = 290584^K$

et $\qquad R = \dfrac{4000 \times (120 + {}^1/_2\,182 \times 4000)}{4 \times 290584} = 2^K$ par millimètre carré

poids bien inférieur à celui proscrit par l'administration supérieure 6ᴷ.

2ᵉ *Exemple.* — Appliquons ce second exemple au même pont composé, pour une voie de quatre poutres semblables accouplées deux à deux, en fer à double I de 4ᵐ,900 de longueur ou de 4ᵐ,420 de portée, en en retranchant la distance comprise entre les extrémités de la poutre et les points d'appui (0,24 × 2) = 0,48, et dont les dimensions sont

a=0ᵐ,120 ou 120ᵐᵐ, a'=0ᵐ,0525 ou 5250ᵐᵐ, b=0ᵐ,30 ou 300ᵐᵐ, b'=0ᵐ,272, ou 272ᵐᵐ (fig. P, pl. 1.)

On réduit tout en millimètres, puisqu'on cherche la résistance par millimètre carré.

Le moment d'inertie $\qquad I = {}^1/_{12}\,(ab^3 - 2a'b'^3), \quad v = \dfrac{b}{2}$

d'où $\qquad \dfrac{1}{v} = \dfrac{{}^1/_{12}\,(ab^3 - 2a'b'^3)}{\dfrac{b}{2}},$

ou
$$\frac{I}{v} = \frac{ab^3 - 2a'b'^3}{6b}.$$

Substituant les valeurs ci-dessus, on a

$$\frac{I}{v} = \frac{120 \times \overline{300}^3 - 2 \times 5250 \times \overline{272}^3}{6 \times 300} = 626130^{\kappa}.$$

La surcharge appliquée à un mètre courant de simple voie est de 5000 kil. (circulaire ministérielle du 26 février 1858), et comme il y a quatre poutres semblables, dans chaque simple voie, la valeur de p appliquée à un fer à **I** est

$$p = \frac{5000 \text{ kil.}}{4} = 1250^{\kappa}.$$

Le moment de rupture atteint son maximum dans la section du milieu. L'équation d'équilibre devient en ce cas

$$\frac{RI}{v} = \tfrac{1}{2} p \cdot \frac{l}{2} \times \frac{l}{2} = \frac{pl^2}{8}, \quad \text{d'où} \quad R = \frac{pl^2}{8 \cdot \frac{1}{v}},$$

ou
$$R = \frac{1250 \times \overline{4420}^2}{6 \times 626130} = 4^{\kappa},89$$

valeur bien au-dessous de celle de 6 kilog. que l'on admet ordinairement dans les travaux de ponts métalliques.

Dans les calculs précédents, on n'a tenu compte que de la surcharge de 1250$^{\kappa}$ prescrite par l'administration.

Calcul de l'effort quand on tient compte du poids de la construction.

La charge totale du pont pour une voie ayant été trouvée de 3724$^{\kappa}$,10, la charge d'un mètre courant d'un des quatre fers à **I** est $\frac{3724^{\kappa}.10}{4 \times 4.42} = 216^{\kappa},40$.

Ajoutant ce poids supplémentaire à la surcharge appliquée précédemment, on a 1250 + 216$^{\kappa}$,40 = 1466$^{\kappa}$,40 qui donnera pour une nouvelle résistance R′,

$$R' = \frac{R \times 1466.40}{1250} = \frac{4.89 \times 1466,40}{1250} = 5^{\kappa},71,$$

c'est-à-dire que le poids du pont fait travailler le fer de 0$^{\kappa}$,840 de plus par millimètre carré.

3e Exemple. — Supposons une pièce de pont simplement posée sur ses appuis et chargée de deux poids égaux, symétriquement placés par rapport au milieu de la pièce et en outre d'un poids uniformément réparti (fig. T et T′, pl. 1).

La valeur du moment de rupture maximum correspond au milieu de la portée de la pièce, c'est donc pour la section qui se trouve en ce point qu'il convient de rechercher la relation qui exprime l'équilibre des forces.

L'équation d'équilibre est

$$\frac{RI}{v} = Pl + \frac{pc^2}{2}.$$

Or,
$$\frac{I}{v} = \frac{ab^3 - 2(a'b'^3 + a''b''^3)}{6b} = 2{,}127{,}750$$

les données numériques sont

$$\frac{\mathrm{I}}{v} = 2,127,750$$

$c = 2,050$, moitié de la longueur de la pièce $4^m,10$
$l = 1,295$
$P = 296^K$ décomposée comme suit :

Poids d'un longeron	146^K
Rails et coussinets	150
Total	$\overline{296^K}$

p charge par mètre courant de pièce de pont, résultant du poids dû à la surcharge, de celui de la pièce de pont et du tablier comprenant plancher et ballast et qui a été trouvée de 16782^K qui, répartis sur une longueur de $4^m,10$, donnent 4825 kil.

Substituant ces valeurs dans la formule ci-dessus, on a

$$\frac{\mathrm{RI}}{v} = 296 \times 1,295 + \frac{4825 \times \overline{2050}^2}{2} = 12647332,$$

d'où $R = \dfrac{1,264,733,2}{2,127,750} = 3^K,94$ ce qui justifie les dimensions qui ont été données à la section transversale de cette pièce.

4° *Exemple.* — *Calcul d'un longeron* ayant la forme d'un double **I** composé d'une âme en tôle de 0,008 et de cornières (fig. Q et Q', pl. **1**).

Ces pièces sont considérées comme étant simplement posées à leurs extrémités ; leur moment de rupture se trouve donc aussi au milieu de leur portée et l'équation d'équilibre est

$$\frac{\mathrm{RI}}{v} = \frac{Pl}{2}, \quad \text{d'où on tire} \quad R = \frac{Pl}{\frac{\mathrm{I}}{v} \times 2}.$$

$$\frac{\mathrm{I}}{v} = \frac{ab^3 - 2(a'b'^3 + a''b''^3)}{6b} = \frac{148 \times \overline{450}^3 - 2 \times \left(61 \times \overline{432}^3 + 9 \times \overline{311}^3\right)}{6 \times 450} = 1,151651,$$

la plus grande charge qu'un longeron ait à supporter est celle d'une roue motrice de machine, c'est-à-dire 7000 kil. Soit $P = 7000^K$.

On a donc

$$R = \frac{7000 \times 1650}{1,151,651 \times 2} = 5 \text{ kil.}$$

Telles sont les diverses applications de calculs que nous nous proposions de rappeler et auxquelles on a souvent recours dans les études de planchers, de combles, de ponts métalliques.

ÉTUDES DE PLANCHERS MÉTALLIQUES.

62. 1er *Exemple.* — *Plancher ordinaire de maison d'habitation avec cloisons de distribution de 5^m de largeur sur $6^m,40$ de longueur* (fig. 87, pl. 3).

Nous supposons d'abord que la résistance du plancher doit satisfaire à une charge de 350^K par mètre carré, augmentée de la charge supplémentaire des cloisons de distribution qui y sont indiquées. Dans ce cas, ou les cloisons de distribution sont disposées d'une manière quelconque, c'est-à-dire soit perpendiculairement, soit parallèlement aux solives, ce qui a lieu ordinairement; il devient alors difficile d'assigner exactement ce surcroît de charge que chacune d'elles peut donner aux solives du plancher par rapport à leur position respective, ainsi qu'à leur éloignement plus ou moins distant des points d'appui. On considère ordinairement en pratique l'ensemble de ces cloisons comme une charge uniformément répartie sur la totalité du plancher en sus de la charge normale, lorsqu'elles peuvent être ainsi considérées sans inconvénient.

Ceci admis, il ne s'agit que d'évaluer le poids total supplémentaire des dites cloisons et de le diviser par le nombre de mètres carrés de la surface du plancher.

Calculs. — $5^m,00 \times 6,40 = 32^{mq}$ à 350^K par mètre carré 11200^K

Charge réglementaire : 1° La hauteur d'étage étant égale à $3^m,40$

2° La longueur totale des cloisons en négligeant le vide des portes $= 14^m,40$

3° L'épaisseur des dites cloisons $= 0^m,05$

4° Le poids par mètre carré $=$ en moyenne 65^K.

On a donc $3^m,40 \times 14,40 = 48^m,96$ lesquels à raison de 65^K le mètre carré $= 3182^K,40$

Total de la charge du plancher et des cloisons $14382^K,40$

Et par mètre carré $\dfrac{14382^K,40}{32^{mq},00} = 449^K,50$ ou en nombre rond 450^K par mètre carré de plancher.

L'écartement d'usage des fers à **I** étant de $0^m,75$ à $0^m,80$, on voit qu'on peut recouvrir cet emplacement par 7 fers à **I** qui laisseront entre eux un espace de $0^m,80$ et qui le diviseront en sept travées régulières (fig. 82, pl. 3).

Il s'agit de déterminer quelle est la hauteur à donner aux solives pour résister avec sécurité à la charge de 450 kil. par mètre carré qui a été établie précédemment.

La surface totale du plancher étant de $32^{mq},00$, si l'on en déduit les deux demi-travées extrêmes dont la charge est portée par les murs, il reste une surface de $28^{mq},00$ à $450^K = 12600^K$, lesquels divisés par 7, nombre des solives du plancher $= 1800$ kilog. pour chacunes d'elles sur la longueur de la solive.

Soit par mètre courant $\dfrac{1800^K}{5} = 360^K = p$ (ou $1800 \times 5 = 9000^K$ pour une portée de $1^m,00$.

Appliquant la formule
$$\frac{pL^2}{8} = R\frac{I}{v}$$

dans laquelle $p = 360^K$, $L = 5^m,00$, $R = 10,000,000$,
$$\frac{I}{v} = \frac{ab^3 - 2a'b'^3}{6 \times b}.$$

$a = 0,060$, $a' = 0,026$, $b' = {}^9/_{10}\, b$ dimensions pratiques les plus usuelles (fig. K, pl. 3),

on a :
$$\frac{I}{v} = \frac{0,060\, b^3 - 2 \times 0,026 \times ({}^9/_{10}\, b)^3}{6 \times b} = 0,003682 \cdot b^2.$$

Substituant cette valeur dans la formule ci-dessus, on a
$$\frac{360 \times \overline{500}^2}{8} = 10,000,000 \times 0,003682\, b^2$$

ou $\qquad$ $1125 = 36820\, b^2$, d'où $b^2 = \dfrac{1135}{36820} = 0,030551$

et $\qquad\qquad\qquad b = \sqrt[2]{0,030551} = 0^m,1747,$

soit un fer de 0,17 qu'il conviendra d'employer.

Notre tableau des résistances des fers évite ces calculs et indique de suite qu'on peut employer :

— Soit un fer ordinaire du profil maximum de la Providence de $0^m,160$ de hauteur, du poids de 25^K et offrant une résistance de 9261^K pour une portée de $1^m,00$.

— Soit un fer ordinaire du profil maximum de Maubeuge de $0^m,16$ de hauteur, pesant 25^K et offrant une résistance de 9292^K pour une portée de $1^m,00$.

— Soit un fer ordinaire du profil maximum de Châtillon et Commentry, de $0^m,160$ de hauteur, du poids de $26^K,70$, et offrant une résistance de 9460^K, le coefficient de sécurité $R = 10^K$.

— Ou un fer à larges ailes du profil minimum de la Providence de $0^m,140$ de hauteur, du poids de $20^K,90$ et offrant une résistance de 9483^K dans les mêmes conditions.

Ce dernier profil est le plus économique et offre en même temps le plus de résistance.

Supposons maintenant que l'un de ces fers doive supporter sur toute sa longueur une cloison de distribution semblable à celles ci-dessus d'une hauteur de $3^m,40$, et pesant 100^K le mètre superficiel. Sa charge uniforme et totale sera $5^m \times 3^m,40 \times 100 = 1700^K$ ou $1700^K \times 5 \times 8500^K$ de charge supplémentaire pour une portée de $1^m,00$.

Le fer devant supporter cette cloison sur toute sa longueur aura donc à résister à une charge uniforme de $1800^K + 1700 = 3500^K$ ou $3500 \times 5 = 17500^K$ sur une portée de $1^m,00$.

Notre tableau des résistances indique que c'est un fer à larges ailes du profil minimum de la Providence de $0^m,180$ de hauteur, du poids de 31^K et pouvant supporter avec sécurité (le coefficient $R = 10$) une charge de 17754^K pour une portée de $1^m,00$.

Ou un fer à larges ailes du profil minimum de Châtillon-Commentry de $0,180$ de hauteur, du poids de 29^K et d'une résistance de 17598^m.

Ou un fer à larges ailes de Maubeuge de $0^m,180$ de hauteur, du poids de 31^K et d'une résistance de 17744^K.

Si l'on voulait employer deux fers, le poids à supporter par chacun d'eux serait $\dfrac{17754}{2} = 8877^K$ pour une portée de $1^m,00$ et le tableau de résistance indique que ce seraient deux fers ordinaires du profil maximum du Creuzot de $0^m,150$ de hauteur, du poids de $21^K,50$ et d'une résistance de 8970^K qu'il faudrait prendre.

Ou deux fers ordinaires du profil minimum de Maubeuge de $0^m,180$ de hauteur, du poids chacun de 19^K et d'une résistance de 3957^K.

Mais on voit que l'emploi de deux fers ordinaires est moins économique que celui d'un fer à larges ailes.

2° *Exemple.* — *On propose de construire un plancher en fer qui doit porter par mètre superficiel 800 kil. (y compris le poids propre du plancher et la charge accidentelle qu'il est susceptible de recevoir), la portée du plancher mesurée dans le sens de la longueur des poutres étant de $4^m,00$, déterminer les fers nécessaires.*

Si l'on espace de $0^m,60$ les fers à double $\mathbf{X}$, employés dans ce plancher, chaque fer portera une partie du plancher, dont l'étendue superficielle sera de $^m4 \times 0,60 = 2^{mq},4$.

La charge uniforme sur cette étendue sera de $800 \times 2,40 = 1920$ kil., répartis uniformément, ou $(1920 \times 4^m) = 7680$ pour une portée de $1^m,00$.

Notre tableau des résistances indique de suite qu'un fer ordinaire du profil minimum de la Providence de $0^m,200$ de hauteur, du poids de 25^K et offrant une résistance de 8233^K pour une portée de $1^m,00$, avec le coefficient $R = 6^K$ par $^m/_m$ carré, peut être employé.

Ou un fer ordinaire du profil minimum de la même usine de $0^m,200$ de hauteur, du poids de 21^K et offrant, avec le même coefficient de sécurité, une résistance de 8072^K.

Ou un fer ordinaire du profil minimum de Châtillon-Commentry de $0^m,200$ pesant $22^K \, ^1/_2$ à 23 et offrant une résistance de 8213^K.

— Pour un coefficient de $R = 8^K$ par $^m/_m$ carré, on prendrait un fer ordinaire du profil minimum de Montataire de $0^m,160$ de hauteur, du poids de 25^K et d'une résistance de 7966^K pour une portée de $1^m,00$.

Ou un fer ordinaire du profil minimum de la Providence ou de Franche-Comté de $0^m,180$ de hauteur, du poids de 20^K et offrant une résistance de 7714.

Ou un fer ordinaire de profil minimum de Châtillon-Commentry de $0^m,180$ de hauteur, du poids de 20^K et offrant une résistance de 7762^K.

Ou un fer ordinaire du profil minimum du Creuzot de $0^m,180$ de hauteur, du poids de $18^K,75$ et offrant une résistance de 7783^K.

Dans ce cas, ce dernier fer est le plus économique et offre plus de résistance.

— Pour un coefficient de $R = 10^K$, c'est un fer ordinaire du profil maximum de Franche-Comté de $0^m,160$ de hauteur, du poids de 20^K et d'une résistance de 8089^K qu'il faudrait employer.

Pour chacun de ces cas, l'emploi des fers à larges ailes serait plus économique.

3e *Exemple.* — Examinons encore un plancher de maison d'habitation formé de solives, de solives d'enchevêtrure et de chevêtres (fig. 83 et fig. a et b, pl. 3).

Et soit un plancher composé de 8 solives, ou fer à I espacés de $0^m,80$ (le bâtiment ayant $5^m,50$ de largeur sur $6^m,40$ de longueur) et devant porter par mètre superciel 400^K.

$1°$ Le poids que les fers à I auront à supporter sera $5^m,50 \times 6^m,40 = 35^{mq},20$ à 400^K le mètre carré $= 14080$ et pour chacun d'eux $\dfrac{14080^K}{8} = 1760^K$, sur la longueur du fer, soit $\dfrac{1760}{5,5} = 320^K$ par mètre courant ou $1760^K \times 5,50 = 9680^K$ pour une portée de $1^m,00$.

En consultant notre tableau des résistances, on voit que, parmi beaucoup d'autres on peut prendre un fer ordinaire du profil minimum de la Providence de $0^m,180$ de hauteur, du poids de 20^K et d'une résistance de 10036 pour une portée de $1^m,00$ avec le coefficient de sécurité $R = 10^K$ par $^m/_m$ carré.

Ou un fer ordinaire du profil minimum du Creuzot de $0^m,180$ de hauteur, du poids de $18^K,75$ et d'une résistance de 9743^K pour une portée de $1^m,00$ avec même coefficient de sécurité.

$2°$ Déterminons maintenant la charge supplémentaire que doivent supporter les solives d'enchevêtrure A et B, en sus de leur charge normale, par rapport à la position du centre C sur un point déterminé de la longueur, ainsi que celle du chevêtre.

Il est évident que le chevêtre C aura lui-même à supporter la surface du plancher

$abcd = 1,65 \times 1,60 = 2^{mq},64$ à 400^K le mètre carré $= 1056^K = 2P$ agissant aux distances $l = 0,80$ des appuis (fig. a) ou $528^K = P$.

La formule relative à une pièce chargée de deux forces égales, éloignées des appuis d'une distance égale est (n° 56).

$Pl = \dfrac{RI}{v}$, dans laquelle $R = 10,000000$ et $\dfrac{I}{v} = \dfrac{528 \times 0,80}{10,000000} = 0,000042240$ valeur un peu plus faible que celle de $0,000043433$ qui répond dans le tableau des résistances à un fer du profil minimum de Châtillon-Commentry de 120^{mm} de hauteur, du poids de $9^K,50$ et d'une résistance de 3474 pour une portée de $1^m,00$ et coefficient $R = 10^K$, fer qu'il convient d'employer pour le chevêtre en question.

3° Le poids P qu'aura à supporter la solive d'enchevêtrure A à $2^m,20$ et $3^m,30$ de distances respectives des appuis (fig. b, pl. 3.), étant égal à $\dfrac{1056}{2} = 528^K,5$ outre le poids p par mètre uniformément réparti trouvé ci-dessus de 320^K.

La formule $Pl = \dfrac{RI}{v}$, devient dans ces conditions (pièce chargée outre le poids P placé en un point quelconque de sa longueur, du poids p par mètre uniformément réparti n° 55-2)

$$\left(P + \frac{pl}{2}\right) \times \frac{l'l''}{l} = \frac{RI}{v};$$

Ou en substituant les valeurs ci-dessus

$$\left(528 + \frac{320 \times 5.50}{2}\right) \times \frac{2,20 \times 3,30}{5.50} = R \cdot \frac{I}{v}$$

$R = 10,000000$ et $\dfrac{I}{v} = \dfrac{1408 \times 1.32}{10,000000} = 0,0001856,56$ valeur un peu plus faible que

celle de $0,00018702$ correspondant (dans le tableau des résistances) à un fer ordinaire du profil maximum de la Providence de $0^m,20$ de hauteur et du poids de 30^K qu'il conviendrait d'employer pour résister à la charge qu'aura à supporter la solive A.

4° Il reste les deux enchevêtrures C', C' : leur charge respective étant

$$0^m,80 \times 3,30 = 2^{mq},64 \text{ à } 400 = 1056 \text{ kil. ou } 1056 \times 3,3 = 3474^K$$

pour une portée de $1^m,00$.

Le tableau des résistances indique que c'est un fer ordinaire du profil minimum de Montataire de $0^m 12$ de hauteur, du poids de 10^K et d'une résistance de 3536^K pour une portée de $1^m,00$ qu'il conviendrait également d'employer pour résister à la charge trouvée.

En résumé, cet exemple fait voir que, dans les conditions indiquées pour ce plancher, les fers à I qui le composent devraient théoriquement avoir en hauteur.

1° Grandes solives partant d'un mur à l'autre $0^m,18$ de hauteur, fer ordinaire de la Providence ou du Montataire.

2° Chevêtre C — fer ordinaire de $0^m,12$ de hauteur.

3° Solives d'enchevêtrure A et B — fer ordinaire de $0^m,20$

4° Enchevêtrure C', C' — fer ordinaire de $0^m,12$.

En pratique, on donne le plus souvent aux enchevetrures et chevêtres, la même hauteur qu'aux autres solives.

4° *Exemple.* — *Soit la surface* abcd, *d'un magasin ayant* 16^m *de long et* 7^m,10 *de large* (fig. 102, pl. 3), dans lequel on se propose d'établir trois séries de planchers pouvant supporter une surcharge de　800^K par mètre carré

de 1000^K　　　id

de 1200^K　　　id

L'équation générale au moyen de laquelle on détermine la résistance des poutres en supposant la surcharge également répartie, avec un coefficient de sécurité de 8^K par ^{m}/$_m$ carré de section, est

$$P = 8 \times \frac{I}{v} \cdot \frac{R}{L}.$$

Charge de la poutre.

La charge permanente peut s'établir comme suit :

Poids de la voûte, béton et asphalte	325^K
Poutre, tirants et entretoises	55
Total	380^K

Soit en nombre rond 400^K

La charge totale pour chaque plancher devient, par conséquent, égale à

1200^K pour la première série ;

1400　pour la seconde ;

1600　pour la troisième.

PREMIER CAS. — *Sans colonnes.*

Si on veut établir des planchers voûtés qui ne soient pas supportés par des colonnes, on peut employer des poutres en fer à double I de 0^m,30 de hauteur, pesant 65 kil. le mètre courant, se composant de fers ayant une portée de 7^m,10 et 7^m,80 de longueur totale, reliés deux à deux par des entretoises en fonte. Les voûtes seraient en briques creuses de 0^m,110 d'épaisseur, les reins seraient garnis en béton recouvert d'une couche de ciment ou d'asphalte.

L'écartement des poutres pour chaque plancher sera donné par la formule

$$P = qLe = 8 \cdot \frac{I}{v} \cdot \frac{R}{L}, \quad \text{d'où} \quad e = \frac{8 \cdot R}{qL^2} \cdot \left(2 \frac{I}{v} \right)$$

R = 8,000,000

q = 1200^K pour le premier cas ;

　　1400　pour le second ;

　　1600　pour le troisième.

L = 7^m,10.

$\frac{I}{v}$ moment de résistance pour chaque barre de fer à I de 0^m,30 = 0,0007.

En effectuant les calculs, on trouve que l'écartement des poutres *e* est de

1^m,50 pour la charge de　1200^K

1 ,27　　—　　　　1400

1 ,11　　—　　　　1600

Poussée des voûtes.

La poussée des voûtes serait équilibrée au moyen de tirants en fer rond, placés à 1^m,00 d'axe en axe. Le diamètre sera donné par l'équation qui détermine la poussée par mètre courant de voûte qui est

$$P' = \frac{p l^2}{8h}$$

dans laquelle P' représente la poussée par mètre courant ;

p —   la charge par mètre carré ;

l —   l'ouverture de l'arc ou l'espacement des poutres ;

h —   la flèche.

En effectuant les calculs, on trouve que la poussée P' est égale à

1330^K pour le plancher de 1200^K
1127^K — de 1400
1084^K — de 1600

Si l'on fait travailler le fer à 8^K par $^m/_m$ carré, les sections des tirants seront

$$\frac{1330}{8} = 166 \,^m/_m \text{ soit un diamètre de } 15 \,^m/_m$$

$$\frac{1127}{8} = 141 \,^m/_m \quad — \quad \text{de } 14 \,^m/_m$$

$$\frac{1084}{8} = 135,5 \,^m/_m \quad — \quad \text{de } 13,5 \,^m/_m$$

Poids des métaux entrant dans un mètre carré du plancher.

	1200^K	1400^K	1600^K
Poutres.	$72^K,00$	$85^K,00$	$97^K,70$
Tirants.	2 ,16	1 ,60	1 ,50
Entretoises.	2 ,00	1 ,50	1 ,40

DEUXIÈME CAS. — *Avec colonnes.*

Si l'on voulait supporter les planchers par des colonnes en fonte placées sous les poutres dans l'axe longitudinal du magasin, l'espacement des poutres d'axe en axe serait 4 fois plus grand que dans le premier cas, ce qui donnerait

pour le plancher de 1200^K $1.50 \times 4 = 6^m,00$
de 1400 $1.27 \times 4 = 5 ,08$
de 1600 $1.11 \times 4 = 4 ,44$

Les tirants de poutre à poutre auraient une section

de $2700 \,^m/_m{}^2$ soit $58 \,^m/_m$ de diamètre pour le plancher de 1200^K
$2232 \,^m/_m{}^2$ — $53 \,^m/_m$ — de 1400
$1723 \,^m/_m{}^2$ — $47 \,^m/_m$ — de 1600

La section transversale des colonnes en leur faisant porter une charge totale de 8 kil. par millimètre carré serait pour les planchers

$$\text{de } 1200^{\text{k}} \text{ égale à } \quad \frac{6^{\text{m}} \times 3.55 \times 1200}{8} = 3260^{\overline{\text{mm}}2}$$

$$\text{de } 1400 \quad - \quad \frac{5.08 \times 3.55 \times 1400}{8} = 3244^{\overline{\text{mm}}2}5$$

$$\text{de } 1600 \quad - \quad \frac{4.44 \times 3.55 \times 1600}{8} = 3340^{\overline{\text{mm}}2}$$

Cette dernière disposition serait plus économique, mais elle serait vicieuse, vu qu'avec des portées de $6^{\text{m}},00$, les voûtes seraient trop surbaissées. Il faut, par conséquent, mettre des fers à **I** en rapport avec la charge des planchers et ne leur donner qu'un écartement de $3^{\text{m}},20$ environ, ce qui donnera $\frac{16^{\text{m}},00}{3,20} = 5$ poutres et autant de colonnes, plus des demi-poutres et deux colonnes de rive.

La valeur du moment de résistance deviendra

$$\frac{\text{I}}{v} \times \frac{Pe}{8R} = \frac{ql^2e}{8R}.$$

		800^{k}	1000	1200^{k}
En faisant toujours	$P =$			
	$q =$	1200	1400	1600
Il vient pour le moment d'inertie	$\frac{\text{I}}{v} =$	0,000756	0,000882	0,001088
Soit par fer......................		0,000378	0,000441	0,000544
Ce qui correspond à des fers à double **I** de...................		0,24	0,26	0,30
Qui pèsent.......................		40^{k}	50^{k}	54^{k}

5e Exemple. — Soit à établir un plancher de $7^{\text{m}},50$ de portée, chargé de 450^{k} par mètre carré, avec poutres en tôle et cornières (fig. 86, pl. 3).

La longueur de ce plancher étant de $8^{\text{m}},50$, on emploiera deux poutres principales a, a, sur lesquelles viendront s'agrafer d'autres solives intermédiaires c, c, espacées de $0^{\text{m}},75$.

Il faut déterminer le profil et les dimensions des fers à employer pour résister avec sécurité à la charge donnée.

Ce plancher devant recevoir un parquet, être plafonné et n'avoir en totalité que de $0^{\text{m}},30$ à $0^{\text{m}},35$ d'épaisseur, un fer laminé pour les poutres a, a prendrait trop de hauteur, et c'est pour cette raison qu'on leur substitue des poutres en tôle et cornières.

Chaque poutre A aura à supporter une surface de plancher de $7^{\text{m}},50 \times 2^{\text{m}},83 = 20^{\text{mq}},225$ à 450^{k} le mètre carré $= 9551^{\text{k}},25$, ou soit par mètre courant $1273^{\text{k}} = p$.

Appliquant la formule $\dfrac{PL^2}{8} = \dfrac{RI}{v}$ en faisant (fig. g)

$$a = 0,181 \qquad\qquad b''' = {}^{1}/_{2}\, b$$
$$a' = 0,028 \qquad\qquad p = 1273^{\mathrm{K}}$$
$$a'' = 0,053 \qquad\qquad L = 7^{\mathrm{m}},50$$
$$a''' = 0,008 \qquad\qquad R = 10,000,000$$
$$b' = {}^{37}/_{40}\, b$$
$$b'' = {}^{35}/_{40}\, b \qquad \frac{I}{v} = \frac{ab^3 - 2\,(a'b'^3 + a''b''^3 + a'''b'''^3)}{6 \times b}$$

$$\text{ou}\ \frac{I}{v} = \frac{0,181 b^3 - 2.(0,028\,({}^{37}/_{40}\, b)^3 + 0,052 \times ({}^{35}/_{40}\, b)^3 + 0,008\,({}^{1}/_{2}\, b)^3}{6 \times b} = 0,016144853\, b^3$$

Substituant cette valeur dans la formule $\dfrac{pL^2}{8} = R \cdot \dfrac{I}{v}$. On a

$$\frac{1273,00 \times \overline{7^{\mathrm{m}},50}^{\,2}}{8} = 10,000,000 \times 0,016144853\, b^2$$

d'où
$$8950,78 = 161448,53\, b^2.$$

Et par suite
$$b^2 = \frac{8950,78}{161448,53} = 0,0554406.$$

Et
$$b = \sqrt{0,055440} = 0^{\mathrm{m}},2354,$$

soit une hauteur de 0,24 pour la poutre en tôle et cornières considérée.

On voit, par ce résultat, que ce plancher terminé, ne dépasserait pas la hauteur totale de $0^{\mathrm{m}},30$ à 0,35 prescrite.

Quant aux solives de remplissage c, c, on en déterminera la hauteur, comme dans les exemples précédents.

6° Exemple. — Plancher de $11^{\mathrm{m}},25$ de largeur avec poutres en tôle et cornières, grandes solives, chevêtres et carillons (fig. 85, pl. 3).

Soit à établir un plancher avec poutres principales en tôle et cornières a, a; grandes solives b reposant sur les poutres en tôle; petites solives de remplissage c et chevêtres coudés ou carillon d servant à former le treillis nécessaire au hourdage; *déterminer, dans ces conditions, les dimensions et profils des fers qu'il conviendra d'employer pour que ce plancher résiste avec sécurité à une charge donnée de 450^{K} par mètre carré.*

La poutre principale a en tôle et cornières qu'il convient d'adopter, selon les données du profil, aura à porter une surface de planchers de $11^{\mathrm{m}},25 \times 6.90 = 77^{\mathrm{mq}},625$ à 450^{K} le mètre carré $= 34931^{\mathrm{K}},25$ ou soit par mètre courant $\dfrac{34931,25}{11.25} = 3105^{\mathrm{K}} = p$.

Appliquant comme ci-dessus la formule $\dfrac{pL^2}{8} = R\,\dfrac{I}{v}$ dans laquelle (fig. h, pl.3)

$$a = 0,300; \qquad\qquad b''' = {}^{1}/_{2}\, b;$$
$$a' = 0,065; \qquad\qquad p = 3105^{\mathrm{K}};$$
$$a'' = 0,080; \qquad\qquad L = 11^{\mathrm{m}},25;$$
$$a''' = 0,010; \qquad\qquad R = 10,000,000;$$
$$b' = {}^{37}/_{40}\, b; \qquad\qquad \frac{I}{v} = \frac{ab^3 - 2\,(a'b'^3 + a''b''^3 + a'''b'''^3)}{6.b};$$
$$b'' = {}^{35}/_{40}\, b;$$

$$\text{ou}\ \frac{I}{v} = \frac{0,30\, b^3 - 2.(0,065\,({}^{37}/_{40}\, b)^3 + 0,08\,({}^{35}/_{40}\, b)^3 + 0,010\,({}^{1}/_{2}\, b)^3}{6 \times b} = 0,0145706\, b^2.$$

Substituant cette valeur dans la formule $\frac{pL^2}{8} = R \cdot \frac{I}{v}$, on a

$$\frac{3105 \times \overline{11,25}^2}{8} = 10{,}000{,}000 \times 0{,}0145706 \, b^2.$$

ou

$$44122{,}07 = 145706 \cdot b^2.$$

Et par suite

$$b^2 = \frac{44122{,}07}{145706} = 0{,}302815,$$

d'où

$$b = \sqrt[2]{0{,}302815} = 0^m{,}55,$$

soit une hauteur de $0^m{,}55$ pour la poutre en tôle et cornières en question.

Grandes solives. — Les grandes solives b ont à porter chacune une surface de plancher de $6^m{,}90 \times 1{,}25 = 8^m{,}62$ à 450 kil. $= 3879^k$, lesquels $\frac{3879}{6.90} = 562^k{,}17$ par mètre courant uniformément répartis.

Appliquant la même formule que ci-dessus dans laquelle (fig. *k*, pl. 3)

$$a = 0{,}11 ; \qquad\qquad L = 6{,}90 ;$$
$$a' = 0{,}05 ; \qquad\qquad R = 10{,}000{,}000 ;$$
$$b' = {}^9/_{10}\, b ; \qquad\qquad \frac{I}{v} = \frac{ab^3 - 2a'b'^3}{6 \times b}.$$
$$p = 562^k \text{ en chiffres ronds} ;$$

On a pour $\frac{I}{v}$, d'après ces dimensions

$$\frac{0{,}11\, b^3 - 2 \times 0{,}05 \, ({}^9/_{10}\, b)^3}{6 \times b} = 0{,}00618\, b^2.$$

Substituant cette valeur dans la formule $\frac{pL^2}{8} = \frac{RI}{v}$, on a

$$\frac{562{,}17 \times \overline{6^m{,}90}^2}{8} = 10{,}000{,}000 \times 0{,}00618 \cdot b^2$$

ou

$$3344{,}60 = 61800\, b^2.$$

Et par suite

$$b^2 = \frac{3344{,}60}{61800} = 0{,}0541$$

d'où

$$b = \sqrt[2]{0{,}0541} = 0^m{,}2325.$$

soit une hauteur de 0,23 pour les solives en question.

Quant aux petits chevêtres *c* dont la portée est de $1^m{,}25$ et l'écartement de $1^m{,}15$, un fer double T ordinaire du plus faible échantillon, soit d'une hauteur variant entre $0^m{,}06$ et $0^m{,}08$, suffira amplement.

Les exemples précédents donnent la manière d'étudier soit un plancher en bois, soit un plancher métallique de bâtiments civils et les calculs numériques pour déterminer les dimensions des diverses pièces qui le composent.

L'usage des poutres en tôle et cornières assez fréquent aujourd'hui, dans la construction des planchers, a un avantage immense sur les fers à **I**, c'est que souvent l'écartement entre les points d'appui, dépassant les longueurs ordinaires de fabrication des feuilles de tôle à employer, les moyens d'assemblage et de réunion de deux feuilles bout à bout, avec des plaques de jonction et autres pièces complémentaires, permettent de donner aux poutres la longueur désirable, et cet assemblage, lorsqu'il est bien fait et bien étudié, peut offrir une résistance sensiblement égale à celle des parties non interrompues.

7° *Exemple de calcul de planchers, en considérant, outre la charge additionnelle, les fers comme chargés uniformément par leur propre poids.*

Supposons un plancher composé comme l'indique la figure 84, pl. 3.

ab, cd représentent les axes des deux fers à **I** rendus solidaires à l'aide d'armatures. Il en est de même de $a'b'$, $c'd'$.

f,f,f, etc., représentent les axes des fers à **I** reposant à une de leurs extrémités sur le mur s,s', et assemblés à l'autre avec les fers ab dont il vient d'être question.

$f'f'f'$, etc., sont ici les axes des fers à **I** assemblés à leurs deux extrémités avec les fers ab, $a'b'$.

En supposant sur le plancher une charge de 250^{K} par mètre carré, calculons ces fers.

1° *Calcul des fers* f. — Ces fers peuvent être considérés comme des pièces posées sur deux appuis séparés par 5^{m} d'intervalle et chargés par mètre carré d'un poids
$$p = \text{P} + 0{,}666 \times 250.$$

(P poids du fer par mètre courant)

ou
$$p = \text{P} + 166^{\text{K}}{,}50$$

Supposons un fer du poids de 15 à 20^{K} par mètre courant

$p = 20 + 166{,}50 = 186^{\text{K}}{,}50$ par mètre courant ou 932^{K},50 uniformément réparties sur la longueur de la solive de 5^{m},00 ou 4662^{K},50 sur une portée de 1^{m},00 de longueur.

Notre tableau des résistances indique que les fers qui satisfont à la question sont:

1° Un fer ordinaire du profil maximum de la Providence de 0^{m},160, du poids de 25^{K} et d'une résistance de 5556^{K}, (R $= 6^{\text{K}}$).

Ou un fer ordinaire du profil maximum de Montataire de 0^{m},140 de hauteur, du poids de 18^{K} et d'une résistance de 5169^{K}, (R $= 8^{\text{K}}$).

Ou un fer ordinaire du profil minimum de Montataire de 0,140, du poids de 13^{K} et d'une résistance de 5258^{K}, (R $= 10^{\text{K}}$)

Ou le même fer du Creuzot du poids de 12^{K},55 et d'une résistance de 5184^{K}, (R $= 10$).

Ou le même fer de Châtillon-Commentry du poids de 17^{K},30 et d'une résistance de 5224^{K}, (R $= 10$).

2° Si on veut employer des fers à larges ailes, on peut prendre le fer à ailes inégales du profil minimum de la Providence de 0^{m},120 de hauteur, du poids de 20^{K} et d'une résistance de 5225^{K} pour une portée de 1^{m},00, (R $= 6^{\text{K}}$).

Ou le fer à larges ailes du profil minimum de Châtillon et Commentry de 0^{m},120 de hauteur, du poids de 16^{K} et d'une résistance de 5385, (R $= 8$).

Ou le fer à larges ailes du profil maximum de Maubeuge de 0^{m},100 de hauteur, du poids de 17^{K} et d'une résistance de 5508^{K}, (R $= 10$).

Nous signalons ces fers pouvant être employés avec toute sécurité parmi plusieurs autres qu'indique le tableau, qui fait voir en même temps quel est le fer qu'on doit préférer tant sous le rapport de l'économie que sous celui de la résistance.

On arrive aux mêmes résultats en faisant usage des moments calculés dans le tableau des résistances. En effet, le moment fléchissant maximum a lieu au milieu de la longueur et a pour valeur

$$\text{M} = (\text{P} + 166{,}5) \cdot \frac{l}{2} \cdot \frac{l}{4} = \frac{\text{RI}}{v},$$

ou
$$\text{M} = \tfrac{1}{8}\, l^2 \cdot (\text{P} + 166{,}5)$$
ou
$$\text{M} = \tfrac{1}{8} \times 25^{\text{m}} \times (\text{P} + 166{,}5)$$
ou
$$\text{M} = 3{,}125 \cdot (\text{P} + 166{,}5)$$

En prenant comme nous l'avons fait 20^K pour le poids du fer par mètre courant, on a

$$M = 3,125 \times (20^K + 166,50) = 582,81$$

et en cherchant ce moment parmi les moments du tableau qui en approche le plus, on trouve comme ci-dessus :

694,55 qui correspond à un fer de la Providence de $0^m,160$, du poids de 25^K et de 5569^K de résistance, $(R = 6)$.

Ou 673,158 qui correspond à un fer du Creuzot de $0^m,140$, du poids de $215^K,0$ et d'une résistance de 5385^K, $(R = 6)$.

Ou 646,08 qui correspond à un fer de Montataire de $0^m,140$, du poids de 18^K et d'une résistance de 5169^K, $(R = 8)$.

Ou 657,30 qui correspond à un fer de Montataire de $0^m,140$, du poids de 13^K et d'une résistance de 5258^K, $(R = 10$ etc., etc.$)$

Le travail du fer se trouve immédiatement par la formule $\dfrac{RI}{v} = M$ qui donne pour

la valeur de R,
$$R = \frac{M}{\dfrac{I}{v}}, \qquad M = 566,7875,$$

(ce dont on est dispensé par l'usage du tableau des résistances), M étant égal à 582,81.

On prend, pour chacun des fers satisfaisant à la question, et indiqué par le tableau, le rapport $\dfrac{I}{v}$; par exemple pour le fer de la Providence de $0^m,160$ de hauteur, du poids de 15^K et d'une résistance de 5556^K, $(R = 6)$

$$M = 3,125 \times (15 + 166,50) = 566,7875$$
$$\frac{I}{v} = 0,00008163$$
$$566,7875 = R \cdot 10^6 \times 0,00008163.$$

d'où
$$R = \frac{566,7875}{0,8163} = 6^K,945 \text{ par } {}^m/_m \text{ carré.}$$

Avec le fer ordinaire du profil minimum de Montataire de $0^m,160$ de hauteur, et du poids de $16^K,50$, on a

$$P = 16^K,5, \quad \text{d'où} \quad M = 3,125 \times (16,50 + 166,50) = 571,875$$
$$\frac{I}{v} = 0,00009389$$

$$\text{d'où} \quad R = \frac{571,875}{0,9389} = 6^K,11 \text{ par } {}^m/_m \text{ carré.}$$

Calcul des fers f.

On peut les considérer comme des pièces posées sur deux appuis séparés par $2^m,20$ d'intervalle, et chargés par mètre de longueur de

$$p = P + 0,666 \times 250 = P + 166,50.$$

En supposant un fer du poids de 8 à 10^K par mètre courant,

$p = 10^K + 166,5 = 176^K,50$ par mètre courant ou $176,5 \times 2,2 = 388^K,30$ uniformément répartis sur $2^m,20$ de portée ou $854^K,26$ sur une portée de $1^m,00$.

Notre tableau des résistances indique que le fer à adopter est le fer ordinaire du profil minimum du Creuzot de $0^m,080$ de hauteur, du poids de $6^K,75$ et d'une résistance de 1012^K pour une portée de $1^m,00$, $(R = 6^K)$.

Ou celui ordinaire du profil minimum de Châtillon et Commentry de $0^m,80$ de hauteur, du poids de $6^K,50$ et d'une résistance de 945^K, $(R = 6^K)$.

On pourra faire usage des moments comme dans le cas précédent. En effet, le moment maximum qui a lieu au milieu de la longueur, a pour valeur

$$M = \frac{1}{8} l^2 . (P + 166,50)$$

$$M = \frac{1}{8} \times \overline{2,20}^2 \times (P + 166,50) = 0,605 \times (P + 166,50)$$

$$M = R . \frac{I}{v} = 0,605 . (P + 166,50).$$

Avec le fer ordinaire du profil minimum de la Providence de $0^m,100$ de hauteur, du poids de 9^K par mètre courant, on a

$$P = 9^K, \quad \text{d'où} \quad M = 0,605 \times (9^K + 166,50) = 106,177$$

$$\frac{I}{v} = 0,00003303, \quad R = \frac{106,177}{10^6 \times 0,00003303} = 3^K,21 \text{ par } {}^m/_m \text{ carré.}$$

Avec le fer ordinaire du profil minimum du Creuzot de $0^m,100$ de hauteur, du poids de $8^K,40$

$$P = 8^K,40, \quad \text{d'où} \quad M = 0,605 \times (8,4 + 166,50) = 105,8165$$

$$\frac{I}{v} = 0,000032144$$

$$R = \frac{105,8145}{10^6 \times 0,000032144} = 3^K,39 \text{ par } {}^m/_m \text{ carré.}$$

Calcul des fers ab, cd; a'b', c'd'.

Ces fers sont rendus solidaires deux à deux ab et cd, $a'b'$ et $c'd'$. L'ensemble de deux fers peut être considéré comme une pièce reposant sur deux appuis séparés par $2^m,80$ d'intervalle et soumise : 1° au poids P par mètre des deux fers, et 2° à des forces distinctes toutes égales à p' (fig. z, pl. 3) :

$$p' = \frac{1}{2} \times 0,666 \times (5.00 + 2,20) \times 250 = 600^K.$$

Le moment maximum a lieu dans la section du milieu, et a pour valeur

$$M = q' . \frac{l}{2} - P . \frac{l}{2} . \frac{l}{4} - p' . \left(c - \frac{l}{2}\right) - p' . \left(d - \frac{l}{2}\right)$$

$$q' = q = \frac{P . l}{2} + 2p'.$$

En réduisant, il reste

$$M = \frac{P . l^2}{8} + p' . (2l - c - d)$$

$$\text{ou } M = \frac{1}{8} P . \overline{2,80}^2 + p' . (5,60 - 1,733 - 2,399)$$

$$\text{ou } M = 0,98 . P + 600 + 1,468$$

$$\text{ou } M = 0,98 P + 880,8.$$

Supposons un fer du poids de 12 à 15^K par mètre courant, $P = 30^K$, d'où

$$M = 0,98 \times 30 + 880,8 = 910,20 \quad \text{et pour chaque fer} \quad 455^K,10.$$

Notre tableau des résistances indique que les moments les plus rapprochés de 455,10 sont :

477,510 répondant à un fer ordinaire du profil minimum de Châtillon-Commentry de 0^m,160 de hauteur, du poids 13^k,60 et d'une résistance de 3820^k, (R = 6).

Ou 489,75 répondant à un fer ordinaire du profil minimum de la Providence de 0^m,160 de hauteur, du poids de 15^k et d'une résistance de 3918^k, (R = 6).

Ou 522,362 répondant à un fer ordinaire de 0^m,160 de hauteur, du poids de 14^k,50 et d'une résistance de 4259^k, profil minimum du Creuzot, (R = 6).

Ou 504,816 répondant à un fer à larges ailes du profil minimum de Châtillon-Commentry de 0^m,120 de hauteur, du poids de 16^k et d'une résistance de 4038^k, (R=6), etc.; etc. On pourra donc choisir deux de ces fers pour les accoupler, et qui soient les plus économiques et en même temps les plus résistants.

En prenant deux fers ordinaires du profil minimum de Châtillon-Commentry de 0^m,160 de hauteur et du poids de 13^k,60 le mètre courant, on a (fig. y)

$$P = 27^k,20 \quad \text{d'où} \quad M = 0,98 \times 27,20 + 880,8 = 907,456$$

$$R \cdot 2\frac{I}{v} = M; \quad \frac{I}{v} = 0,00079585$$

$$2R = \frac{907,456}{10^6 \times 79,585} = 11^k,40 \quad \text{et} \quad R = 5^k,70 \text{ par } ^m/_m \text{ carré.}$$

Planchers en fer zorès tronqués (fig. 98, pl. 4).

62 *bis*. Les constructeurs qui font usage de ces fers entretoisent leurs planchers avec des fers de même forme et de modèles plus petits, ce qui, en principe, peut être considéré comme un bon entretoisement qui paraît présenter de l'avantage et de l'économie sur l'emploi des fers à I ordinaires. Néanmoins, M. Barré, dans son ouvrage, signale plusieurs points à critiquer dans ce système de plancher. Nous y renvoyons le lecteur et aussi à l'album général des usines de Franche-Comté, ou il trouvera tous les détails nécessaires pour la construction de ces sortes de planchers.

DES POITRAILS.

63. *Calcul des poutres continues ou poitrails reposant sur des colonnes ou pilastres ou poteaux en bois, et détermination des sections de ces supports verticaux, eu égard à la charge qu'ils supportent, selon leur position.*

Les poitrails, soit en fer, soit en bois, sont des poutres destinées à supporter ou remplacer des parties de murs ou de façades de maisons au-dessus de larges baies; ils sont, par cette raison, le plus souvent destinés à porter de très-fortes charges de maçonnerie en pierre tendre, en moellons ou en briques, élevée soit à Paris, soit en province, aux hauteurs réglementaires, c'est-à-dire s'élevant depuis le poitrail (qui est au moins à 3^m du sol) jusqu'à la corniche; maçonnerie qui est en outre chargée de planchers et combles et que, dans les calculs, on suppose d'une épaisseur moyenne de 0^m,50. Pour évaluer cette partie de maçonnerie de façade de bâtiments supportée par des poutres continues, MM. Jolly et Joly fils donnent comme base de calcul 25,000^k par mètre courant de poitrail, soit une compression de 5^k par centimètre carré.

M. Barré a établi que ce chiffre de 25,000^K est très-admissible (1), néanmoins, il le considère comme un maximum applicable seulement à des constructions très-pesantes, et par des considérations indiquées dans son ouvrage, il propose d'adopter le chiffre de 20,000^K environ pour le poids par mètre courant de façade des constructions ordinaires de 5 à 6 étages et d'une épaisseur moyenne de 0^m,50 (2). Afin de mieux se rendre compte des résultats obtenus par l'une ou l'autre de cette adoption du chiffre de 25,000^K proposé par MM. Jolly et Joly fils, ou du chiffre de 20,000^K proposé par M. Barré, nous allons reprendre les exemples donnés par cet ingénieur et y appliquer successivement ces deux nombres.

La charge à laquelle sont soumis les poitrails présente plusieurs cas dont les principaux sont :

1° Charge uniformément répartie sur toute la longueur du poitrail ;

2° Poitrail chargé en un seul point et au milieu de la longueur ;

3° Poitrail chargé en un point quelconque ;

4° Poitrail chargé de deux poids égaux en deux points également éloignés de chaque extrémité ; ces quatre cas sont résolus par les problèmes précédents.

Nous pourrions encore en citer d'autres, mais nous nous bornerons aux quatre précédents et nous considèrerons ensuite les quatre suivants : *Poitrails avec piliers ou supports en fonte*, c'est-à-dire ceux qui se présentent fréquemment aussi dans la pratique :

1° Poitrail soulagé par une colonne en fonte appliquée en son milieu ;

2° Poitrail soulagé par deux colonnes intermédiaires qui divisent la portée du poitrail en trois parties égales ;

3° Poitrail avec un seul support intermédiaire pouvant être placé d'une manière quelconque par rapport aux points d'appui extrêmes ;

4° Poitrail avec deux supports intermédiaires, pilastres ou colonnes, placés symétriquement.

Le 1er cas (charge uniforme) peut toujours être prévu à l'avance, en adoptant pour base de calcul le chiffre de 25,000^K par mètre courant de poitrail proposé par MM. Jolly et Joly fils, ou celui de 20,000^K proposé par M. Barré.

Quant aux 2e, 3e et 4e cas, il faut déterminer la position de chaque portion de mur

---

(1) Cet Ingénieur a établi cette donnée de 25,000^K de la manière suivante :

Si l'on considère un poitrail portant le mur, supposé plein, d'une façade de maison (en faisant abstraction des vides des fenêtres qui varient entre le 1/4 et le 1/3 de la façade totale), de 0^m,50 d'épaisseur moyenne et s'élevant depuis le poitrail jusqu'à la corniche. Le poitrail étant au moins à 3^m du sol, si on adopte 18^m pour hauteur totale jusqu'à la corniche, il reste 15^m pour la hauteur du mur qui cubera par mètre courant horizontal 0^m,50 × 15^m = 7^{mc},50. Prenant 2,500^K pour le poids du mètre cube de matériaux de cette façade, son poids sera par mètre de longueur 2,500 × 7,5 = 18,750^K, à ce poids, il faut ajouter la charge résultant des planchers et de la toiture. Pour l'évaluer approximativement, on admet une profondeur moyenne ou épaisseur horizontale du bâtiment égale à 6^m avec une charge moyenne de 400^K par mètre superficiel pour chaque étage, ce qui fait par étage 400 × 6 = 2,400^K, dont la moitié seulement est répartie sur le poitrail, soit 1,200^K, et en admettant 6 planchers, y compris le poids du faîtage, ce qui donne 1,200 × 6 = 7,200^K à ajouter au poids de la façade, trouvé ci-dessus égal à 18,750^K, en tout 18,750 + 7,200 = 25,950^K, soit de 25 à 26 tonnes.

(2) Pour réduire la charge de 25,000^K à 20,000^K, M. Barré propose de tenir compte des vides partiels produits par les fenêtres que l'on peut compter pour le 1/4 de la façade totale ; de réduire en conséquence d'un 1/4 le poids trouvé ci-dessus de 18,750^K pour la façade, ce qui le portera à 14,063, et d'y ajouter 6,000^K pour les planchers et combles.

mur à supporter, en fixer le poids, puis appliquer les formules indiquées précédemment.

Quant aux poitrails soulagés par des piliers ou supports, c'est à ceux-là que nous allons appliquer les charges de 25,000^K et de 20,000^K par mètre courant.

1° Cas d'un poitrail soulagé par une colonne intermédiaire.

Pour résoudre ce cas et les suivants, il est important de déterminer d'abord les pressions exercées sur les supports, pour pouvoir en calculer ensuite les dimensions eu égard à la nature des matériaux dont ils sont formés.

Soit un poitrail de 4^m de long soulagé par une colonne en fonte, appliquée en son milieu.

Calcul du support. — En adoptant pour la charge de la façade 25000 kil. par mètre courant, la charge totale sera 25000 × 4 = 100000 kil.

Afin de déterminer immédiatement ces pressions, M. Barré a établi le tableau donnant les réactions sur les appuis, le moment fléchissant maxima et le poids central pour une poutre continue à deux et à trois travées (tableau qui évite d'avoir recours à des considérations analytiques peu à l'usage de beaucoup de constructeurs; voir page 92, n° 63).

Ce tableau indique de suite que la pression de la colonne intermédiaire, placée au milieu du poitrail, est les $^5/_8$ de la charge totale ou $^5/_8$ × 100000^K = 62500^K.

Cette charge connue, et en supposant à la colonne une hauteur de 3^m,50, par exemple, le tableau des résistances des colonnes qui termine cette brochure indique, qu'une colonne pleine en fonte de 0^m,15 de diamètre offrira une résistance suffisante.

Calcul du poitrail. — Il résulte aussi du même tableau (n° 63) que la charge centrale est le $^1/_8$ de la charge totale ou $\dfrac{100000}{8} = 12500$ kil. et en supposant que le poitrail soit formé de deux fers à $\mathbf{I}$ identiques, chacun portera en son milieu une charge de $\dfrac{12500}{2} = 6250^K$, ou 12500^K répartis uniformément sur la portée de 4^m ou 12500 × 4 = 50000^K, répartis sur 1^m,00 de portée.

Notre tableau de résistance des fers à $\mathbf{I}$ (n° 76) indique de suite que, parmi beaucoup d'autres fers à $\mathbf{I}$ qui satisfont à la question, on peut prendre deux fers de profil à larges ailes de la Providence, par exemple, de 0^m,35 de hauteur et du poids de 80^K, résistant à une charge de 50950^K travaillant à 6^K par $^m/_m$ carré, c'est-à-dire avec R = 6^K. Ou de Franche-Comté, de 0^m,30 de hauteur, du poids de 72^K et d'une résistance de 51163^K, (R = 8).

Ou deux fers de profil maximum à larges ailes de Châtillon-Commentry de 0^m,30 de hauteur, du poids de 66^K et d'une résistance de 51904^K, (R = 8).

Ou deux fers du profil maximum à larges ailes de la Providence de 0^m,26 de hauteur, du poids de 68^K et d'une résistance de 50294^K avec R = 10^K.

En adoptant le chiffre de 20000^K par mètre courant, comme l'a fait M. Barré, la charge totale sera 20000 × 4 = 80000^K, et d'après son tableau, la charge centrale étant le $^1/_8$ de la charge totale ou $\dfrac{80000}{8} = 10000^K$, chaque fer portera $\dfrac{10000}{2} = 5000$ placés au milieu de la portée, ou 10000^K uniformément répartis sur 4^m de portée, ou 40000^K sur 1^m,00 de portée.

Le tableau de résistance des fers à $\mathbf{I}$ indique que l'on peut prendre un fer à larges ailes du profil maximum de la Providence, d'une hauteur de 0^m,30, du poids de 85^K et d'une résistance de 41637^K travaillant à 6^K par $^m/_m$ carré.

Ou un fer à larges ailes du profil maximum de la Providence de $0^m,26$ de hauteur, du poids de 68^K et d'une résistance de 40235^K avec $R = 8^K$ par $^m/_m$ carré.

Ou un fer à larges ailes du profil minimum de la Providence de $0^m,26$ de hauteur, du poids de 54^K et d'une résistance de 41618^K avec $R = 10^K$.

En résumé, on voit qu'en adoptant le chiffre 25000^K pour la charge de la maçonnerie reposant sur le poitrail, on peut employer des fers de $0^m,30$ de hauteur, du poids de 66^K et d'une résistance de 51904^K sur même portée de $1^m,00$, avec $R = 8^K$ par $^m/_m$ carré.

Ou de $0^m,26$ de hauteur du poids de 68^K et d'une résistance de 50294^K, répartis sur $1^m,00$ de portée avec $R = 10$ par $^m/_m$ carré.

Et en adoptant le chiffre de 20000^K, on peut prendre des fers de $0^m,26$ de hauteur, du poids de 68^K et d'une résistance de 40235^K avec $R = 8^K$ par $^m/_m$ carré.

Ou des fers de $0^m,26$ de hauteur, du poids de 54^K et d'une résistance de 41618^K avec $R = 10$ par $^m/_m$ carré.

Selon M. Barré, avec des donnés semblables, les constructeurs adoptent le plus ordinairement des fers de $0^m,22$ et même de $0^m,20$, c'est-à-dire des solives notablement plus faibles que celles obtenues ci-dessus, mais nous ferons remarquer, comme le fait cet ingénieur, que beaucoup de constructeurs emploient le plus souvent des fers à I présentant des résultats exagérés et cela résulte d'un grave inconvénient que nous avons déjà signalé précédemment. C'est que les albums de certaines usines, telles que celles de Montataire, de la Providence, de Franche-Comté, de Maubeuge indiquent des charges fort exagérées pour leurs fers à double I que la plupart des constructeurs emploient de confiance.

Les éléments qui doivent concourir à déterminer la section des fers à employer étant très-nombreux, plus nombreux peut-être qu'on le croit généralement, ce qui fait que l'on est parfois très-surpris de voir fléchir certains poitrails paraissant solidement établis au premier abord, le constructeur pourra, dans ses calculs, adopter le chiffre de 25000 kil. ou de 20000 kil., selon la nature des matériaux et les diverses circonstances qui se présenteront.

Pour une devanture de magasin, par exemple, il faut tenir compte:

1° Du poids propre du cube de maçonnerie du mur de face que doit supporter le poitrail ;

2° De tout ou partie du poids des balcons, s'il y en a; avec leur charge passagère ;

3° De la partie proportionnelle du poids des planchers (y compris la charge passagère) des divers étages dont les solives portent sur le mur de face ;

4° De la partie du poids de la charpente des combles ;

5° De la partie du poids des couvertures ;

6° Du poids possible de la neige sur la partie proportionnelle des couvertures ayant leur point d'appui sur le mur de face (si l'on suppose la toiture chargée d'une couche de neige de $0^m,25$ à $0^m,30$ d'épaisseur mesurée verticalement, et le poids de la neige étant compté pour $^1/_8$ du poids de l'eau, la surcharge par mètre superficiel de toiture sera de 25 à 30^K, le rapport de la flèche à l'ouverture étant de 1/4).

7° De la pression exercée par le vent sur cette même partie des couvertures ; (on admet que la plus grande vitesse du vent est de 31^m par seconde et la pression correspondante sur un toit incliné à deux de base pour un de hauteur a pour composante verticale une force de 45^K par mètre carré. C'est la pression d'un vent très-

fort, celle d'une tempête est estimée à 55^k
celle d'une grande tempête — 79^k
celle de l'ouragan dont la vitesse est 36^m par seconde 140^k
 —   —   40   — 186^k
         —   déracinant les arbres et renversant
les édifices, dont la vitesse est 45^m par seconde 220^k

8° Enfin, de toute charge quelconque, constante ou accidentelle qui pourrait tendre à la flexion ou à la rupture des poitrails, comme celle de l'établissement d'ateliers exceptionnels ou de dépôt de lourdes matières.

MM. Jolly et Joly fils proposent de porter à 10^k le coefficient de sécurité R pour les applications de charges uniformément réparties et à 6^k ce coefficient pour les trumeaux reposant en un point quelconque des poitrails; en raison de ce qu'en dehors de la charge directe, les poitrails utilisés comme chaînage entre les piles et colonnes qui les supportent, sont par ce fait soumis à des efforts dont il est difficile de bien se rendre compte.

2° Cas d'un poitrail soulagé par deux colonnes intermédiaires.

Soit un poitrail de 4^m de long supporté entre les deux extrémités par deux appuis intermédiaires qui divisent la portée du poitrail de 4^m en trois parties égales.

Le tableau n° 63 indique que l'effort supporté par chaque appui intermédiaire est les $^{11}/_{30}$ de la charge totale. En adoptant 25000^k de charge par mètre courant de poitrail, la charge totale sur l'étendue de 4^m est de $25000 \times 4 = 100000$ dont les $^{11}/_{30}$

$$\text{sont} \quad \frac{100000 \times 11}{30} = 360{,}000^k.$$

Le tableau de la résistance des colonnes pleines en fonte indique que pour la hauteur $3^m,50$, par exemple, et la charge de $360{,}000^k$ avec le coefficient de sécurité $^1/_6$, on peut faire usage d'une colonne en fonte pleine de $0^m,12$.

La charge centrale est, d'après le même tableau n° 63, égale aux $\frac{10}{225} = 0{,}044$ de la charge totale, soit $100000 \times 0{,}044 = 4400^k$ pour les deux fers formant le poitrail et pour chacun, le $^1/_2$ de 4400^k ou 2200^k placée au milieu de la portée, ce qui répond à une charge double, ou 4400^k uniformément répartie sur 4^m de portée, ou 17600^k sur une portée de $1^m,00$.

Notre tableau général de la résistance des fers à I indique qu'on peut prendre :
Ou un fer à larges ailes du profil minimum de Châtillon-Commentry de $0^m,235$ de hauteur, du poids de 44^k et d'une résistance de 18143^k répartis uniformément sur une portée de $1^m,00$; avec R $= 6^k$ par $^m/_{im}$ carré.

Ou un fer à larges ailes du profil minimum du Creuzot de $0^m,235$ de hauteur, du poids de 32^k et d'une résistance de 19029^k avec R $= 8^k$ par $^m/_{im}$ carré.

Ou un fer ordinaire du profil maximum de Montataire de $0^m,22$ de hauteur, du poids de 38^k et d'une résistance de 19892^k avec R $= 10^k$ par $^m/_{im}$ carré.

En adoptant 20000^k de charge par mètre courant de poitrail, comme le fait M. Barré, on trouve que la charge centrale pour les deux fers formant le poitrail est de 3555^k et pour chacun d'eux, la $^1/_2$ de 3555^k ou 1777^k placés au milieu de la portée, ou 3554^k uniformément répartis sur 4^m de long, ou $3554^k \times 4 = 14216^k$ sur une portée de $1^m,00$.

Notre tableau de la résistance des fers à I indique, qu'entre plusieurs autres fers qui satisfont à la question, on peut choisir, par exemple, le fer minimum du profil à larges ailes du Creuzot de $0^m,235$ de hauteur, du poids de 32^k et d'une résistance de 14273^k avec R $= 6^k$.

Ou le fer minimum du profil à larges ailes de Châtillon-Commentry de $0^m,22$ de hauteur, du poids de $33^K,60$ et d'une résistance de 15087^K avec R = 6.

Ou le fer ordinaire maximum du profil de Châtillon-Commentry de 0^m20 de hauteur, du poids de 38^K et d'une résistance de 14406^K avec R = 8^K par $^m/_m$ carré.

Ou le fer ordinaire du profil maximum de la Providence de $0^m,20$ de hauteur, du poids de 30^K et d'une résistance de 14962^K avec R = 10^K par $^m/_m$ carré.

Dans des cas analogues, beaucoup de constructeurs emploient des fers de $0^m,20$ à $0^m,22$, et se conforment à l'exactitude prescrite par la théorie.

3° Cas d'un seul appui intermédiaire placé d'une manière quelconque.

Soit (fig. 89) un poitrail de 8^m de longueur, calculer la pression qu'il exerce sur une colonne ou un pilastre intermédiaire placé à 3^m du mur.

On prend le rapport $\dfrac{3^m}{8} = 0,375$ que l'on cherche sur le tableau n° 63 et qui se trouve entre les rapports des distances 0,4 et $^1/_2$ et on voit, que le support intermédiaire porte les $\left(\dfrac{0,645 + 0,687}{2}\right) = 0,66$ ou les $^2/_3$ de la charge totale, uniforme appliquée sur toute l'étendue du poitrail.

Pour déterminer le poids central d'après lequel on doit calculer la section transversale du poitrail, on obtient par le même tableau $\left(\dfrac{0,14 + 0,166}{2}\right) = 0,15$, c'est-à-dire que le poids central est les 0,15 de la charge totale, répartie uniformément sur toute la longueur du poitrail.

Ainsi, en admettant que la charge totale soit de 35000 kil., il faudra calculer l'équarrissage du poitrail comme celui d'une poutre de 8^m de longueur portant, en son milieu, un poids de $35000 \times 0,15 = 5250$ kil., la section se déduira de la formule

$$\frac{Pl}{4} = \frac{RI}{v}, \quad \text{d'où} \quad \frac{I}{v} = \frac{Pl}{4R} = \frac{5250 \times 8^m}{4R}.$$

Mais notre traité de résistance des fers à **I** évite ces calculs.

Le poids de 5250^K placé au milieu répond à un poids double 10500^K, répartis uniformément sur la portée de 8^m ou 84000^K, répartis sur $1^m,00$ de portée et on y voit de suite, que c'est un fer du profil minimum de la Providence de $0^m,35$ de hauteur, du poids de 80^K et offrant une résistance de 84916^K pour une portée de $1^m,00$.

4° Cas de deux supports intermédiaires (fig. 88).

Un poitrail long de 8^m, chargé uniformément, est soutenu par deux colonnes ou pilastres intermédiaires, placés symétriquement à 2^m des appuis extrêmes, déterminer la pression sur les appuis intermédiaires et le poids central pouvant remplacer la charge totale du poitrail.

On prend le rapport $^2/_8 = ^1/_4 = 0,25$. Le tableau du n° 63 donne 0,45, ce qui apprend que la pression de chaque support intermédiaire est les 0,45 de la charge totale du poitrail.

Le poids central est, par le même tableau, 0,07 de la charge totale. D'après cela, la section du poitrail devra être calculée, comme s'il s'agit d'une poutre de 8^m de long, portant au milieu de sa longueur les $^7/_{100}$ de la charge uniforme totale, répartie sur toute son étendue.

63 bis. *Tableau donnant les réactions sur les appuis, le moment fléchissant maxima et le poids central pour une poutre continue, à deux et à trois travées, 1 = la longueur totale de la poutre continue.* (Extrait de l'ouvrage de M. Barré.)

	DISTANCE de la colonne au mur	MOMENTS FLÉCHISSANTS maxima sur l'appui intermédiaire	CHARGE sur l'appui de gauche (extrême)	CHARGE sur l'appui intermédiaire	POIDS CENTRAL équivalent à la charge totale de la solive
un seul support intermédiaire	$d = 0,5\,l$	$-\frac{1}{32}pl^2 = -0,03125\ pl^2$	$\frac{3}{16}pl = 0,01875\ pl$	$\frac{5}{8}pl = 0,625\ pl$	$\frac{1}{8}pl = 0,125\ pl$
	0,4	$-\frac{7}{200}pl^2 = -0,035$ id.	$\frac{9}{80}pl = 0,1125$ id.	$\frac{31}{48}pl = 0,645$ id.	$\frac{7}{50}pl = 0,14$ id.
	¹/₃	$-\frac{1}{24}pl^2 = -0,0416$ id.	$\frac{1}{24}pl = 0,0416$ id.	$\frac{33}{48}pl = 0,6875$ id.	$\frac{1}{6}pl = 0,166$ id.
	0,3	$-\frac{111}{2400}pl^2 = -0,04625$ id.	$-\frac{1}{240}pl = -0,000416$	$\frac{121}{168}pl = 0,720$ id.	$\frac{111}{600}pl = 0.185$ id.
	¹/₄	$-\frac{7}{128}pl^2 = 0,05468$ id.	$-\frac{2}{32}pl = -0,09375$	$\frac{19}{24}pl = 0,7916$ id.	$\frac{7}{32}pl = 0,02187$ id
	0,2	$-\frac{12}{200}pl^2 = 0,065$ id.	$-\frac{9}{40}pl = -0,225$ id.	$\frac{29}{32}pl = 0,90625$ id	$\frac{13}{50}pl = 0,26$ id.
deux supports intermédiaires	$d = 0,5\,l$	$\frac{1}{64}pl^2 = 0,015625\,pl^2$	$\frac{3}{16}pl = 0,1875\ pl$	$\frac{5}{16}pl = 0,3125\ pl$	$\frac{1}{16}pl = 0,0625\ pl$
	0,4	$\frac{9}{700}pl^2 = 0,012857$ id.	$\frac{47}{280}pl = 0,167$ id.	$\frac{93}{280}pl = 0,332$ id.	$\frac{9}{175}pl = 0,0514$ id.
	¹/₃	$\frac{1}{90}pl^2 = 0,0111$ id.	$\frac{2}{15}pl = 0,133$ id.	$\frac{11}{30}pl = 0,336$ id.	$\frac{10}{225}pl = 0,0444$ id.
	0,3	$\frac{0.91}{72}pl^2 = 0,0126$ id.	$\frac{23,3}{16}pl = 0,1078$ id.	$\frac{84,7}{216}pl = 0,2021$ id.	$\frac{0.91}{18}pl = 0,0505$ id.
	¹/₄	$\frac{9}{512}pl^2 = 0,0175$ id.	$\frac{7}{200}pl = 0,035$ id.	$\frac{57}{128}pl = 0,445$ id.	$\frac{9}{128}pl = 0,0702$ id.
	0,2	$\frac{0,28}{11}pl^2 = 0,02545$ id.	$\frac{0,3}{11}pl = 0,029$ id.	$\frac{5,8}{11}pl = 0,527$ id.	$\frac{1,12}{12}pl = 0,1018$ id.

Remarque. —La lecture des valeurs numériques du tableau précédent ne présente aucune difficulté. Lorsqu'il s'agit d'un seul support intermédiaire, on voit que la pression sur cet appui est les 5/8 de la charge totale uniformément répartie sur toute la longueur de la poutre.

Cette pression augmente à mesure que l'appui intermédiaire se rapproche de l'appui extrême gauche (fig. 89) ; en même temps, le poids central augmente et par suite l'équarrissage de la section transversale de la poutre augmente aussi. Dans le cas d'un seul support intermédiaire, il y a donc intérêt à le placer au milieu de la portée.

Le tableau indique aussi, que la charge sur le support intermédiaire augmente rapidement à mesure qu'il se rapproche du point d'appui extrême (à gauche) et que sur ce dernier, la pression diminue et qu'elle change même de sens à partir d'une distance d comprise entre 0,30 et 0,33 de la portée entière l. Ainsi, il y a à l'extrémité gauche, un effort de bas en haut.

Dans le cas de deux appuis intermédiaires placés symétriquement, la pression sur chacun de ces points intermédiaires augmente à mesure qu'ils se rapprochent des appuis extrêmes; en même temps, la pression sur les appuis extrêmes diminue et changerait même de sens pour une certaine distance d du support au mur, la charge centrale est à son maximum quand la portée entière l de la poutre est divisée en trois parties égales, par les deux appuis intermédiaires. C'est donc la disposition la plus économique au point de vue de la section transversale ou de l'équarrissage de la poutre.

Dans la construction des ponts métalliques, on a souvent à calculer de grandes poutres longitudinales en charpente de fer, reposant sur culées et sur une ou deux piles. On trouvera ces études dans le *Traité pratique de la construction des ponts et viaducs métalliques* de M. Regnaud, ingénieur des ponts-et-chaussées (Paris, chez Dunod, éditeur).

§ 2. — *Application aux planchers en bois.*

64. Donnons d'abord des applications numériques des formules pratiques employées généralement pour le calcul des résistances des bois.

Calcul du poids que peut supporter une solive et de la flèche produite sous cette charge, dans les diverses conditions suivantes :

1° *Solive de longueur* l *reposant sur deux appuis à ses extrémités et devant être chargée en son milieu d'un poids* P (fig. 55, pl. 2).

Déterminer ce poids, ainsi que la flèche produite par cette charge.

Les solives et poutres en bois sont ordinairement rectangulaires et si l'on désigne par a et b la base et la hauteur de la section, nous avons vu précédemment (p. 61, formule [12]) que la formule générale $\frac{Pl}{4} = \frac{RI}{v}$ donnant la résistance d'une pièce horizontale, reposant sur deux appuis et chargée en son milieu d'un poids P devient en y substituant la valeur de $\frac{I}{v} = \frac{ab^2}{6}$

$$\frac{Pl}{4} = \frac{Rab^2}{6}, \quad \text{d'où} \quad P = \text{^{2}/\textsubscript{3}}\,R \cdot \frac{ab^2}{l} \qquad [1]$$

et formule [12 *bis*] page 61

$$\frac{Pl^3}{48} = EIf'(a) \quad \text{d'où} \quad f = \frac{Pl^3}{48 \cdot EI},$$

ou

$$f = \frac{Pl^3}{48E \cdot \frac{ab^3}{12}} = \frac{Pl^3}{4Eab^3}, \qquad [2]$$

ou en substituant dans la formule (a) la valeur de $P = \frac{4RI}{vl}$ déduite de la formule générale $\frac{Pl}{4} = \frac{RI}{v}$

$$\frac{4RIl^3}{48 \times vl} = EIf, \quad \text{d'où} \quad f = \text{^{4}/\textsubscript{48}} \cdot \frac{RIl^2}{EIvl} = \text{^{1}/\textsubscript{12}} \cdot \frac{Rl^2}{vE} = \frac{Rl^2}{\frac{b}{2}E} = \frac{Rl^2}{6Eb} \qquad [3]$$

Application numérique. — *Une pièce de bois de sapin rouge de* 5^m,50 *de portée et de* 0^m,25 *sur* 0^m,30 *d'équarrissage, reposant sur deux appuis placés à ses extrémités et devant être chargée au milieu de sa portée, d'un poids* P *inconnu, déterminer ce poids et la flèche produite par sa charge.*

On a $\qquad$ $a = 0^m,25$ ou 250 millimètres
$b = 0^m,30$ ou 300 —
$l = 5^m,50$ ou 5500 —

Prenant $R = 0^m,80$ par millimètre carré pour le sapin rouge

$P = $ le poids à déterminer

$E = 1300^k$ pour le sapin rouge.

Substituant ces valeurs dans les formules [1], [2] ou [3], on a

$$P = \frac{2}{3} \times \frac{0,80 \times 250 \times \overline{300}^2}{5500} = 2181^k,81,$$

poids que l'on peut placer avec sécurité sur le milieu de la pièce de bois.

Pour vérification, on peut faire $l = 1^m,00$ et on a

$$P = \frac{2}{3} \times 0,80 \times 250 \times \overline{300}^2 = 120000^k,$$

poids que la solive peut porter au milieu de cette portée de $1^m,00$; par suite, pour une portée de $5^m,50$, la charge $= \dfrac{120000}{5,50} = 2181^k,81.$

$$[2] \qquad f = \frac{2181,81 \times \overline{5500}^3}{4 \times 1300 \times 250 \times \overline{300}^3} = 10^{mm},3418;$$

où [3] $\qquad$
$$f = \frac{0,80 \times \overline{5500}^2}{6 \times 1300 \times 300} = 10^{mm},3418.$$

Remarque. — Si le poids à placer sur le milieu de la pièce était connu, ainsi que la longueur de la pièce et une des dimensions de la section seulement, on obtiendrait l'autre, en la déduisant de la même formule.

Soit a la dimension à chercher, la formule [1] $P = \dfrac{2R\,ab^2}{3l}$ peut se mettre sous la forme

$$\frac{P}{a} = \frac{2Rb^2}{3l}, \quad \text{d'où} \quad a = \frac{3Pl}{2Rb^2} = \frac{3 \times 2181,81 \times 550}{2 \times 0,80 \times \overline{300}^2} = 250^{mm}. \quad [\text{M}]$$

Soit b au contraire à déterminer, on a

$$\frac{P}{b^2} = \frac{2Ra}{3l} \quad \text{d'où} \quad b^2 = \frac{3Pl}{2Ra}, \quad \text{et} \quad b = \sqrt{\frac{3Pl}{2Ra}} = 300^{mm}. \quad [\text{N}]$$

Pour le bois, le rapport convenable à la pratique est de faire varier a entre $\frac{1}{3}$ et $\frac{1}{2}$ de b, et même pour les pièces isolées, il convient de faire $a = \frac{5}{7}\,b$ (n° 11, page 14).

2° *Solive reposant sur deux appuis à ses extrémités et devant être chargée d'un poids pl uniformément réparti sur sa longueur l* (fig. 54, pl. 2). Déterminer :

1° Ce poids ainsi que la flèche produite sous cette charge

2° Le poids par mètre courant.

La formule [16] page 62 $\qquad \dfrac{pl^2}{8} = \dfrac{Rab^2}{6}$ résoud ce cas.

On en déduit en effet

$$pl = \frac{4}{3}\frac{Rab^2}{l} \quad \text{poids total uniformément réparti sur la pièce} \qquad [4]$$

$$P = \frac{4}{3} \cdot \frac{Rab^2}{l^2} \quad \text{poids par mètre courant} \qquad [5]$$

$$P' = \frac{4}{3} R \cdot \frac{ab^2}{le} \quad \text{poids par mètre carré de la pièce mise en place} \qquad [6]$$

(e désignant l'espacement des solives ou poutres entre elles d'axe en axe.)

La flèche est donnée par la formule [17] page 62

$$\frac{1}{48} \times \frac{5}{8} \cdot pl \cdot l^3 = EIf, \quad \text{d'où } f = \frac{1}{48} \cdot \frac{5}{8} \cdot \frac{pl^4}{EI} \quad \text{ou en remplaçant } p \text{ par sa valeur } p = \frac{8RI}{vl^2} \text{ déduite de la formule générale } \frac{Pl^2}{8} = \frac{RI}{v}$$

$$f = \frac{1}{48} \cdot \frac{5}{8} \cdot \frac{8RIl^4}{EIvl^2} = \frac{5}{8} \cdot \frac{Rl^2}{6vE} \qquad [7]$$

ou

$$f = \frac{1}{12} \cdot \frac{5}{32} \cdot \frac{pl^4}{EI} = \frac{1}{12} \cdot \frac{5}{32} \cdot \frac{pl^4}{E \frac{ab^3}{12}},$$

ou en faisant dans cette expression $P = pl$

$$f = \frac{5}{32} \cdot \frac{Pl^3}{Eab^3} \qquad [7 \text{ bis}]$$

Application. Une pièce de bois de sapin rouge des mêmes dimensions de portée et d'équarrissage que la précédente, reposant sur deux appuis placés à ses extrémités et devant être chargée d'un poids uniformément réparti (fig. 54, pl. 2) déterminer :

1° Le poids total qu'elle peut supporter uniformément réparti sur sa longueur,

2° Le poids par mètre courant.

3° La flèche produite sous cette charge.

Substituant les valeurs données dans les formules ci-dessus, on à

$$[4] \quad Pl = \frac{4 \times 0,80 \times 250 \times \overline{300}^2}{3 \times 5500} = 4363^k,63 \text{ poids total réparti uniformément}$$

sur toute la longueur de la pièce.

$$[5] \quad P = \frac{4}{3} \times \frac{0,80 \times 250 \times \overline{300}^2}{\overline{5500}^2} = 793^k,39 \text{ ou ce qui revient au même}$$

$$P = \frac{4363^k,63}{5.50} = 793,39 \text{ poids que pourra supporter la pièce par mètre courant.}$$

$$[7 \text{ bis}] \quad f = \frac{5 \times 4363,63 \times \overline{5500}^3}{32 \times 1300 \times 250 \times \overline{300}^3} = \frac{3629994,70625}{2808000000000} = 12^{mm},927.$$

La valeur de $pl = 4363^k,63$ comparée au résultat du cas précédent indique, qu'une pièce de bois chargée uniformément peut supporter le double du poids d'une pièce de bois chargée au milieu de la portée.

Remarque 1re. De la formule [5], on déduit

$$3Pl^2 = 4Rab^2, \quad \text{d'où } l^2 = \frac{4Rab^2}{3P}$$

et

$$i = \sqrt{\frac{4Rab^2}{3P}} = \sqrt{\frac{4 \times 0{,}80 \times 250 \times \overline{300}^2}{3 \times 793{,}39}} = 5500^{\text{mm}}.$$

De même

$$a = \frac{3Pl^2}{4Rb^3} \ [\text{M } bis] \quad \text{et } b = \sqrt{\frac{3Pl^2}{4Ha}} \qquad [\text{N } bis].$$

Remarque 2. Si la solive est chargée uniformément, la flèche diminue et est réduite aux $^5/_8$ de la précédente, toutes choses égales d'ailleurs.

Ainsi pour le 1er cas, le poids placé au milieu de la portée étant de 2181[K],81 moitié du poids uniformément réparti, la flèche sera donnée par la formule

$$f = \frac{Pl^3}{2Eab^3} = \frac{2181{.}81 \times \overline{5500}^3}{2 \times 1300 \times 250 \times \overline{300}^2} = 20^{\text{m}}/^{\text{m}}{,}683 \ (1) \text{ dont les } \frac{5}{8} = 12^{\text{mm}}{,}927.$$

3º *La même pièce chargée d'un poids* p *uniformément réparti et devant en outre recevoir un poids* P *au milieu de sa longueur* (fig. 54), *déterminer ce poids, et réciproquement.*

On a pour ce cas (nº 53 page 61)

$$\frac{Pl}{4} + \frac{pl^2}{8} = \frac{RI}{v}, \text{ d'où on déduit } P = \frac{4RI}{vl} - \frac{pl}{2}.$$

Substituant à

$$\frac{I}{v} \text{ sa valeur } \frac{ab^3}{6} \qquad P = \frac{2}{3} \cdot \frac{Rab^3}{l} - \frac{pl}{2} \qquad [8]$$

et

$$pl = \frac{8RI}{vl} = \frac{8RI}{v} \cdot \frac{1}{l} \ (2). \qquad [9]$$

Et pour la flèche, on a

$$f = \frac{1}{EI} \left[\frac{5}{8} \cdot \frac{pl^4}{48} + \frac{Pl^3}{48} \right]$$

ou,

$$f = \frac{Pl^3}{4Eab^3} + \frac{5}{32} \frac{pl^4}{Eab^3} \qquad [8 \ bis].$$

Application. Une pièce de bois de sapin rouge, reposant sur deux points d'appui chargée d'un poids p *uniformément réparti, déterminer de quel autre poids* P *on pourrait la surcharger dans le milieu de la portée et quelle serait la flèche, produite sous cette double charge.*

---

(1) L'emploi des logarithmes abrége beaucoup ces calculs. On opère ainsi qu'il suit :

log. 2181.81	=	3,3388175	log. 2 =	0,3010300
3 log. 5500	=	11,2210881	log. 1300 =	3,1139434
		14,5599056	log. 250 =	2,3979400
		13,2442773	log. $\overline{300}^3$ =	7,4313639
		1,3156283		13,2442773

qui répond à 20[mm],683.

$$(2) \qquad M = \frac{1}{8} Pl^2, \quad R = \frac{vM}{I} = \frac{1}{8} Pl^2 \times \frac{v}{I}$$

$$\text{d'où } P = \frac{8RI}{vl^2} = \frac{8RI}{v} \cdot \frac{1}{l^2}, \text{ ou en faisant } P = pl$$

$$pl = \frac{8RI}{vl} = \frac{RI}{v} 8 \cdot \frac{1}{l}.$$

La formule [8] à appliquer donne, en prenant toujours les mêmes dimensions que dans les exemples précédents, sauf la lettre p à laquelle nous supposerons la valeur de 50^K par mètre courant, ou $pl = 275^K$ uniformément répartis,

$$P = \frac{2 \times 0,80 \times 250 \times \overline{300}^2}{3 \times 5500} - \frac{50 \times 550}{2} = 2044^K,31$$

$$\text{et} f = \frac{2044^K,31 \times \overline{5500}^3}{4 \times 1300 \times 250 \times \overline{300}^3} + \frac{5}{32} \times \frac{\overline{275}^4}{1300 \times 250 \times \overline{303}^3} = 9^{mm},6902 + 0,0001 = 9^{mm}6903.$$

$4°$ *Pièce reposant sur deux appuis, chargée d'un poids P en un point quelconque* n *de sa longueur* (fig. 70 *bis,* pl. 2).

Si l'on désigne par x, la distance du milieu de la pièce au poids P, on détermine ce poids par la formule

$$P = \frac{2lRab^2}{3(l^2 - 4x^2)} \qquad [10]$$

et la flèche produite sous cette charge, par la formule

$$f = \frac{P(l^2 - 4x^2)^2}{4lEab^3} . \qquad [11]$$

Application. Une pièce de bois de sapin rouge, des mêmes dimensions que celles des cas précédents, reposant sur deux appuis et supportant un poids P, à une distance x $= 1^m,20$ *du milieu de la pièce, déterminer ce poids P et la flèche produite sous cette charge.*

Substituant ces données dans les formules ci-dessus, on a

$$P = \frac{2 \times 5500 \times 0,80 \times 250 \times \overline{300}^2}{3 \times (\overline{5500}^2 - 4 \times \overline{1200}^2)} = 2694,97$$

et pour la flèche

$$f = \frac{2694,97 \times (\overline{5500}^2 - 4 \times \overline{1200}^2)^2}{4 \times 5500 \times 1300 \times 250 \times \overline{300}^3} = 8^{mm},3726.$$

Si l'on appelle l' et l'' les distances respectives des appuis au point d'application de la force P, de telle sorte que $l' + l'' = l$ (même figure), on aura encore

$$\frac{Pl'l''}{l} = \frac{RI}{v}, \quad \text{d'où} \quad P = \frac{Rl}{l'l''} \cdot \frac{I}{v} = \frac{Rl}{l'l''} \times \frac{ab^2}{6} . \qquad [12]$$

Prenant les mêmes données que ci-dessus, on a

$l' = 1,55, \quad l'' = 3,95, \quad l = 5,50,$ et substituant ces données dans la formule

$$P = \frac{0,80 \times 5500}{1,55 \times 3,95} \times \frac{250 \times \overline{300}^2}{6} = 2694^K,97.$$

$5°$ *La même pièce chargée, outre le poids* P *placé en un point quelconque, d'un poids* p *par mètre courant uniformément réparti.*
On aura

$$\left(P + \frac{pl}{2}\right) \frac{l'l''}{l} = \frac{RI}{v} \qquad [13]$$

$6°$ *Déterminer le poids* P' *qui, appliqué au milieu* m *de la portée, donne le même moment fléchissant maximum que le poids* P *appliqué en* n *(fig. 71, pl. 2).*

M étant le moment de résistance en n, a pour valeur $M = \dfrac{Pl'l''}{l}$.

Si l'on considère la charge P' appliquée au milieu de la portée, le moment fléchissant M' en m dû à la charge P' a pour valeur $M' = \dfrac{P'l}{4}$.

D'après l'énoncé, on doit avoir $M = M'$

donc $\qquad \dfrac{P'l}{4} = \dfrac{Pl'l''}{l}$, d'où $\quad P' = \dfrac{4Pl'l''}{l^2}$. $\hfill$ [14]

7° *Cas de deux poids symétriques.* — *Soit une solive ab reposant sur deux appuis et chargée de deux forces égales P, disposées symétriquement par rapport aux points d'appui, c'est-à-dire éloignées de ces appuis d'une distance égale l (fig. 72, pl. 2).*

L'équilibre de la longueur de la pièce est donné par

$$Pl = \frac{RI}{v} \hspace{3cm} [15]$$

Pour calculer le poids central, c'est-à-dire le poids P' qui, appliqué au milieu k de la portée, donne en ce point, un moment fléchissant égal au maximum du moment fléchissant produit sous l'influence des poids réunis et égaux P et P_1, appliqués en des points symétriques par rapport au point k. On a le moment de résistance M, au point k, a pour valeur $\quad M = Pl'$.

Le moment est, d'ailleurs, le même pour tout autre point m, situés entre les deux points d'appui c et d, c'est-à-dire que le moment de résistance M' par rapport au point m, a également pour valeur

$$M' = Pl'.$$

Ainsi $M' = M = Pl'$, c'est le maximum du moment de résistance.

D'autre part, le point P' appliqué au milieu k de la portée donne pour le moment

de résistance en k, la valeur $\qquad M = \dfrac{P'l}{4}$. $\hfill$ [16]

On a donc, d'après l'énoncé, l'égalité $\quad \dfrac{P'l}{4} = Pl'$.

M. Barré, dans son ouvrage déjà cité, a généralisé ce cas.

8° *Pièce reposant sur deux appuis placés à ses extrémités, chargée de poids p_1, p_2, p_3, p_4, etc., inégalement répartis à des distances l_1, l_2, l_3, l_4, etc., du point d'appui a et à des distances l'_1, l'_2, l'_3, l'_4, etc., du point d'appui b (fig. 77, pl. 2)*

$$P = \frac{p_1 l'_1 + p_2 l'_2 + p_3 l'_3 + p_4 l'_4, \text{etc.}}{2l}, \qquad P' = \frac{p_1 l_1 + p_2 l_2 + p_3 l_3 + p_4 l_4, \text{etc.}}{2l}$$

Au point a_2, pris pour exemple, on aura

$$M = \frac{EI}{r} = \frac{RI}{v}(P' - p_3 - p_4 - \text{etc.}) l'_2 + p_3 l'_3 + p_4 l'_4 + \text{etc.}$$

64 bis. *Cas de solives ou poutres encastrées.*

1° *Une pièce de bois de sapin rouge, placée horizontalement, encastrée de $0^m,70$ à $0^m,80$ par une de ses extrémités, l'autre extrémité étant dans le vide et chargée d'un poids P uniformément réparti (fig. 56 bis), déterminer :*

Ce poids uniformément réparti ;

Ce poids par mètre courant ;

Et la flèche produite sous cette charge.

Le poids total uniformément réparti est obtenu par la formule [5] page 58, $Pl = \dfrac{Rab^2}{3l}$. En conservant les mêmes valeurs et significations que dans les applications précédentes, page 93, et en ne donnant à l que 2^m ou $2000^{m/m}$, on a donc,

$$\text{Formule [5],} \qquad Pl = \frac{Rab^2}{3l} = \frac{0{,}80 \times 250 \times \overline{300}^2}{3 \times 2000} = 3000^K. \qquad [17]$$

Le poids par mètre courant est donc $\dfrac{P}{l} = \dfrac{3000}{2^m} = 1500^K$.

Quant à la flèche, on l'obtient par la formule [6] page 58,

$$f = \frac{3Pl \cdot l^3}{2Eab^3} = \frac{3 \times 3000 \times \overline{2000}^3}{2 \times 1300 \times 250 \times \overline{300}^3} = 4^{m/m},1025. \qquad [18]$$

2° Une pièce de bois de sapin rouge, encastrée de $0^m,70$ à $0^m,80$, par une de ses extrémités, l'autre étant dans le vide (fig. 56), déterminer le poids P qu'elle pourra supporter à cette dernière extrémité et la flèche produite sous cette charge.

$$\text{On a,} \quad \text{formule [A] page 55,} \quad P = \frac{Rab^2}{6l} = \frac{0{,}80 \times 250 \times \overline{300}^2}{6 \times 2000} = 1500^K, \quad [19]$$

moitié moindre de celui réparti uniformément dans le même cas.

La flèche se calcule par la formule [A] page 55,

$$f = \frac{4Pl^3}{Eab^3} \cdot = \frac{4 \times 1500 \times \overline{2000}^3}{1300 \times 250 \times \overline{300}^3} = 5^{m/m},47. \qquad [20]$$

3° Pièce encastrée par une de ses extrémités, tandis que l'autre repose librement sur son point d'appui (fig. 75, pl. 2).

Supposons que la pièce soit chargée d'un poids P, placé aux distances l' et l'' du point d'encastrement et de l'appui libre. Il y a indétermination de la position du moment maximum qui sera en a ou en b. Il faut donc, par les deux formules suivantes, calculer ces deux valeurs et prendre la plus forte.

$$\text{Le moment en } a \text{ est} \qquad Pl' - \frac{Pl'^2}{2l^3}(3l - l') = \frac{RI}{v} \qquad [21]$$

$$\text{—} \qquad \text{en } b \text{ est} \qquad \frac{Pl'^2}{2l^3}(3l - l')l'' = \frac{RI}{v}. \qquad [22]$$

4° Pièce encastrée par ses deux extrémités (fig. 76, pl. 2).

Si la pièce est chargée d'un poids P, placé aux distances l' et l'' des points d'encastrement, il y a, comme dans le cas précédent, indétermination sur la position du moment maximum qui sera en c ou en d. Ces deux valeurs déterminées, on choisira la plus forte.

$$\text{Le moment en } c \text{ est} \qquad \frac{Pl'l''}{l^2} = \frac{RI}{v} \qquad [23]$$

$$\text{—} \qquad \text{en } d \text{ est} \qquad \frac{2Pl'^2l''^2}{l^3} = \frac{RI}{v}. \qquad [24]$$

5° *Si le poids P est placé au milieu de la longueur* l, on aura aux deux points *c* et *d* (fig. 57 *bis*, pl. 2)

$$\frac{Pl}{8} = \frac{RI}{v} \quad \text{et la flèche sera donnée par} \quad \frac{Pl^3}{192} = EIf, \qquad [25]$$

d'où il résulte, que la charge que peut supporter la pièce encastrée, est double de celle, qu'elle supporte lorsqu'elle repose simplement sur deux appuis avec une flèche quatre fois plus petite.

6° *Si la charge se compose d'un poids* p *par mètre uniformément réparti sur la lon-gueur* (fig. 57, pl. 2), on a

Au point *c* :
$$\frac{pl^3}{12} = \frac{RI}{v} \qquad [26]$$

Au point *d* :
$$\frac{pl^2}{24} = \frac{RI}{v} \qquad [27]$$

Et la flèche est donnée par
$$\frac{pl^4}{384} = EIf. \qquad [28]$$

65. *Détermination et vérification de l'équarrissage d'une solive devant porter une charge donnée.*

1er *Exemple.* — *Une solive en bois de chêne de* 5^m *de portée et d'un équarrissage de* 0^m,25 *de base sur* 0^m,30 *de hauteur doit porter une charge de* 4700^K *répartie uni-formément sur sa longueur, vérifier son équarrissage.*

Une charge uniforme de 4700^K est équivalente à une charge moitié ou de 2350^K appliquée au milieu de la portée 5^m,00.

La charge moyenne par centimètre carré de la section est donc $\dfrac{2350}{25 \times 30} = 3^K,133.$

En appliquant la formule [1] $P = {}^2/_3 R . \dfrac{ab^2}{l}$, on trouve $P = {}^2/_3 \times \dfrac{0,80 \times 250 \times \overline{300}^2}{500} = 2400^K,$ ce qui répond à une charge double uniforme de 4800^K.

Et pour charge moyenne par centimètre carré de la section $\dfrac{2400}{30 \times 25} = 3^K,20.$

La charge 3^K,20 étant plus forte que celle de 3^K,13, on en conclut, que la section transversale de la solive est dans de bonnes conditions.

2e *Exemple.* — *Déterminer les dimensions d'une poutre en bois de chêne, recevant une charge de* 800^K *par mètre de longueur, sur une portée de* 5^m,00, *en satisfaisant à la condition que la base du profil transversal soit les* ³/₄ *de la hauteur.*

La charge uniforme totale est de $800 \times 5 = 4000^K$, ce qui est la même chose que 2000^K appliqués au milieu de la portée 5^m,00. On a la formule de résistance :

$$P = \frac{4RI}{lv} ; \qquad \frac{I}{v} = \frac{ab^2}{6}$$

en faisant $P = 2000^K$

    $R = 80^K$ par centimètre carré, pour le chêne

    $a = {}^3/_4\, b$

    $l = 500$ centimètres

la formule ci-dessus donne $P = \dfrac{4R}{l} \cdot \dfrac{ab^2}{6} = \dfrac{4R}{l} \cdot \dfrac{^3/_4\, b \cdot b^2}{6}$ ou $P = \dfrac{4 \times 80 \times ^3/_4\, b \cdot b^2}{500 \times 6}$,

d'où l'on déduit $b = 29^c,24$, $a = {}^3/_4\, b = 21^c,9$.

On adoptera donc l'équarrissage $^{29,5}/_{22}$, c'est-à-dire 29 $^1/_2$ de hauteur sur 22 de base.

Si l'on substitue ces valeurs dans la formule [1] page 93

$$P = {}^2/_3\, R \cdot \frac{ab^2}{l}, \qquad \text{on a} \qquad P = {}^2/_3 \times \frac{80 \times 220 \times \overline{295}^2}{500} = 2042^K$$

ou dans la formule [4] page 95

$$pl = {}^4/_3\, \frac{Rab^2}{l}, \qquad \text{on a} \qquad P = {}^4/_3 \times \frac{80 \times 220 \times \overline{295}^2}{500} = 4084^K$$

au lieu de 4000^K, différence provenant de ce que les dimensions d'équarrissage ont été un peu forcées.

Si l'on faisait une hypothèse sur la hauteur de la poutre, on déterminerait la largeur par la formule [M] page 94 ou par la formule [M *bis*] page 96.

Par exemple, soit une poutre de $5^m,50$ *de portée, en bois de sapin rouge, chargée uniformément de* $793^K,39$ *par mètre courant, calculer son équarrissage.*

La charge totale $= 793^K,39 \times 5^m,5 = 4363^K,63$ répartie uniformément sur toute la longueur de la pièce.

Faisons sur la hauteur de la poutre une hypothèse ; soit $b = 0^m,30$, la formule [M *bis*] $a = \dfrac{3Pl^2}{4Rb^2}$ donne $a = \dfrac{3 \times 793,39 \times \overline{5500}^2}{4 \times 0,80 \times \overline{300}^2} = 250^m/_m$.

Ou en ramenant la charge totale au milieu qui sera alors de $2181^K,81$, la formule [M] page 94 donne également $a = \dfrac{3Pl}{2Rl^2} = \dfrac{3 \times 2181,81 \times 550}{2 \times 0,80 \times \overline{300}^2} = 250^{mm}$.

Nous avons pris ici un exemple tout calculé, mais en cas contraire, quand on se donne la hauteur ou la largeur de la poutre, si l'on ne pouvait employer l'équarrissage trouvé de la sorte, on serait obligé de reprendre le calcul, en faisant d'autres hypothèses, c'est-à-dire en changeant le point de départ.

66. *Détermination du coefficient de sécurité ou de travail, lorsque la charge d'une poutre et ses dimensions sont données.*

Soit, comme précédemment, une poutre de 5^m de portée et de même équarrissage $^{25}/_{30}$ devant recevoir une charge de 6000^K, déterminer l'effort par centimètre carré, auquel sont soumises les fibres les plus fatiguées.

On a $\qquad P = \dfrac{4RI}{lv}, \qquad \dfrac{I}{v} = \dfrac{ab^2}{6}$ (pour un rectangle)

d'où l'on déduit $\qquad R = \dfrac{3Pl}{2ab^2}$

en posant $P = 3000^K$, $a = 25^c$, $b = 30^c$, $l = 500^c$, il vient $R = 100^K$ par centimètre carré de section.

ÉTUDES DES PLANCHERS EN BOIS.

67. *Calcul des poutres.*

La méthode de calcul à suivre consiste à supposer connu le poids du plancher et d'une surcharge additionnelle d'épreuve, puis de vérifier si les dimensions adoptées satisfont aux conditions de résistance.

Dans ces calculs, on suppose toujours, ainsi que nous l'avons déjà dit, les pièces composant les planchers comme posées simplement sur leurs appuis extrêmes.

Les diverses conditions de charge dans lesquelles une poutre peut être placée sont les suivantes :

PREMIER CAS. — Les solives y reposent des deux côtés et sont également espacées les unes des autres. On peut alors considérer la poutre comme uniformément chargée.

DEUXIÈME CAS. — Les solives ne reposent directement que d'un côté de la poutre, de l'autre, elles reportent tout leur poids en deux points fixes de la poutre par l'intermédiaire de deux enchevêtrures (fig. 103, pl. 4).

TROISIÈME CAS. — La poutre supporte un nombre quelconque de solives et de chevêtres en des points quelconques.

QUATRIÈME CAS. — Les solives devant supporter des cloisons.

Nous allons examiner ces différents cas.

68. *Planchers composés de solives portant sur les murs.*

Considérons d'abord un plancher composé de solives posées sur deux murs parallèles (fig. 99, pl. 4).

Le poids porté par chaque solive peut être égal à *pel* et comme le poids est uniformément réparti sur toute la longueur, on aura

$$\frac{pel^2}{8} = \frac{RI}{v} = M, \quad \text{d'où on tire} \quad \frac{I}{v} = \frac{M}{R}$$

$p = $ le poids du plancher et de sa surcharge superficielle,

$e = $ l'espacement des solives d'axe en axe,

$l = $ leur portée ou longueur entre les murs.

Soient p le poids par mètre superficiel du plancher et de la surcharge $= 400^K$.

$e = 0^m,40$ d'axe en axe,

$l = 5^m,00$, on aura

$$M = \frac{400 \times 0,40 \times \overline{5,00}^2}{8} = 500^K \text{ et } R = 800,000 \text{ pour le chêne et le sapin fort,}$$

donc
$$\frac{I}{v} = \frac{M}{R} = \frac{500}{800000} = 0,000635.$$

En se reportant au tableau des moments d'inertie des bois calculés (n° 77, voir l'Atlas), on trouve que ce rapport est très-près du rapport 0,0006262 qui correspond à un équarrissage de $0^m,13$ sur $0^m,17$. La solive de $0^m,13$ sur $0^m,17$ est donc celle qu'il faut employer en ce cas.

Réciproquement, si l'on calcule, avec ces données, le poids par mètre superficiel du plancher dont il s'agit, on a $P = {}^4/_3 \dfrac{Rab^2}{l^2e} = {}^4/_3 \times \dfrac{800000 \times 13 \times \overline{17}^2}{\overline{500}^2 \times 0,40} = 400^k,75$ par mètre superficiel de plancher.

69. *Planchers composés de solives portant sur des poutres.*

Si au lieu de porter sur les murs, les solives portent sur des poutres, comme dans le système représenté (fig. 100, pl. 4), leur section se déterminera de la même manière que dans le cas précédent.

Calcul des poutres.

Les mêmes formules donnent également l'équarrissage des poutres.

1° Considérons d'abord une poutre isolée en bois de chêne de $5^m,00$ de portée et supposons e' la longueur de l'espace qu'elle doit diviser $= 8^m$ (fig. 99, pl. 4), d'où $e = 4^m,00 = \dfrac{8^m}{2}$, p le poids par mètre superficiel du plancher et de la surcharge $= 400^k$. (Dans cette surcharge est comprise la charge par mètre carré due au poids des solives qu'on obtient comme il sera dit dans l'exemple du n° 70 suivant.) On aura donc

$$\frac{pel^2}{8} = \frac{RI}{v} = M, \quad \text{d'où} \quad \frac{I}{v} = \frac{M}{R}, \qquad [1]$$

par conséquent, le maximum du moment fléchissant a pour valeur

$$M = \frac{400 \times 4^m \times \overline{5,00}^2}{8} = 5000 \quad \text{et} \quad \frac{I}{v} = \frac{5000}{800000} = 0,00625$$

Si l'on remarque que le poids uniformément réparti sur la poutre est ici $\dfrac{pe}{2}$ par mètre courant, on peut mettre la formule [1] sous la forme

$$M = \frac{pe'l^2}{16} = \frac{400 \times 8^m \times \overline{5,00}^2}{16} = 5000 \text{ comme ci-dessus.} \qquad [2]$$

La valeur de $\dfrac{M}{R} = \dfrac{I}{v} = 0,00625$ est très-près dans le tableau des moments d'inertie (n° 77, voir l'Atlas) de $0,0062588$ ou de $0,0062573$ (en excès) qui correspondent à un équarrissage de $0^m,17$ sur $0^m,47$, ou de $0^m,26$ sur $0^m,38$.

C'est donc l'un de ces deux équarrissages qu'il faudra adopter pour celui de la poutre en question.

En prenant pour le coefficient de sécurité R, tout autre nombre que 800000 compris dans les limites de 600000 à 800000 (valeur de R pour le chêne) on aurait eu pour $\dfrac{I}{v}$ d'autres valeurs et par conséquent d'autres équarrissages satisfaisant également à la question.

Si l'on veut employer une poutre à section carrée, on voit que la valeur de $\dfrac{M}{R} = 0,00625$ est comprise entre les valeurs de $\dfrac{I}{v}$ des poutres de $0^m,34$ et de $0^m,35$.

La poutre de $0^m,345$ de côté est donc celle qu'il faut employer dans ce cas.

69 *bis*. *Détermination du nombre de solives à employer*.

Désignant par l la portée des solives, par p le poids total dans toute la longueur de l'espace à recouvrir réparti uniformément sur la portée et par p' le poids que peut supporter une solive donnée,

$$M = {}^1/_8\, p'l^2 = \frac{RI}{v}, \qquad R = \frac{v \cdot M}{I} = {}^1/_8\, p'l^2 = \frac{v}{I}$$

d'où

$$p' = \frac{8RI}{vl^2} = \frac{8RI}{v} \cdot \frac{1}{l^2}.$$

On fera le calcul pour chacune des solives ou des types de double **I** d'une usine, et on détermine le nombre de solives dont on a besoin, en divisant p par p', c'est-à-dire par la formule $\dfrac{p}{p'} = n$.

Dans le cas où le point d'appui serait une poutre, on voit qu'il supporte l'effort Q produit par les solives d'un côté ; cette force est égale à $^1/_2\, pl$; la poutre supporte encore $^1/_2\, p'l'$ provenant des solives de l'autre côté ; on a vu ci-dessus que son calcul est très-facile à faire.

Si la poutre (en bois) doit être très-volumineuse, on la forme de plusieurs poutres que l'on réunit par des boulons, en ayant soin de ménager une circulation d'air qui facilite la dessiccation ; on peut encore la faire d'un tronc volumineux scié en deux et dont on réunit les deux parties de la même manière, en mettant à l'extérieur les faces sciées. (Voir plus loin, poutres en bois avec armatures en fer.)

70. *Application aux magasins*.

1ᵉʳ Exemple. — Calcul de la résistance d'un plancher de magasin, composé de poutres ou sommiers, reposant sur un point d'appui à l'une de leurs extrémités et encastrés à l'autre bout (fig. 101, 101 bis et 101 ter, pl. 4).

Le magasin à recouvrir d'un plancher présente un rectangle ayant dans œuvre 20ᵐ de longueur et 11ᵐ,30 de largeur avec des murs de 0ᵐ,50 d'épaisseur.

Les poutres ou sommiers, au nombre de 4, sont espacés d'axe en axe de 4ᵐ,15 ; ils ont 11ᵐ,50 de longueur, 0ᵐ,35 de largeur et 0ᵐ,50 d'épaisseur ;

Les solives au nombre de 28 sont espacées de 0ᵐ,31 ; elles ont 0ᵐ,11 de largeur et 0,25 d'épaisseur ;

Ce plancher (poutres et solives) est supposé en bois de sapin.

Recherche de la charge maximum qu'on peut mettre sur le plancher sans danger pour la construction. — Résistance d'un sommier.

La formule applicable dans ce cas est $R\,\dfrac{bh^2}{6} = \dfrac{16}{138}\,pl^2$, d'où on tire

$p = R \cdot \dfrac{bh^2}{l^2} \times \dfrac{128}{6 \times 16}$, formule qui est la même que la formule [5] $P = {}^4/_3 R\,\dfrac{ab^2}{l^2}$, page 95.

R, plus grande résistance du bois de sapin à la compression, qu'on ne doit pas dépasser, dans la pratique, $= 800000^{K}$.

$$b = 0.35, \quad h^2 = 0.25$$

$$h = 0.50, \quad L^2 = 31.92, \quad R \cdot \frac{bh^2}{l^2} = 800000 \times \frac{0,35 \times 0,25}{31.92} = 2192^K.$$

$$l = 5.65 = \frac{11^m,30}{2}$$

p ou poids maximum que le sommier peut porter par mètre courant $= 2192 \times {}^4/_3 = 2922^K$.

La charge permanente supportée par le sommier y compris son propre poids est de

Volume: $\begin{cases} 1° \text{ Sommier } 0,35 \times 0.50 \\ 2° \text{ Solive } {}^{10}/_{42} \times 0,11 \times 0.25 \times 4.15 \\ 3° \text{ Plancher } 0,027 \times 4,15 \end{cases}$

1° Sommier	$0^m,175$
2° Solive	$0\ ,270$
3° Plancher	$0\ ,112$
Volume total	$0^{mc},557$

poids correspondant $0^{mc},557 \times 650^K = 362^K$.

Reste pour la charge accidentelle maximum par mètre courant de sommier $2922 - 362 = 2560^K$.

Soit par mètre carré de plancher $\dfrac{2560}{4.15} = 616^K$.

Résistance d'une solive.

La pièce doit être considérée comme reposant sur deux appuis
La formule applicable à ce cas est

$$\frac{pl^2}{8} = R \cdot \frac{bh^2}{6}, \quad p = R \frac{bh^2}{l^2} \times \frac{8}{6}$$

$$R = 800000^K$$

$$b = 0,11, \quad h^2 = 0,0625, \quad R \cdot \frac{bh^2}{l^2} = 800000 \times \frac{0,11 \times 0,0625}{17.22} = 320^K.$$

$$h = 0,25, \quad l^2 = 17,22.$$

$$l = 4.15$$

Le poids maximum que la solive peut supporter par mètre courant est donc

$$p = 320 \times {}^4/_3 = 426^K.$$

La charge permanente ou poids de la solive et du plancher supérieur est, par mètre courant de solive, de

Volume: $\begin{cases} 1° \text{ Solive } 0,11 \times 0,25 \\ 2° \text{ Plancher } 0,027 \times 0,42 \end{cases}$

1° Solive $0,11 \times 0,25$	$= 0^{mc},0275$
2° Plancher $0,027 \times 0,42$	$= 0\ ,0113$
Cube total	$0^{mc},0388$

poids correspondant $0,0388 \times 650^K = 25^K,23$.

Reste pour la charge accidentelle maximum par mètre courant de solive $426 - 25^K,23 = 400^K,77$.

Soit par mètre carré de plancher $\dfrac{400,77}{0,42} = 954^K$.

Conclusion. — Les solives ont plus de force que les sommiers; ceux-ci ne peuvent supporter, sans danger, plus de 600^K par mètre superficiel de plancher; ce poids de 600^K doit être pris pour limite de la charge qu'on peut faire supporter à la construction.

2e *Exemple.* — Considérons en second lieu un plancher en sapin, avec les dimensions suivantes et dont il faut calculer la résistance. (Longueur 20^m, largeur $9^m,54$, nombre de poutres 5, espacées de 4^m d'axe en axe.)

Résistance d'un sommier.

$$b = 0.45, \quad h^2 = 0.25, \quad R \cdot \frac{bh^2}{L^2} = 800000 \times \frac{0.45 \times 0.25}{22.75} = 3960^K.$$
$$h = 0.50, \quad l^2 = 22.75,$$
$$l = 4.77,$$

poids maximum que le sommier peut supporter par mètre courant $= 5280^K$.

Volume: $\begin{cases} 1° \text{ Sommier } 0,45 \times 0,50 & = 0^{mc},225 \\ 2° \text{ Solive } 2,50 \times 0,22 \times 0,11 \times 4 & = 0 \;,242 \\ 3° \text{ Plancher } 0,0027 \times 4 & = 0 \;,108 \end{cases}$

$$\text{Cube total.} \qquad \overline{0^{mc},575}$$

poids correspondant $0^{mc},575 \times 650^K = 373^K,75$.

Reste pour la charge accidentelle maximum par mètre courant de sommier $5280 - 373^K,75 = 4906^K,25$.

Soit par mètre carré de plancher $\dfrac{4906,25}{4} = 1226^K,56$.

Résistance d'une solive.

$$R = 800000^K$$

$$b = 0,11, \quad h^2 = 0,0484, \quad R \frac{bh^2}{l^2} = 800000 \times \frac{0,11 \times 0,0484}{16} = 266^K,400,$$
$$h = 0,22, \quad l^2 = 16^{mc},00,$$
$$l = 4,00,$$

p ou poids maximum total qu'on peut faire supporter à a solive par mètre courant $= 355^K,200$.

La charge permanente ou poids de la solive et du plancher supérieur est par mètre courant de solive

Volume: $\begin{cases} 1° \text{ Solive } 0,11 \times 0,22 & = 0^{mc},0244 \\ 2° \text{ Plancher } 0,027 \times 0,40 & = 0 \;,0108 \end{cases}$

$$\text{Cube total.} \qquad \overline{0^{mc},0352}$$

poids correspondant $0,0352 \times 650^K = 22^K,88$.

Reste pour la surcharge maximum par mètre courant de solive
$$455^K,200 - 22^K,88 = 832^K,330,$$

Soit par mètre courant $\dfrac{832^K,320}{0,40} = 830^K,80$.

Conclusion. — Les solives ont moins de résistance que les sommiers, il ne faut donc considérer que les solives.

En conséquence, la charge maximum qu'on peut mettre sur le plancher, sans danger pour la construction, est de $830^K,80$ par mètre superficiel.

71. *Planchers de maisons d'habitation.*

1° Soit à calculer les dimensions de la poutre A'B' (fig. 103, pl. 4) sur laquelle les solives ne reposent directement que d'un côté, et de l'autre, elles reportent tout leur poids en deux points fixes de la poutre par l'intermédiaire de deux enchevêtrures.

Si les deux enchevêtrures sont également éloignées du milieu de la poutre, il y a symétric par rapport à ce milieu, le moment fléchissant y est un maximum.

En appelant p le poids uniformément réparti provenant des solives perpendiculaires à la poutre, P le poids agissant au point d'assemblage du chevêtre, l' la distance du chevêtre au milieu de la poutre, L la portée de la poutre ; on remarquera que la réaction du mur sera $\dfrac{pL + P}{2}$ et le moment fléchissant au milieu de la poutre sera par suite

$$M = \left(\frac{pL + P}{2}\right)\frac{L}{2} - \left(\frac{pL^2}{8} + Pl'\right) \quad \text{ou bien} \quad M = \frac{pL^2}{8} + P\left(\frac{L}{4} - l'\right).$$

On calculera comme précédemment $\dfrac{M}{R}$ et l'on choisira au tableau numérique du calcul des moments de résistance, la poutre dont la valeur de $\dfrac{I}{v}$ est la plus rapprochée de celle ainsi calculée.

2° La poutre supporte un nombre quelconque de solives et de chevêtres en des points quelconques.

Soient P_1, P_2, P_3 ..... les poids agissant sur la poutre à des distances l_1, l_2, l_3,..... d'une de ses extrémités A'.

La réaction P de l'appui à l'autre extrémité B' sera donnée par la relation de statique des moments pris autour de A,

$$PL = P_1 l_1 + P_2 l_2 + ...$$

d'où l'on tirera la valeur de P.

On calcule ensuite le moment fléchissant pour tous les points où agissent les solives et les chevêtres, et on aura

$$M_1 = P(L - l_1) - [P_2(l_2 - l_1) + P_3(l_3 - l_1) + ...]$$
$$M_2 = P(L - l_2) - [P_3(l_3 - l_2) + P_4(l_4 - l_2) + ...]$$

La plus grande valeur ainsi trouvée sera celle qui, divisée par R, donnera un quotient égal à $\dfrac{I}{v}$, et permettra de choisir la poutre convenable.

Solives. — Ces pièces sont toujours chargées d'un poids uniformément réparti.

Soient e la distance mn entre les deux solives voisines de la solive DE que l'on calcule ;

l' sa portée ;

p le poids de charge et de surcharge d'un mètre superficiel de plancher,

on aura pour maximum de moment fléchissant $M = \dfrac{pel'^2}{16}$, comme pour le cas (n° 69) considéré pour les poutres, formule au moyen de laquelle on obtient aussi la détermination des dimensions des solives (n° 68).

Chevêtres. — Ces pièces se trouvent dans le cas précédent considéré pour les poutres, mais le nombre des points d'application des solives se trouvant d'ordinaire restreint, la recherche du maximum du moment fléchissant devient beaucoup moins longue ; elle se fait du reste de la même manière, ainsi que la détermination des dimensions des pièces.

Solives d'enchevêtrure. — Ces pièces sont chargées d'un poids uniformément réparti et d'un poids en un point déterminé.

En appelant l' la distance du chevêtre au mur, et P_1 le poids que le chevêtre transmet à la solive, on a l'équation du moment autour du point C

$$PL = P_1 l' + \frac{pL^2}{2},$$

où P désigne la réaction à l'autre extrémité D de la solive:

On calculera ainsi la valeur de cette réaction, et en appelant x la distance d'un point de la pièce au point D, le moment fléchissant pour un point entre D et le chevêtre sera exprimé par

$$M = Px - p\,\frac{x^2}{2} \quad (1)$$

Dans ces calculs, on peut admettre les chiffres suivants sur la valeur des charges et des surcharges pour les planchers en fer et en bois des maisons d'habitation.

Poids du mètre superficiel de plancher 200^K
Surcharge par mètre carré 150
Poids total par mètre superficiel $p = 350^K$

Accidentellement un plancher peut avoir à supporter, par mètre carré, quatre personnes de 75^K chacune ou 300^K, mais ce cas arrive très-rarement et alors les encastrements dans le mur et ceux des pièces les unes dans les autres (encastrements considérés comme nuls dans les calculs précédents) constituent des conditions favorables à la résistance et permettent de ne pas faire cette hypothèse particulière dans le calcul des pièces d'un plancher.

Pour les magasins à blé, la surcharge se compose de $0^m,60$ de blé pesant 750^K le mètre cube, ce qui donne par mètre superficiel 450^K ; le poids du plancher étant lui-même de 150^K (ces planchers n'étant généralement pas hourdés).

La charge totale par mètre carré est donc $p = 600^K$.

72. *Plancher ordinaire de maison d'habitation avec cloisons de distribution.*

Soit un plancher de $6^m,40$ de longueur sur $6^m,00$ de largeur, devant supporter à $2^m,00$ de distance d'un des points d'appui des solives, une cloison de $3^m,50$ de hauteur et $0^m,06$ d'épaisseur (fig. analogue à la fig. 81, pl. 3).

Le poids total de cette cloison sera $6^m,40 \times 3^m,50 = 22^{mq},40$, à 70^K par exemple le mètre carré $= 1568^K = 2P$, agissant aux distances l, l' des appuis.

Si l'on désigne par P' la charge uniformément répartie correspondante au poids P de la cloison, on aura

$$\frac{Pll'}{L} = \frac{P'L}{8}, \qquad \text{d'où} \qquad P' = \frac{8Pll'}{L^2} \qquad \text{ou} \qquad P' = \frac{8 \times 1568^K \times 2^m,00 \times 4^m,00}{6^2} = 2787^K$$

---

(1) On peut calculer directement le point où ce moment sera maximum. On a en effet:

$$[1]\ M = \frac{P_1 l'}{L} \cdot x + \frac{pL}{2}x - \frac{p}{2}x^2 \quad \text{dont la dérivée est} \quad \frac{dM}{dx} \quad \text{ou} \quad M' = \frac{P_1 l'}{L} + \frac{pL}{2} - px.$$

Quand cette dérivée est nulle, $x = \frac{P_1 l'}{pL} + \frac{L}{2}$, c'est à ce point que correspond le maximum de M. On calcule donc ainsi x, puis M qu'on déduit de l'équation [1].

On divise ensuite M par R et la détermination des dimensions de la pièce se fait, comme il a été dit pour les poutres.

lesquels divisés par 38^m,40 surface totale de plancher, donnent un excédant de charge supplémentaire par mètre carré de 72^k,57.

Si le plancher en question doit résister à une charge de 400^k par exemple, par mètre carré, il devra, par l'addition d'une cloison, résister à une charge de 472^k,57.

On opérera ensuite, comme dans les exemples précédents, pour calculer les dimensions des diverses pièces qui le composent selon leur position et leur destination.

Ce que nous avons dit (n° 62) s'applique également aux planchers en bois, c'est-à-dire que dans le cas où les cloisons de distribution sont disposées d'une manière quelconque, soit perpendiculairement soit parallèlement aux solives (fig. 87, pl. 3), ce qui a lieu le plus souvent, on considère ordinairement, en pratique, l'ensemble de ces cloisons comme une charge uniformément répartie sur la surface totale du plancher en sus de la charge normale. (Voir le 1er exemple du n° 62.)

Terminons ce que nous avions à dire sur les planchers en bois par le tableau suivant indiquant les dimensions à donner aux poutrelles dont ils sont formés par rapport aux charges et selon leur portée.

Poutrelles en bois. — Tables des dimen-

LOCAUX	Charge par mètre carré de plancher P'	Écartement des poutres e	Charge par mètre courant de poutre P=P'×e	PORTÉE	DIMENSIONS hauteur h	largeur n	VOLUME du mètre courant
Chambres, cabinets, etc	250k	1.00	250k	3.00	0.204	0.088	0.0239
					0.178	0.069	0.0158
					0.162	0.108	0.0175
				4.00	0.247	0.082	0.0203
					0.216	0.108	0.0233
					0.196	0.131	0.0257
				5.00	0.287	0.098	0.0276
					0.250	0.125	0.0313
					0.228	0.152	0.0347
				6.00	0.324	0.108	0.0350
					0.283	0.142	0.0402
					0.257	0.171	0.0439
	250	0.90	225	3.00	0.197	0.065	0.0130
					0.172	0.086	0.0148
					0.156	0.104	0.0162
				4.00	0.239	0.080	0.0191
					0.209	0.105	0.0219
					0.189	0.126	0.0238
				5.00	0.277	0.092	0.0255
					0.242	0.121	0.0293
					0.220	0.147	0.0323
				6.00	0.313	0.104	0.0326
					0.273	0.137	0.0374
					0.248	0.165	0.0409
	250	0.80	200	3.00	0.189	0.063	0.0110
					0.166	0.083	0.0138
					0.150	0.100	0.0150
				4.00	0.229	0.076	0.0174
					0.200	0.100	0.0200
					0.182	0.121	0.0220
				5.00	0.266	0.089	0.0237
					0.223	0.117	0.0273
					0.211	0.141	0.0298
				6.00	0.300	0.100	0.0300
					0.263	0.130	0.0347
					0.239	0.160	0.0382
Pièces de réception et salons ordinaires	380	1.00	380	4.00	0.284	0.095	0.0270
					0.254	0.122	0.0194
					0.275	0.150	0.0338
				5.00	0.330	0.110	0.0383
					0.288	0.144	0.0415
					0.262	0.176	0.0461
				6.00	0.372	0.124	0.0461
					0.325	0.163	0.0530
					0.295	0.195	0.0575
				7.00	0.412	0.137	0.0564
					0.358	0.179	0.0641
					0.376	0.217	0.0707
				8.00	0.451	0.150	0.0677
					0.394	0.197	0.0776
					0.357	0.238	0.0650
	380	0.90	342	4.00	0.274	0.091	0.0249
					0.240	0.120	0.0288
					0.218	0.145	0.0316
				5.00	0.318	0.106	0.0337
					0.275	0.139	0.0386
					0.252	0.168	0.0423
				6.00	0.359	0.120	0.0431
					0.314	0.157	0.0492
					0.285	0.190	0.0542
				7.00	0.397	0.130	0.0540
					0.348	0.174	0.0605
					0.318	0.210	0.0664
				8.00	0.435	0.145	0.0631
					0.380	0.190	0.0722
					0.345	0.230	0.0794

...sions à donner par rapport aux charges.

LOCAUX	Charge par mètre carré de plancher P'	Écartement des poutres e	Charge par mètre courant de poutre P=P'×e	PORTÉE	DIMENSIONS hauteur h	largeur n	VOLUME du mètre courant
Pièces de réception et salons ordinaires	380k	0.80	301k	4.00	0.261	0.088	0.0232
					0.230	0.115	0.0265
					0.209	0.139	0.0291
				5.00	0.306	0.102	0.0312
					0.267	0.134	0.0358
					0.243	0.162	0.0394
				6.00	0.345	0.115	0.0397
					0.302	0.151	0.0456
					0.274	0.182	0.0499
				7.00	0.383	0.128	0.0490
					0.334	0.157	0.0558
					0.303	0.202	0.0612
				8.00	0.418	0.139	0.0581
					0.366	0.183	0.0670
					0.332	0.221	0.0734
	480	1.00	480	4.00	0.307	0.102	0.0313
					0.2687	0.134	0.0350
					0.244	0.162	0.0395
				5.00	0.356	0.119	0.0424
					0.311	0.156	0.0485
					0.283	0.188	0.0532
				6.00	0.402	0.134	0.0539
					0.351	0.176	0.0618
					0.319	0.212	0.0670
				7.00	0.446	0.149	0.0665
					0.387	0.195	0.0759
					0.351	0.236	0.0835
				8.00	0.467	0.162	0.0789
					0.426	0.213	0.0907
					0.387	0.258	0.0908
				9.00	0.527	0.176	0.0928
					0.460	0.230	0.1058
Grands salons	480	0.90	432	4.00	0.296	0.099	0.0293
					0.259	0.130	0.0337
					0.235	0.156	0.0367
				5.00	0.344	0.115	0.0396
					0.300	0.150	0.0450
					0.273	0.181	0.0497
				6.00	0.388	0.129	0.0501
					0.339	0.170	0.0570
					0.308	0.205	0.0631
				7.00	0.430	0.143	0.0615
					0.376	0.188	0.0707
					0.342	0.228	0.0760
				8.00	0.470	0.157	0.0728
					0.411	0.206	0.0847
					0.373	0.248	0.0923
				9.00	0.509	0.170	0.0865
					0.444	0.221	0.0986
					0.404	0.269	0.1067
	480	0.80	384	4.00	0.285	0.095	0.0171
					0.240	0.125	0.0311
					0.226	0.150	0.0339
				5.00	0.331	0.110	0.0364
					0.289	0.145	0.0419
					0.263	0.175	0.0460
				6.00	0.373	0.124	0.0463
					0.326	0.163	0.0531
					0.296	0.197	0.0583
				7.00	0.414	0.138	0.0571
					0.361	0.181	0.0653
					0.328	0.218	0.0715
				8.00	0.452	0.151	0.0683
					0.395	0.198	0.0782
					0.358	0.230	0.0856
				9.00	0.489	0.163	0.0797
					0.427	0.214	0.0911
					0.388	0.259	0.1005

POUTRES EN BOIS AVEC ARMATURES EN FER, ET POUTRES COMPOSÉES.

73. *Poutres en bois avec armatures en fer.* — Il arrive très-souvent que l'on soit obligé de consolider des poutres en bois au moyen d'armatures en fer, soit pour ne pas leur donner un équarrissage excessif ou trop coûteux, soit parce que la portée est trop forte pour composer les poutres d'une seule pièce.

Un grand nombre de combinaisons plus ou moins ingénieuses ont été employées dans ce but.

On arme parfois les poutres au moyen de patins en fonte *m* (fig. 90, pl. 3) et de tirants en fer *b* disposés de façon à ce que la poutre ne puisse fléchir sans déterminer la tension de ces derniers.

La poutre se trouvera ici soumise à l'action simultanée d'une force $\frac{P}{2}$ égale et contraire à la pression verticale exercée sur chaque appui et d'une autre force $\frac{P}{2\sin\alpha}$ dirigée dans le sens du tirant ; P représentant la charge qui agit sur la poutre et α l'angle du tirant avec la direction de cette charge. L'action de ces deux forces donne une résultante égale à $\frac{P}{2}$ cot. α qui comprime la pièce dans le sens de son axe et qui servira à déterminer la section au moyen de la formule

$$ab = \frac{P\cot.\alpha}{2R}.$$

La section S du tirant s'obtiendra par la formule

$$S \text{ ou } \pi r^2 = \frac{P}{2R\sin\alpha}.$$

Autre moyen. On peut aussi armer la poutre, en encastrant dans chacune de ses faces latérales, un arc en fonte, dont les pieds seraient réunis par un tirant en fer (fig. 91, pl. 3).

Un tel système résisterait avec une force à peu près égale à la somme des résistances des arcs en métal et de la poutre. La résistance de la poutre se calculerait comme à l'ordinaire ; quant à celle des arcs métalliques, on approcherait suffisamment de la réalité, en retranchant du moment $\frac{1}{6} Rab^2$ des arcs considérés comme pleins, celui du solide qui en occuperait le vide, c'est-à-dire $\frac{1}{6} Rab'^2$, b et b' étant les hauteurs extérieure et intérieure, a représentant l'épaisseur totale des deux arcs.

73 bis. *Poutres composées de pièces entées bout à bout.*—Pour les poutres composées de pièces *m*, *n* entées bout à bout, on emploie, comme liaison, une pièce *f* appelée *fourrure* (fig. 93 et 93 *bis*, pl. 3), qui empêche le joint de s'ouvrir par le bas. Notons, à ce sujet, que la flexion produisant ici une compression dans les fibres situées au-dessus de l'arc neutre, l'on pourrait, à la rigueur, trancher ces fibres jusqu'à la rencontre de cet axe, sans modifier la résistance du solide.

Dans les poutres à fourrure, l'on suppose que l'ensemble des pièces se trouve à peu près dans les mêmes conditions de résistance qu'une unique. Pour empêcher que la rupture ait lieu au droit du joint plutôt que partout ailleurs, il suffira 1° de déterminer la section transversale de la fourrure de façon à ce qu'elle offre une résistance au moins égale à celle de la partie coupée des fibres situées au-dessous de l'axe neutre.

2° De donner aux endents une force capable de résister aux efforts qui tendent à les faire éclater suivant xy, yz (fig. 93). Barlow estime, pour les bois, à $^3/_8\,b$ la hauteur de cette partie soumise à l'extension ; Duhamel la prend de $^1/_3$; selon M. Roffiaen, pour le chêne et le sapin elle est de $0,4555\,b$.

Dans tous les cas, l'on voit qu'il serait inutile de placer des moyens de liaison à la partie supérieure du joint, à moins que les poutres soient très-minces du haut et très-hautes, car alors elles pourraient se déverser l'une par rapport à l'autre.

Les fourrures peuvent être remplacées par des armatures en fer de diverses formes, analogues à celles qui sont indiquées (fig. 92, pl. 3).

74. *Poutres composées de pièces superposées.* — On emploie assez souvent dans la construction des planchers des poutres formées de plusieurs pièces superposées les unes sur les autres et réunies au moyen de frettes ou de liens (fig. 94 pl. 3).

C'est la disposition la plus simple, mais aussi la moins efficace.

En effet, la résistance d'un pareil assemblage de pièces, où chacune est indépendante des autres ou à peu près, est évidemment égale à la somme des résistances individuelles. Ainsi, soit n le nombre de pièces superposées, a la largeur et b la hauteur de leur équarrissage, la résistance de l'ensemble sera égale à $\dfrac{nRab^2}{6}$ tandis que si, par des moyens d'assemblage tels que ceux qui vont être indiqués, on les rend solidaires l'un de l'autre, cette résistance serait exprimée par $\dfrac{Ranb^2}{6}$.

Supposons, pour rendre cette différence sensible, que l'on ait à composer une poutre de trois morceaux superposés, en posant la condition d'avoir une résistance égale à celle d'une poutre de $0^m,60$ d'épaisseur d'une seule pièce (en donnant la même largeur d'équarrissage dans les deux cas), l'on devra avoir pour réaliser cette condition

$$3b^2 = \overline{0,60}^2 = 0,36$$
$$b^2 = \frac{0,36}{3} = 0,12, \qquad b = \sqrt{0,12} = 0,35 \text{ à peu près.}$$

L'épaisseur totale $3b = 1,05$ de la poutre composée sera donc égale à $1\,^3/_4$ fois celle dont on aurait pu se contenter pour une poutre formée d'un seul morceau.

En général, en appelant B l'épaisseur verticale de la poutre d'un seul morceau à la résistance de laquelle il faut égaler celle d'une poutre formée de morceaux superposés, mais non assemblés, on a :

1° Pour exprimer l'épaisseur totale B' de cette dernière, quand le nombre de ses éléments est donné, $B' = B\sqrt{n}$;

Et 2° pour exprimer le nombre des éléments quand leur épaisseur est fixée à l'avance, $n = \dfrac{B^2}{b^2}$. On voit, d'après cela, que lorsque les poutres sont formées de pièces superposées, mais non assemblées, il est avantageux de réduire autant que possible le nombre des éléments.

Mais lorsque les pièces sont rendues solidaires, de telle sorte qu'elles ne puissent ni glisser ni fléchir isolément, leur résistance est supérieure à la somme de celles qu'on trouverait en les considérant séparément. On rend les pièces solidaires en formant la poutre de plusieurs pièces assemblées les unes aux autres de manière que les extensions et les contractions des fibres de l'une soient plus ou moins dépendantes de celles de l'autre. Cet effet peut être obtenu, au moyen d'un assemblage

exemple; il faudra que la base de ce pilier supporte le poids des assises supérieures; le poids de cette pierre étant de 2200^K par mètre et sa résistance à l'écrasement 180^K par centimètre, la charge permanente sera $\dfrac{180}{10} = 18^K$ par centimètre
ou 180000^K par mètre carré; en appelant x la hauteur, il faudra que l'on ait

$$x \times 2200^K = 180000^K$$

d'où
$$x = \frac{180000}{2200} = 81^m,82 \text{ ou } 82^m \text{ environ.}$$

Si on suppose en outre que le pilier portera un poids additionnel de 70000^K par
mètre carré, l'équation deviendra

$$x \times 2200^K + 70000^K = 180000^K, \quad \text{d'où } x \frac{110000}{2200} = 50^m$$

hauteur un peu moindre que celle des piliers qui supportent le clocher de mutte de
la cathédrale de Metz.

Souvent, pour l'économie, on ne construit que le parement des piliers en pierre de
taille, le milieu se composant d'un remplissage en moellonnage; c'est une mauvaise disposition quand la charge doit être considérable; parce que les moellons
ayant plus de joints horizontaux et plus de tassement, toute la charge se reporte sur
les arêtes et les pousse au vide : le même résultat se présente pour des assises en
pierre de taille, dont les lits sont taillés en maigre vers l'intérieur, et forment des
vides qui ne peuvent être remplis que par un mortier peu resistant, précaution que
l'on ne prend même pas toujours.

Si l'on veut construire l'intérieur d'un pilier en moellons, il faut les serrer fortement les uns sur les autres, diminuer la hauteur des assises des parements que
l'on établira sur des lits de mortier assez épais pour égaliser le tassement et mettre
de distance en distance des assises complètes en pierre de taille, reliées par des
crampons qui répartissent la pression et maintiennent la maçonnerie intermédiaire.

§ II. — *Résistance des bois à la compression et à l'extension.*

82. Une force est dite de compression, lorsqu'elle tend à refouler dans le sens de
leur longueur, les fibres de la pièce qui est soumise à son action ; par suite, la résistance d'un corps à l'effort de compression est proportionnelle à sa section transversale.

1° *Résistance à l'écrasement. — Faits généraux.* — Les bois que nous employons
dans les constructions étant composés de fibres droites et compactes séparées par
une substance bien plus molle qui les réunit, se comportent d'une autre manière
que les pierres, lors de la rupture.

Lorsqu'une pression agit dans le sens des fibres, celles-ci se refoulent au bout,
s'infléchissent vers le dehors en formant un renflement latéral, et finissent par se
séparer et s'écraser en se pliant les unes sur les autres, sans se réduire en poussière. Ceci arrive principalement pour les prismes à base carrée dont la hauteur
diffère peu du côté de la base. Mais quand leur hauteur surpasse beaucoup leur
épaisseur, ces effets varient suivant leur longueur, alors, ou bien ils se fendent
longitudinalement avec éclats, en plusieurs parties ; ou bien ils s'infléchissent d'une
seule pièce, sans que les fibres se désunissent, la rupture ultérieure s'opérant alors
dans la section transversale située vers le milieu de la hauteur, comme pour une

| DÉSIGNATION DES CORPS | PESANTEUR spécifique | COMPRESSION par centim. carré de section | | OBSERVATIONS |
| | | résistance à la rupture | limite des charges permanentes | |
(1)	(2)	(3)	(4)	(5)
Meulière tendre (Marne)	1,50	7^K,5	0^K,75	Dans le cas ou on emploiera des matériaux dont la résistance à la rupture n'est pas connue, il sera convenable de faire des expériences qui fassent connaître cette résistance.
Meulière dure (Marne)	1,50	15,0	1,50	
Pierre noire de Saint-Fortunat, très-dure	2,65	630	63,0	
Vitry	2,45	242	24,2	
Caumont (Eure)	2,02	212	21,2	
Banc-Royal de Merry	1,72	375	3,75	
Briques.				La résistance des bois augmente par la dessication. On ne doit pas admettre en pratique plus du dixième des nombres ci-contre pour la charge permanente.
Briques les plus résistantes (dures)	1,56	120 à 160	12 à 16	
Briques tendres, anglaises ou flamandes	à	40	4	
Briques ordinaires faibles	2,17	20	2	
Plâtres.				La fonte résiste moyennement 7 fois plus à la compression qu'à l'extension ; elle se comprime plus que le fer, mais sa rupture se produit beaucoup plus tard. En prismes courts, elle supporte une charge 2 fois $^1/_2$ plus forte que le fer, avant de se rompre.
Plâtre gâché ferme	2,26	90	9	
Plâtre moins ferme (ordinaire)	à	42 à 50	4,2 à 5,0	
Plâtre d'une excellente qualité	1,40	60	6	
Mortier de chaux grasse et sable	1,63	19 à 35	1,9 à 3,5	Les métaux ne doivent supporter en pratique que des charges égales au $^1/_6{}^e$ des nombres ci-contre.
Mortier de chaux hydraulique ordinaire	à	50 à 74	5,0 à 7,4	Leur résistance dépend beaucoup du mode de fabrication et de la nature des minerais.
Mortier de chaux très-hydraulique	2,14	144	14,4	Le fer résiste beaucoup moins bien à la rupture par compression qu'à la rupture par extension, à l'inverse de ce qui a lieu pour la fonte.
Mortier de cim' et tuileaux pilés	1,20 à 1,46	48	4,8	En moyenne, on admet qu'on peut faire supporter avec sécurité, en prismes courts :
Béton en mortier de 18 mois		40	4	à la fonte, 1250 kilog.
Charpente.				au fer, 600 kilog.
Chêne de France	0,7 à 1	385 à 483	38,5 à 48,3	
Sapin	0,5 à 0,6	462 à 538	46,2 à 53,8	
Peuplier	0,45	218	21,8	
Tak		850	85,0	
Métaux.				
Fonte. Expériences de M. Hodgkinson sur des fontes d'Angleterre et d'Ecosse, moyenne	7,2	6321	1053	
maximum		11153	1859	
minimum		4536	756	
Fer moyenne	7,8	2500	416,7	
Plomb coulé	11,3			

81. *Usage de cette table.* — *Quelle est la charge que supportera un pilier en briques ordinaires, à section rectangulaire de 0^m,50 sur 0^m,60 de côté, la hauteur étant de 4^m,00, c'est-à-dire au-dessous de 12 fois (0.50) la plus petite dimension de la section transversale?*

On a $50 \times 60 = 3000$ cent carrés, section transversale.

Et, d'après la table $3000 \times 4 = 12000^K$, poids que le pilier peut supporter avec sécurité.

2° *Exemple. Déterminer la plus grande hauteur qu'on puisse donner à un pilier vertical en maçonnerie,*

Supposons que le pilier soit en maçonnerie de pierre de taille de Jaumont de 1re qualité du poids de 2200^K par mètre cube et ne porte que son propre poids.

On peut admettre qu'on ne considère qu'une unité de surface, 1^{mq},00 par

POUTRES EN BOIS AVEC ARMATURES EN FER, ET POUTRES COMPOSÉES.

78. *Poutres en bois avec armatures en fer.* — Il arrive très-souvent que l'on soit obligé de consolider des poutres en bois au moyen d'armatures en fer, soit pour ne pas leur donner un équarrissage excessif ou trop coûteux, soit parce que la portée est trop forte pour composer les poutres d'une seule pièce.

Un grand nombre de combinaisons plus ou moins ingénieuses ont été employées dans ce but.

On arme parfois les poutres au moyen de patins en fonte m (fig. 90, pl. 3) et de tirants en fer b disposés de façon à ce que la poutre ne puisse fléchir sans déterminer la tension de ces derniers.

La poutre se trouvera ici soumise à l'action simultanée d'une force $\dfrac{P}{2}$ égale et contraire à la pression verticale exercée sur chaque appui et d'une autre force $\dfrac{P}{2\sin\alpha}$ dirigée dans le sens du tirant ; P représentant la charge qui agit sur la poutre et α l'angle du tirant avec la direction de cette charge. L'action de ces deux forces donne une résultante égale à $\dfrac{P}{2}\cot.\alpha$ qui comprime la pièce dans le sens de son axe et qui servira à déterminer la section au moyen de la formule

$$ab = \frac{P\cot.\alpha}{2R}.$$

La section S du tirant s'obtiendra par la formule

$$S \text{ ou } \pi r^2 = \frac{P}{2R\sin\alpha}.$$

Autre moyen. On peut aussi armer la poutre, en encastrant dans chacune de ses faces latérales, un arc en fonte, dont les pieds seraient réunis par un tirant en fer (fig. 91, pl. 3).

Un tel système résisterait avec une force à peu près égale à la somme des résistances des arcs en métal et de la poutre. La résistance de la poutre se calculerait comme à l'ordinaire ; quant à celle des arcs métalliques, on approcherait suffisamment de la réalité, en retranchant du moment $^1/_6\,Rab^2$ des arcs considérés comme pleins, celui du solide qui en occuperait le vide, c'est-à-dire $^1/_6\,Rab'^2$, b et b' étant les hauteurs extérieure et intérieure, a représentant l'épaisseur totale des deux arcs.

78 bis. *Poutres composées de pièces entées bout à bout.*—Pour les poutres composées de pièces m, n entées bout à bout, on emploie, comme liaison, une pièce f appelée *fourrure* (fig. 93 et 93 bis, pl. 3), qui empêche le joint de s'ouvrir par le bas. Notons, à ce sujet, que la flexion produisant ici une compression dans les fibres situées au-dessus de l'arc neutre, l'on pourrait, à la rigueur, trancher ces fibres jusqu'à la rencontre de cet axe, sans modifier la résistance du solide.

Dans les poutres à fourrure, l'on suppose que l'ensemble des pièces se trouve à peu près dans les mêmes conditions de résistance qu'une unique. Pour empêcher que la rupture ait lieu au droit du joint plutôt que partout ailleurs, il suffira 1° de déterminer la section transversale de la fourrure de façon à ce qu'elle offre une résistance au moins égale à celle de la partie coupée des fibres situées au-dessous de l'axe neutre.

2° De donner aux endents une force capable de résister aux efforts qui tendent à les faire éclater suivant xy, yz (fig. 93). Barlow estime, pour les bois, à $^3/_8\,b$ la hauteur de cette partie soumise à l'extension ; Duhamel la prend de $^1/_3$; selon M. Rofflaen, pour le chêne et le sapin elle est de $0,4555\,b$.

Dans tous les cas, l'on voit qu'il serait inutile de placer des moyens de liaison à la partie supérieure du joint, à moins que les poutres soient très-minces du haut et très-hautes, car alors elles pourraient se déverser l'une par rapport à l'autre.

Les fourrures peuvent être remplacées par des armatures en fer de diverses formes, analogues à celles qui sont indiquées (fig. 92, pl. 3).

74. *Poutres composées de pièces superposées.* — On emploie assez souvent dans la construction des planchers des poutres formées de plusieurs pièces superposées les unes sur les autres et réunies au moyen de frettes ou de liens (fig. 94 pl. 3).

C'est la disposition la plus simple, mais aussi la moins efficace.

En effet, la résistance d'un pareil assemblage de pièces, où chacune est indépendante des autres ou à peu près, est évidemment égale à la somme des résistances individuelles. Ainsi, soit n le nombre de pièces superposées, a la largeur et b la hauteur de leur équarrissage, la résistance de l'ensemble sera égale à $\dfrac{nRab^2}{6}$ tandis que si, par des moyens d'assemblage tels que ceux qui vont être indiqués, on les rend solidaires l'un de l'autre, cette résistance serait exprimée par $\dfrac{Ranb^2}{6}$.

Supposons, pour rendre cette différence sensible, que l'on ait à composer une poutre de trois morceaux superposés, en posant la condition d'avoir une résistance égale à celle d'une poutre de $0^m,60$ d'épaisseur d'une seule pièce (en donnant la même largeur d'équarrissage dans les deux cas), l'on devra avoir pour réaliser cette condition

$$3b^2 = \overline{0,60}^2 = 0,36$$
$$b^2 = \frac{0,36}{3} = 0,12, \quad b = \sqrt{0,12} = 0,35 \text{ à peu près.}$$

L'épaisseur totale $3b = 1,05$ de la poutre composée sera donc égale à $1\,^3/_4$ fois celle dont on aurait pu se contenter pour une poutre formée d'un seul morceau.

En général, en appelant B l'épaisseur verticale de la poutre d'un seul morceau à la résistance de laquelle il faut égaler celle d'une poutre formée de morceaux superposés, mais non assemblés, on a :

1° Pour exprimer l'épaisseur totale B′ de cette dernière, quand le nombre de ses éléments est donné, $B' = B\sqrt{n}$;

Et 2° pour exprimer le nombre des éléments quand leur épaisseur est fixée à l'avance, $n = \dfrac{B^2}{b^2}$. On voit, d'après cela, que lorsque les poutres sont formées de pièces superposées, mais non assemblées, il est avantageux de réduire autant que possible le nombre des éléments.

Mais lorsque les pièces sont rendues solidaires, de telle sorte qu'elles ne puissent ni glisser ni fléchir isolément, leur résistance est supérieure à la somme de celles qu'on trouverait en les considérant séparément. On rend les pièces solidaires en formant la poutre de plusieurs pièces assemblées les unes aux autres de manière que les extensions et les contractions des fibres de l'une soient plus ou moins dépendantes de celles de l'autre. Cet effet peut être obtenu, au moyen d'un assemblage à endentures ou crémaillères, maintenu par des boulons ou des étriers, ou bien au moyen d'un assemblage à clefs d'une manière analogue à celles indiquées par es figures 93 et 93 *bis*. Les clefs sont en bois dur, chassées avec force dans des entailles rectangulaires, dont la moitié se trouve dans la face inférieure de la pièce supérieure, et l'autre moitié dans la face supérieure de la pièce inférieure.

La résistance des poutres composées de l'une ou l'autre de ces deux manières est sensiblement égale, d'après ce qu'on a vu plus haut, à celle d'une poutre de même section, formée d'une pièce unique. Ainsi, représentant par b son épaisseur totale, on a pour exprimer cette résistance $\dfrac{Rab^2}{6}$.

Soient, pour exemple, deux pièces rectangulaires de mêmes dimensions, posées horizontalement sur deux appuis et chargées au milieu de leur longueur, la somme des poids qu'elles pourraient supporter, si elles devaient être regardées comme indépendantes l'une de l'autre, serait suivant la formule [1], page 93,

$$P = \frac{4Rab^2}{3l},$$

tandis que s'il est permis de les considérer comme ne formant qu'une seule pièce, d'une manière analogue à celle indiquée par la figure 93 *bis*, il faudra leur donner $2b$ pour hauteur et l'expression de leur résistance sera :

$$P = \frac{8Rab^2}{3l}.$$

Par cela seul qu'elles sont liées l'une à l'autre, elles deviennent capables de supporter une charge double.

On peut d'ailleurs augmenter encore la résistance en séparant les pièces, comme nous le verrons plus loin dans des applications particulières.

74 bis. *Poutres composées de pièces juxta-posées.* — Au lieu d'assembler les pièces dans le sens de la hauteur ou de les superposer, on peut les réunir dans le sens de la largeur.

Dans ce cas, le mode et la perfection des assemblages ont une influence beaucoup moindre que dans le précédent. En effet, quelle que soit la disposition adoptée, qu'il y ait simplement juxta-position, ou que les pièces soient solidement réunies les unes aux autres, la résistance de l'ensemble sera toujours exprimée par $\dfrac{Rnab^2}{6}$. Les assemblages n'ont pour objet, dans le cas présent, que d'empêcher les pièces de gauchir en fléchissant latéralement, et de répartir la charge sur toutes, même dans le cas où, par l'effet de porte à faux, quelques-unes seulement seraient exposées à la recevoir.

Une poutre en bois, de deux pièces de $0^m,305$ de largeur et d'épaisseur et de $6^m,70$ de portée $2l$, ayant à l'intérieur une feuille de tôle de $0^m,305$ de hauteur sur $0^m,0095$ d'épaisseur, fortement serrée par des boulons, déterminer la charge $2P$ que cette poutre peut supporter en son milieu, d'une manière permanente.

On a pour le bois

$$Pl = {}^1/_6\, Ra^3, \quad \text{d'où} \quad P = {}^1/_6\, \frac{600000^k \times \overline{0^m,305}^3}{3^m,35} = 847^k.$$

Et pour le fer

$$Pl = \tfrac{1}{6} Ra'b^2, \quad \text{d'où} \quad P = \tfrac{1}{6} \frac{600000 \times 0^m,0095 \times \overline{0^m,305}^2}{3^m,35} = 263^K,80,$$

l'on aurait donc pour le bois seul $\qquad\qquad$ 1694^K
$\qquad\qquad$ pour le fer seul $\qquad\qquad\qquad$ 527 ,60

$$\overline{\qquad 2221^K,60 = 2P.}$$

75. *Assemblage des poutrelles en fer à* **I** *laminé.*

Pour les portées ordinaires et en vue seulement de la résistance, l'on se borne à accoler deux poutrelles que l'on réunit par des frettes placées à chaud (fig. 97, pl. 3) ou par des boulons qui les traversent, en prenant la précaution d'intercaler, dans le creux laissé entre elles, à l'endroit du lien, un blochet en bois, ou mieux en fonte qui permet une liaison plus intime, mais l'emploi des boulons ne s'opposant en rien au déversement et à la torsion des poutres, ce système est d'une mauvaise construction et doit être abandonné.

Terminons ce chapitre par les quelques observations suivantes sur les planchers en fer.

Si une pièce est posée horizontalement sur deux appuis avec une portée $2l$ et chargée de poids uniformément répartis, la recherche de la section transversale tombe, comme nous l'avons vu, dans le cas d'une pièce de longueur moitié moindre ou l, encastrée par un bout et chargée à son autre extrémité d'un poids $\dfrac{2pl}{4}$ ou $\dfrac{pl}{2}$ et le moment de la résistance est $\dfrac{pl^2}{2}$ ou $\dfrac{2pl}{4}$. L'on a donc $\dfrac{pl^2}{2} = R\dfrac{I}{v}$ pour une section rectangulaire et $\dfrac{pl^2}{2} = R \cdot \tfrac{1}{6} \dfrac{ab^3 - 2a'b'^3}{b}$ pour une section en double **I** symétrique.

Dans ces formules, l'on peut prendre :

$p = 400^K$ lorsque l'intervalle entre les poutrelles est rempli par de petites voussures en briques de $0^m,12$ à $0^m,15$ d'épaisseur et de $1^m,20$ de portée moyenne, le remplissage des reins étant compris.

$p = 800$ à 850^K lorsque les voussettes ont $2^m,50$ à $3^m,00$ d'ouverture, une flèche moyenne de $\tfrac{1}{6}$ et une brique ou $0^m,22$ à $0^m,23$ d'épaisseur; le remplissage est encore compris.

$b = 30^K$ quand les poutrelles supportent un plancher ordinaire de $0^m,025$ à $0^m,030$ d'épaisseur en chêne et 25^K pour du sapin.

$p = 85$ à 90^K lorsque le plancher est en madriers de $0^m,08$ à $0^m,09$ en chêne et 70 à 80^K quand ils sont en sapin.

Ces valeurs ne comprennent pas les surcharges fixes ou momentanées dont on devra tenir compte, qu'on estimera dans chaque cas particulier et qu'on ajoutera à p dans les formules employées.

Le système de voussettes sur poutrelles en fer laminé est fréquemment employé, tant dans les habitations particulières que dans les constructions militaires ou civiles.

Certaines parties des habitations doivent être isolées par des voûtes; telles sont les caves, les écuries, les magasins, les plates-formes à terrasse, etc. Ce système a un avantage très-marqué, surtout pour les caves, qu'il rend plus spacieuses et plus éclairées, tout en ménageant les matériaux.

Un cintre très-commode pour la confection des petites voûtes consiste dans une plaque en tôle, présentant la courbure que l'on veut donner aux voussettes et que j'on fait reposer sur le bourrelet inférieur des fers à **I**. Cette espèce de tiroir, de 0^m,80 à 1^m,00 de longueur, est tirée au fur et à mesure de la confection de la voûte. Il est une précaution à prendre, pendant que l'on maçonne, c'est de maintenir les poutrelles par des entretoises en bois, pour empêcher la flexion latérale due à la poussée, qui n'est pas équilibrée tant que le gitage n'est pas achevé.

Il est bon de recouvrir les poutrelles d'un enduit pour les préserver de l'oxydation, il n'en est pas de meilleur ni de plus économique que deux couches de goudron végétal. Le minium de fer ou le blanc de zinc sont également à conseiller.

Lorsque cela est nécessaire, les poutrelles peuvent se prêter parfaitement à l'encrage des murs, en fendant l'âme de la poutrelle au milieu de sa hauteur, et en coudant l'une des parties dans un sens et l'autre moitié dans le sens opposé.

Parfois, l'on perfore l'extrémité de la poutrelle et l'on y place un boulon en fer (fig. 95, pl. 3). Enfin un moyen également usité consiste à river un étrier et à passer un boulon dans l'œillet (fig. 96).

S'il s'agit de poitrails, le système le plus répandu consiste à placer à l'écartement déterminé deux ou trois barres de fer à double **I**, maintenues à distance par des fourrures en fonte, et reliées ensuite par des frettes ajustées à chaud, afin que le refroidissement de cette enveloppe serre énergiquement les barres les unes sur les autres.

Ces frettes, qui sont en fer forgé, se placent de mètre en mètre environ et doivent être disposées pour qu'il s'en trouve une près de l'arête intérieure de chaque point d'appui (fig, 104, 105, 106, pl. 4).

Les fourrures en fonte pour l'écartement des barres en fer à double **I** peuvent être ou des fourrures en fer à double **I** ou des châssis en fonte faits suivant le profil des fers à **I**. Ces derniers sont de beaucoup préférables pour la bonne exécution des pièces soumises à de fortes charges.

On emploie aussi des poutres simples en tôle formant poitrails, ou des poitrails avec poutres doubles en tôle, ou des poitrails formés de poutres à bracons, dont on fait usage lorsque des distributions à faire au rez-de-chaussée ou à un étage quelconque, exigent dans les murs de très-grandes ouvertures, sans points d'appui et qui noyées dans la hauteur de l'étage supérieur, présentent des dimensions capables de porter avec sécurité des charges considérables.

Les poitrails avec poutres doubles en tôle, indépendamment d'un emploi de métal plus rationnel et plus économique, car les frettes et fourrures n'augmentent en rien la résistance de ces pièces, offrent une résistance horizontale plus considérable que les fers à double **I**, résistance qui s'oppose au déversement que les colonnes pourraient prendre. L'âme verticale pouvant être consolidée par des nervures en cornières, les frettes et fourrures en fonte sont alors remplacées par des plaques supérieures et inférieures rivées aux nervures des poutres.

Les poutres simples en tôle doivent aussi être armées de montants et d'écoinsons en tôle qui les empêchent de se déverser.

Nous ne nous étendrons pas davantage, ni sur le clouage des parquets, ni sur les hourdis en platras et plâtre, ou par des briques creuses, cimentées avec du plâtre qui les fait adhérer fortement entre elles et permet de les placer de niveau, sans flèche de courbure. Ce sont des détails que tous les constructeurs connaissent.

76. (Calculs des moments d'inertie et résistances des fers à **I**.) (Voir l'Atlas.)

77. (Calculs des moments d'inertie des bois en section carrée ou rectangulaire.) (Voir l'Atlas.)

RÉSISTANCE A LA COMPRESSION ET A L'EXTENSION.

§ I. — *Résistance des pierres, briques, mortiers et matériaux analogues, à la compression et à l'extension.*

78. 1° *Résistance à l'écrasement. — Faits généraux.*

Des nombreuses expériences entreprises par Rondelet, Gauthey, Rennie, Vicat, on conclut:

1° Que les qualités physiques des pierres telles que la densité, la pesanteur spécifique, la couleur, la dureté, ne peuvent servir d'indice pour juger exactement de leur résistance à l'écrasement ; mais que néanmoins les parties les plus denses d'une pierre sont aussi les plus résistantes, et que dans une même carrière, les pierres du ciel ou toit et du fond ou mur, sont moins résistantes que celles du milieu.

2° Que, pour des prismes ou des solides quelconques semblables, la résistance est sensiblement proportionnelle à l'aire des sections transversales homologues.

3° Qu'à hauteurs égales et sections équivalentes, les prismes résistent d'autant moins que leurs bases s'écartent davantage du carré et du cercle, et que pour la même base, la résistance diminue à mesure que la hauteur diffère plus de l'épaisseur, en sorte que, à section égale, et pour une même nature de pierre, le cube serait le parallélipipède de plus grande résistance; cependant, depuis les expériences de M. Vicat, des parallélipipèdes très-minces résisteraient mieux que le cube, pourvu que les surfaces soient bien dégauchies et la charge également répartie; ainsi il paraît évident qu'une couche de mortier qui a fait prise entre deux surfaces trés-étendues, présentant un contact parfait en tous les points, pourra résister à des charges énormes sans se briser, si ce n'est près des bords ; mais ce résultat est difficilement atteint pour des matériaux durs préparés à l'avance, même avec des mortiers interposés.

D'après M. Vicat, la résistance du cube étant représentée par l'unité, on aura les rapports suivants :

Résistance du cube	1,0
Résistance du cylindre inscrit posé sur sa base	0,80
Résistance du cylindre inscrit posé en rouleau, c'est-à-dire sur une de ses arêtes	0,32
Résistance de la sphère inscrite	0,26

4° *Phénomènes de la rupture par compression.* — Au moment de la rupture, les prismes de pierre dure cèdent d'abord très-peu à la pression, puis se divisent tout à coup et éclatent en lames ou aiguilles d'une très-faible consistance : ceux de pierre tendre se dépriment davantage, puis se partagent en pyramides ou cônes ayant pour bases les faces supérieure et inférieure du prisme, leurs sommets vers le centre, et agissant à la manière des coins pour repousser les parties latérales. Enfin, à la limite, ces parties et les pyramides se divisent en aiguilles qui tombent en poussière. Mais la cohésion est détruite, bien avant la rupture, lorsque les prismes commencent à se fendiller.

La dépression est très-sensible pour les rouleaux et les sphères.

5° *Diminution de résistance quand le nombre des assises et des joints augmente.* — La résistance des supports diminue d'autant plus qu'ils sont composés d'un plus grand nombre de parties.

Pour trois cubes de 5 centimètres de côté, taillés à la manière ordinaire et superposés, Rondelet a trouvé la résistance réduite aux $^3/_4$.

Pour des cubes de 1 à 2 centimètres de côté, parfaitement dégauchis et usés l'un sur l'autre, M. Vicat trouve les rapports suivants :

	Résistances.
Pour 1 assise	1,00
Pour 2 assises	0,93
Pour 4 assises	0,86
Pour 8 assises	0,83

Pour des supports composés d'assises pareilles et bien posées sur un lit de mortier, on pourra admettre à peu près les mêmes résultats. Les joints verticaux ont une influence bien plus fâcheuse que les assises, parce que c'est dans le sens horizontal que la pierre tend à céder par suite du gonflement latéral, et qu'alors le mortier des joints verticaux s'oppose faiblement à la désunion. La résistance d'un cube décomposé en huit autres diminue de $^1/_6$,

6° *Limite des charges permanentes.* Dans les expériences instantanées, Rondelet a remarqué que les pierres se fendillent et se désorganisent lorsque la charge est moitié à peu près de celle qui écrase. En tenant compte du temps qui a aussi une influence sensible, M. Vicat a reconnu que la charge permanente supportée par les pierres est environ le $^1/_3$ de celle qui produirait leur rupture instantanée.

Dans les constructions existantes, on n'a jamais poussé la charge permanente au-delà du $^1/_6$ de celle qui écrase, et souvent elle est au-dessous de $^1/_{15}$; ce que l'on comprendra parfaitement, si l'on songe aux imperfections d'exécution et aux chances de destruction dont il faut tenir compte,

D'après ces considérations, les constructeurs expérimentés ont adopté, comme limites, le $^1/_{10}$ environ de la charge qui écrase, pour *les pierres de taille.*

Et du $^1/_{15}$ ou $^1/_{20}$ de la même charge pour les maçonneries de briques et les maçonneries en moellonage suivant leur confection plus ou moins parfaite ; il conviendra aussi d'adopter ces dernières limites pour les supports isolés d'une très-grande hauteur par rapport à l'épaisseur, qui peuvent se déverser légèrement.

79. 1° *Résistance à la rupture par traction.* Très-peu d'expériences ont été faites pour déterminer ce genre de résistance pour les pierres, parce qu'on les emploie très-rarement à résister à des efforts de traction.

2° *Faits généraux.* D'après Rondelet, la cohésion des mortiers est environ le $^1/_8$ de leur résistance à l'écrasement et leur adhérence avec les pierres et les briques surpasse en général leur cohésion.

L'adhérence du plâtre dans les pierres est moindre et environ les $^2/_3$ de celle du mortier ; elle est plus forte pour la brique et la pierre meulière que pour les pierres calcaires, et diminue beaucoup avec le temps.

3° *Module d'élasticité des pierres.* Jusqu'ici aucune expérience n'a été faite pour déterminer le module d'élasticité des pierres ; pour le verre seulement MM. Colladou et Sturm ont trouvé E = 939,000 kil. par centimètre carré, la limite d'élasticité est à peu près P = 80^k aussi par centimètre.

On trouvera les résultats des expériences relatives à la résistance absolue des pierres et briques dans les leçons de M. Navier (application à la mécanique) ; la mécanique industrielle de M. Poncelet et l'aide-mémoire de M. Morin.

Nous nous contenterons de donner ici un extrait de ces résultats.

80. *Tableau des efforts de compression capables de produire l'écrasement de différents corps employés dans les constructions et des densités ou poids du décimètre cube de ces corps, et aussi des charges permanentes qu'on peut leur faire supporter avec sécurité.*

DÉSIGNATION DES CORPS (1)	PESANTEUR spécifique (2)	COMPRESSION par centim. carré de section		OBSERVATIONS (5)
		résistance à la rupture (3)	limite des charges permanentes (4)	
Pierres volcaniques.				Les résistances indiquées dans la colonne n° 3 s'appliquent exclusivement à des corps dont les proportions sont telles qu'ils ne peuvent fléchir avant de rompre, c'est-à-dire que leur hauteur est inférieure à 12 fois la plus petite dimension de la base.
Basalte de Suède et d'Auvergne.	2,95	2000^K	200^K	
Basalte d'Auvergne	2,88	2077	207,7	
Laves	2,60 à 1,72	592 à 230	59,2 à 23	
Pierre ponce	0,60	34	3,4	Dans la pratique, on ne peut faire supporter avec sécurité aux pierres que des charges au plus égales au $1/10^e$ des nombres de la colonne n° 3, et pour les maçonneries de moellons, de blocage et de béton, on descend jusques au $1/20^e$.
Pierres siliceuses.				
Granit dur de Normandie	2,66	700	70	
Granit vert des Vosges	2,85	620	62	
Granit gris des Vosges les moins durs	2,64	423	42,3	Pour les maçonneries en moellons, on multipliera les nombres de la colonne n° 4 par un coefficient compris entre 0,50 et 0,75 suivant le soin apporté à la construction.
Granit les plus durs	2,48	923	92,3	
Grès tendre	2,49	204	20,40	
Grès dur blanc ou roussâtre	2,50	870 à 900	87 à 90	
Grès bigarré des Vosges	2,17	392	39,2	
Meulière { tendre	1,50	150	15,0	
Meulière { dure	1,50	175	17,5	
Pierre siliceuse de Derby	2,32	223	22,3	
Porphyre	2,87	2472	247,2	
Pierres calcaires.				
Lambourde de qual. inférieure	1,70 à 2,20	180 à 230	18 à 23	
Liais de Bagneux	2,44	440	44,0	
Marbre noir de Flandre	2,72	788	78,8	
Marbre blanc	2,69	310	31,0	
Marbre blanc statuaire	2,69	310 à 327	31 à 32,7	
Marbre blanc veiné d'Italie très-résistant	2,72	686	68,6	
Marbre très-dur	2,85	1000	100,0	
Pierre calcaire très-dure		500	50,0	
Pierre calcaire ordinaire de Souling, près Metz		300	30,0	
VICAT. { Calcaire à tissu arenacé (sablonneux)		94	9,4	
VICAT. { Calcaire à tissu oolithique (globuleux)		106	10,6	
VICAT. { Calcaire à tissu compacte (lithographique)		285	28,5	
Roche de Bagneux	2,78	365	36,5	
Roche d'Arcueil	2,30	253	25,3	
Saillancourt (dit) moyenne	2,29	119	11,9	
Vergelé ferré	1,89	62	6,2	
Vergelé fin	1,50	420	42,0	
Vendresse (Aisne)	2,50	15	1,5	
Euville (Meuse)	2,40	12	1,2	
Craie d'Epernay	1,60	24 à 37	2,4 à 2,7	
Pierre ferme de Conflans, employée à Paris	2,07	90	9,0	
Calcaire dur de Givry, près Paris	2,36	310	31,0	
Calcaire tendre de Givry	2,07	120	12,0	
Laversine	2,55	286	28,6	
Moulin	2,30	124,5	12,45	
Saint-Nom	»	216	21,6	
Brauvilliers { 1re qualité	2,30	930	9,30	
Brauvilliers { 2e qualité	1,98	15	1,50	
Calcaire oolithique de Jaumont, près Metz { 1re qualité	2,20	180	18,0	
Calcaire oolithique de Jaumont, près Metz { 2e qualité	2,00	120	12,0	

| DÉSIGNATION DES CORPS | PESANTEUR spécifique | COMPRESSION par centim. carré de section | | OBSERVATIONS |
| | | résistance à la rupture | limite des charges permanentes | |
(1)	(2)	(3)	(4)	(5)
Meulière tendre (Marne)	1,50	7ᴷ,5	0ᴷ,75	Dans le cas ou on emploiera des matériaux dont la résistance à la rupture n'est pas connue, il sera convenable de faire des expériences qui fassent connaître cette résistance.
Meulière dure (Marne)	1,50	15,0	1,50	
Pierre noire de Saint-Fortunat, très-dure..................	2,65	630	63,0	
Vitry	2,45	242	24,2	
Caumont (Eure)	2,02	212	21,2	
Banc-Royal de Merry	1,72	375	3,75	
Briques.				La résistance des bois augmente par la dessication. On ne doit pas admettre en pratique plus du dixième des nombres ci-contre pour la charge permanente.
Briques les plus résistantes (dures)....................	1,56	120 à 160	12 à 16	
Briques tendres, anglaises ou flamandes	à	40	4	
Briques ordinaires faibles.....	2,17	20	2	La fonte résiste moyennement 7 fois plus à la compression qu'à l'extension ; elle se comprime plus que le fer, mais sa rupture se produit beaucoup plus tard. En prismes courts, elle supporte une charge 2 fois ½ plus forte que le fer, avant de se rompre.
Plâtres.				
Plâtre gâché ferme...........	2,26	90	9	
Plâtre moins ferme (ordinaire).	à	42 à 50	4,2 à 5,0	
Plâtre d'une excellente qualité.	1,40	60	6	
Mortier de chaux grasse et sable.	1,63	19 à 35	1,9 à 3,5	Les métaux ne doivent supporter en pratique que des charges égales au ¹/₆ᵉ des nombres ci-contre.
Mortier de chaux hydraulique ordinaire	à	50 à 74	5,0 à 7,4	
Mortier de chaux très-hydraulique	2,14	144	14,4	Leur résistance dépend beaucoup du mode de fabrication et de la nature des minerais.
Mortier de cimᵗ et tuileaux pilés.	1,20 à 1,46	48	4,8	
Béton en mortier de 18 mois ..		40	4	Le fer résiste beaucoup moins bien à la rupture par compression qu'à la rupture par extension, à l'inverse de ce qui a lieu pour la fonte.
Charpente.				
Chêne de France	0,7 à 1	385 à 483	38,5 à 48,3	En moyenne, on admet qu'on peut faire supporter avec sécurité, en prismes courts :
Sapin........................	0,5 à 0,6	462 à 538	46,2 à 53,8	à la fonte, 1250 kilog.
Peuplier	0,45	218	21,8	au fer, 600 kilog.
Tak.........................		850	85,0	
Métaux.				
Fonte. Expériences de M. Hodgkinson sur des fontes d'Angleterre et d'Ecosse, moyenne .	7,2	6321	1053	
maximum.		11153	1859	
minimum.		4536	756	
Fer .... moyenne .	7,8	2500	416,7	
Plomb coulé	11,3			

81. *Usage de cette table.* — *Quelle est la charge que supportera un pilier en briques ordinaires, à section rectangulaire de 0ᵐ,50 sur 0ᵐ,60 de côté, la hauteur étant de 4ᵐ,00, c'est-à-dire au-dessous de 12 fois (0.50) la plus petite dimension de la section transversale?*

On a 50 × 60 = 3000 cent carrés, section transversale.

Et, d'après la table 3000 × 4 = 12000ᴷ, poids que le pilier peut supporter avec sécurité.

2° *Exemple. Déterminer la plus grande hauteur qu'on puisse donner à un pilier vertical en maçonnerie,*

Supposons que le pilier soit en maçonnerie de pierre de taille de Jaumont de 1ʳᵉ qualité du poids de 2200ᴷ par mètre cube et ne porte que son propre poids.

On peut admettre qu'on ne considère qu'une unité de surface, 1ᵐᵠ,00 par

exemple; il faudra que la base de ce pilier supporte le poids des assises supérieures; le poids de cette pierre étant de 2200^K par mètre et sa résistance à l'écrasement 180^K par centimètre, la charge permanente sera $\dfrac{180}{10} = 18^K$ par centimètre
ou 180000^K par mètre carré; en appelant x la hauteur, il faudra que l'on ait

$$x \times 2200^K = 180000^K$$

d'où
$$x = \dfrac{180000}{2200} = 81^m,82 \text{ ou } 82^m \text{ environ.}$$

Si on suppose en outre que le pilier portera un poids additionnel de 70000^K par
mètre carré, l'équation deviendra

$$x \times 2200^K + 70000^K = 180000^K, \quad \text{d'où } x\,\dfrac{110000}{2200} = 50^m$$

hauteur un peu moindre que celle des piliers qui supportent le clocher de mutte de
la cathédrale de Metz.

Souvent, pour l'économie, on ne construit que le parement des piliers en pierre de
taille, le milieu se composant d'un remplissage en moellonnage; c'est une mauvaise disposition quand la charge doit être considérable; parce que les moellons
ayant plus de joints horizontaux et plus de tassement, toute la charge se reporte sur
les arêtes et les pousse au vide : le même résultat se présente pour des assises en
pierre de taille, dont les lits sont taillés en maigre vers l'intérieur, et forment des
vides qui ne peuvent être remplis que par un mortier peu resistant, précaution que
l'on ne prend même pas toujours.

Si l'on veut construire l'intérieur d'un pilier en moellons, il faut les serrer fortement les uns sur les autres, diminuer la hauteur des assises des parements que
l'on établira sur des lits de mortier assez épais pour égaliser le tassement et mettre
de distance en distance des assises complètes en pierre de taille, reliées par des
crampons qui répartissent la pression et maintiennent la maçonnerie intermédiaire.

§ II. — *Résistance des bois à la compression et à l'extension.*

82. Une force est dite de compression, lorsqu'elle tend à refouler dans le sens de
leur longueur, les fibres de la pièce qui est soumise à son action ; par suite, la résistance d'un corps à l'effort de compression est proportionnelle à sa section transversale.

1° *Résistance à l'écrasement. — Faits généraux.* — Les bois que nous employons
dans les constructions étant composés de fibres droites et compactes séparées par
une substance bien plus molle qui les réunit, se comportent d'une autre manière
que les pierres, lors de la rupture.

Lorsqu'une pression agit dans le sens des fibres, celles-ci se réfoulent au bout,
s'infléchissent vers le dehors en formant un renflement latéral, et finissent par se
séparer et s'écraser en se pliant les unes sur les autres, sans se réduire en poussière. Ceci arrive principalement pour les prismes à base carrée dont la hauteur
diffère peu du côté de la base. Mais quand leur hauteur surpasse beaucoup leur
épaisseur, ces effets varient suivant leur longueur, alors, ou bien ils se fendent
longitudinalement avec éclats, en plusieurs parties ; ou bien ils s'infléchissent d'une
seule pièce, sans que les fibres se désunissent, la rupture ultérieure s'opérant alors
dans la section transversale située vers le milieu de la hauteur, comme pour une

pièce posée horizontalement sur deux appuis et chargée d'un poids au milieu. Toutefois, ce dernier effet n'a lieu qu'autant que la hauteur du prisme dépasse 8 à 10 fois son épaisseur.

Nous ne considèrerons, dans cet article, que les supports isolés, les poteaux en bois qu'on emploie souvent dans les constructions. Pour faire un emploi judicieux du bois ainsi considéré, il importe de savoir déterminer sa résistance à l'écrasement, c'est-à-dire le poids que le bois peut supporter avant de se briser, de s'écraser on de se déformer.

2° *Limite des charges permanentes.* — Lorsqu'une pièce de bois cède à une pression dirigée dans le sens de sa longueur, elle s'écrase ou se refoule, lorsque la hauteur ne dépasse pas 7 à 8 fois le côté de la base supposée carrée, mais dès que la pièce atteint cette hauteur, elle plie sous la charge avant de s'écraser, et la résistance est alors diminuée d'une manière sensible.

En général, l'on peut admettre que, dans les bois de forme cubique, la résistance à l'écrasement est proportionnelle à la surface de la base et que ce rapport a lieu tant que la hauteur de la pièce ne dépasse pas 7 à 8 fois le côté de la base.

Dans la pratique, on ne doit jamais approcher des chiffres des nombres capables de produire l'écrasement. Longtemps avant l'écrasement, la déformation commence.

A cause des défauts intérieurs et de la perte d'énergie qu'éprouvent les bois avec le temps, il convient de ne jamais faire porter aux pièces debout, un poids qui excède le $1/10$ de la charge de rupture ; ce poids reste le même tant que la hauteur du prisme ne surpasse pas 7 à 8 fois l'épaisseur. On réduit le poids aux $5/6$ quand la hauteur égale 12 fois l'épaisseur et à $1/2$ quand elle égale 24 fois l'épaisseur.

S'il existe des points fixes entre les deux extrémités du prisme, la hauteur ne doit se compter qu'entre les deux points fixes les plus distants l'un de l'autre.

De ce qui précède, il résulte évidemment qu'à section et hauteur égales, le prisme qui résiste le mieux est le prisme à base circulaire, et ensuite à base polygonale régulière. Des prismes évidés résisteraient encore davantage; mais le bois ne se prête pas à cette forme.

3° *Module d'élasticité.* — Le module d'élasticité relatif au bois comprimé n'a pas été déterminé directement; on admet qu'il est le même que pour les allongements dont il va être question.

83. *Rupture par extension.* — La résistance à l'extension varie suivant que le bois est tiré dans le sens des fibres ou perpendiculairement.

Limites des résistances permanentes. — Ici encore, à cause des altérations du bois, provenant de la vermoulure, l'échauffement et la pourriture, on ne fait pas supporter aux bois, dans les charpentes de longue durée, plus de $1/10$ de la charge qui rompt.

Module et limite d'élasticité. — Il résulte des expériences comparées de MM. Minard, Desormes et Ardent, que pour le chêne français, l'allongement relatif $i = \dfrac{l}{L}$, ou par mètre et pour 1^K de charge par centimètre carré de section, est compris entre

$$i = 0,000007467$$

et

$$i = 0,000008457$$

donc

$$E = \frac{P}{\Omega i} = \frac{1^K}{i} = 134000^K$$

ou

$$E = 117800^K.$$

En prenant une moyenne, on a pour le chêne :

Valeur de E pour le chêne. — $E = 120000^K$ par centimètre carré.

Et par suite $\qquad\qquad\qquad P = 120000^K . \Omega . i$

pour l'effort capable d'allonger, de la quantité i par mètre, une barre de section Ω (Ω étant exprimé en centimètres).

La limite de i en conservant l'élasticité entière est environ $i_e = 0,0016$ correspondant à un effort de 213^K par centimètre ; or l'effort qui rompt est de 600 à 800^K ; donc, en prenant le $^1/_{10}$ de cet effort, ou 60^K pour limite des efforts permanents, on n'atteindra pas même le $^1/_3$ de la limite d'élasticité et l'on aura :

Valeur de i' pour le chêne. — $i = \dfrac{P'}{\Omega E} = \dfrac{60}{120000} = 0,0005.$

D'après les résultats des expériences de MM. Rondelet, Barow, Dupin, Tredgolz, etc., faites au moyen de la flexion, la valeur de E, pour le sapin, pourrait varier, suivant les qualités, de 600,000 à 220000^K par centimètre carré.

Des expériences directes de M. Ardant sur le sapin blanc ont donné moyennement

$$E = 140,000^K,$$

M. Poncelet pense qu'on peut adopter :

Valeur de E pour le sapin,

$$E = 130000^K \text{ pour le sapin jaune ;}$$

et $\qquad\qquad\qquad E = 150000^K$ pour le sapin rouge.

En prenant pour la limite des efforts permanents, le $^1/_{10}$ de l'effort qui rompt, ou $\dfrac{850}{10} = 85^K$ par centimètre, l'allongement correspondant serait :

Valeur de i' pour le sapin,

$$i = \frac{85}{130000} = 0,00065 \text{ pour le sapin jaune ou blanc}$$

et $\qquad\qquad i = \dfrac{85}{150000} = 0,00057$ pour le sapin rouge

compris entre le $^1/_3$ et la $^1/_2$ de l'allongement correspondant à la limite d'élasticité qui, d'après les expériences directes, est

$$i_e = 0,00117.$$

Ces considérations théoriques rappelées, résumons les formules empiriques établies pour calculer les dimensions qu'il faut donner aux pièces chargées debout.

84. *Détermination des charges à la rupture et permanentes que peuvent supporter les supports en bois soumis à la compression.*

D'après les expériences de Rondelet, la charge de rupture d'un poteau rectangulaire est à peu près la même, tant que sa hauteur ne dépasse pas 7 à 8 fois la plus petite dimension de la section transversale, et d'après les mêmes expériences, la résistance d'un cube de bois à l'écrasement étant l'*unité*, il détermine le décroissement de la résistance dont sont susceptibles les poteaux à mesure que leur hauteur augmente, en admettant que leurs résistances sont proportionnelles aux nombres du tableau suivant, dans lequel $\dfrac{h}{b}$ est le rapport de la hauteur du poteau au plus petit côté de la section transversale.

Tableau n° 1. — Expériences de M. Rondelet.

RAPPORT $\frac{h}{b}$ de la hauteur du poteau au côté de la base	1	12	24	36	48	60	72
Rapport des résistances ou résistances proportionnelles..........	1	$^5/_6$	$^1/_2$	$^1/_3$	$^1/_6$	$^1/_{12}$	$^1/_{24}$
Résistance à l'écrasement pour le chêne et le sapin, par centimètre carré	420 ᴷ	350 ᴷ	210 ᴷ	140 ᴷ	70 ᴷ	35 ᴷ	17,5 ᴷ
Charges permanentes en kilog. par centimètre carré de section transversale pour le chêne et le sapin..	60	50	30	20	10	5	2 $^1/_2$

. M. Rondelet a admis que la charge permanente des poteaux en bois peut s'élever au $^1/_7$ de la charge de rupture et que la résistance à l'écrasement d'un cube de bois de chêne ou de sapin est de 420ᴷ par centimètre carré de section transversale, mais il n'a pas cherché à réduire cette règle en formule.

Si le rapport de la longueur à la moindre dimension transversale est compris entre deux nombres du tableau, on emploiera un procédé quelconque d'interpolation pour trouver la résistance limite.

M. Rondelet, admettant que, dans certaines circonstances, les charges supportées peuvent s'élever au double ou au triple de la charge normale, a donné pour règle qu'il n'est pas prudent de charger un poteau de chêne, d'une hauteur égale à deux fois le côté de sa base, de plus de 48ᴷ par centimètre carré de sa base et un poteau d'une hauteur égale à 15 fois le côté de sa base, de plus de 38ᴷ,10 par centimètre carré.

Il conseille, en outre, dans son *Art de bâtir*, de ne jamais donner en hauteur à un poteau de section carrée ou circulaire, plus de 10 fois la longueur du côté ou le diamètre de la base, et de ne faire supporter, pour un tel poteau, que 50ᴷ par chaque centimètre carré de la surface de sa base.

M. Morin a modifié les chiffres qui résultent de la règle de M. Rondelet, et a obtenu les résultats suivants pour les charges à la rupture, admettant aussi, d'après M. Rondelet, que les charges permanentes des poteaux en bois de bonne qualité, d'essence de chêne ou de sapin, pouvaient s'élever à $^1/_7$ environ de celles de rupture par compression, il a déterminé également les charges permanentes à faire supporter aux poteaux en bois et qui figurent au même tableau.

Tableau n° 2. — Modifications de M. Morin, d'après les expériences de M. Rondelet.

RAPPORT $\frac{h}{b}$ de la hauteur à la plus petite dimension	1	12	14	16	18	20	22	24	28	32	36	40	48	60	72
Charges de rupture en kil. par centim. carré, d'après Rondelet	420 ᴷ	310 ᴷ	292 ᴷ	276 ᴷ	258 ᴷ	243 ᴷ	227 ᴷ	212 ᴷ	183 ᴷ	156 ᴷ	132 ᴷ	108 ᴷ	72 ᴷ	38 ᴷ	17,5 ᴷ
Charges permanentes et de sécurité en kil. par cent. carré de sect. transversale........	60	44,3	42	39,4	37	35	32,7	30	26	22	19,1	15,1	10,2	5,4	2,5

Enfin, M. Barré, ingénieur civil (1), après avoir établi une formule générale reliant les expériences de M. Rondelet (voir plus loin cette formule) et en y faisant $R = \dfrac{420^{\text{k}}}{7} = 60^{\text{k}}$ par centimètre carré de section transversale, a établi la comparaison des résultats de sa formule avec les chiffres de Rondelet et de ceux de M. Morin dans le tableau suivant :

Tableau n° 3. — Comparaison des résultats obtenus par la formule de M. Barré avec ceux de M. Rondelet et de M. Morin dans les tableaux précédents.

	RAPPORT $\dfrac{h}{b}$	12	14	16	18	20	22	24	28	32	36	40	48	60
Charges par centimètre carré de surface.	Expériences de M. Rondelet......	50	»	»	»	»	»	30	»	»	20	»	10	5
	Calculs de M. Morin.............	44,3	42	39,4	37	35	32,7	30	26	22	19,1	15,4	10,2	5,4
	Résultats de la formule indiquée par M. Barré.....	50	46	42,8	39	36	32,8	30	25,2	21,2	18	15,4	11,5	7,8

Usage de cette table. Pour trouver la charge que peut supporter avec sécurité une pièce quelconque soumise à l'écrasement, *on multiplie la section transversale de cette pièce par le nombre de la table, c'est-à-dire par le coefficient de compression correspondant à la nature de la pièce, en le modifiant suivant le rapport de sa longueur à la section.*

Et réciproquement, *connaissant la charge qu'une pièce doit supporter, on détermine la plus petite section transversale en divisant cette charge exprimée en kilog., par le nombre correspondant de la table, en tenant compte de la longueur.*

1er *Exemple. Déterminer la charge que peut supporter avec sécurité un pilastre en chêne fort dont la section carrée porte 0^m,16 de côté, en supposant la longueur de ce pilastre moindre que 12 fois le côté de la section.*

Section transversale $16 \times 16 = 256$ centimètres carrés.
Et $256 \times$ le coefficient $44 = 11264$ kilog., résistance que l'on peut opposer au pilastre.

Si la longueur du pilastre égalait 24 fois le côté de la section transversale, le coefficient de résistance, d'après le tableau n° 2, ne serait plus que de 30^{k}.
Et $256 \times 30 = 7680^{\text{k}}$ poids que supporterait le pilastre sans altération.

2e *Exemple. — Trouver la charge permanente que peut supporter avec sécurité un poteau en bois de chêne à section carrée de 0^m,20 de côté et de 3^m,20 de hauteur.*

La hauteur contenant 16 fois le côté de la base, le coefficient de résistance, d'après le tableau n° 2, sera égal à $39^{\text{k}},4$ et l'on aura, d'après M. Morin :

$$P = 39,4 \times \overline{0,20}^2 = 39.4 \times 400 = 15760^{\text{k}}$$

lorsque le rapport de la base à la hauteur est compris entre deux nombres consécutifs, on prend pour charge permanente, par centimètre carré, la moyenne arithmétique entre les charges qui correspondent à ces nombres.

3e *Exemple. — Résistance des pilots à l'écrasement.*

Les pilots sont ordinairement en bois de chêne et doivent être enfoncés jusqu'au

---

(1) Éléments de charpenterie métallique, par Barré, ingénieur civil. Chez Dunod.

refus, c'est-à-dire jusqu'à ce qu'ils ne pénètrent pas plus de 4 à 5 millimètres par volée de trente coups ou par coup d'un mouton de sonnette à déclic tombant d'une hauteur de 4 à 5 mètres.

Les pilots contenus de tous côtés par le sol dans lequel ils sont enfoncés et assemblés par leurs têtes dans des chapeaux qui les rendent solidaires, ne peuvent être regardés comme des supports isolés. Dans la plupart des cas, l'équarrissage est donné, de sorte qu'on est ramené à calculer leur nombre d'après le poids de la construction qu'ils ont à supporter. Pour calculer ce nombre ou leurs dimensions, Rondelet indique que les pilots complétement enfoncés dans le sol peuvent supporter, en toute sécurité, une charge de 30 à 35 kilogrammes par centimètre carré de section, et quelquefois plus.

Application. — *Supposons, par exemple, qu'il s'agisse d'un édifice dont le poids total doive être de 15,000,000 kil. et qu'on veuille le fonder sur pilotis à section carrée de 0ᵐ,30 de côté. Combien devra-t-on battre de pilots ?*

Chaque pilot pourra supporter une charge représentée par

$$\overline{30}^2 \times 35^{\text{K}} = 31500^{\text{K}},$$

désignant par n leur nombre, on aura

$$n = \frac{15,000,000}{31500} = 476.$$

Si le pilot a pour section une surface circulaire, en appelant d le diamètre $= 0^{\text{m}},30$, la charge que l'on pourra lui faire supporter sera $P = \pi \dfrac{d^2}{4} \times 35 = \dfrac{\overline{30}^2}{1.273} \times 35^{\text{K}}$ $= 24745^{\text{K}}$ et par conséquent leur nombre sera de

$$\frac{15000000}{24745} = 606,$$

généralement, si l'on appelle a le côté de la section et P la charge totale, on aura

$$n = \frac{P}{35\, a^2},$$

et si le nombre n est donné, on déterminera l'équarrissage par la formule

$$a^2 = \frac{P}{35 n}, \quad \text{d'où} \quad a = \sqrt{\frac{P}{35 n}}$$

quand les pilots sont cylindriques, on a

$$n = \frac{1,273\, P}{35\, d^2} \quad \text{et} \quad d^2 = \frac{1,273\, P}{35\, n}, \quad \text{d'où} \quad d = \sqrt{\frac{1,273\, P}{35\, n}}.$$

Les dimensions a et d sont exprimées en centimètres.

Il convient de répartir les pilots de manière qu'ils supportent des portions à peu près égales de la charge totale.

85. *Calcul de l'équarrissage à donner aux supports en bois.*

1ᵉʳ *Exemple. Quelle est la section transversale d'un poteau carré en chêne fort de* 2ᵐ,80 *de hauteur pour résister à une charge de* 6000 *kil. ?*

D'après le tableau n° 3, on a, si on suppose à priori la longueur de 24 fois la section transversale, le nombre ou coefficient de compression par centimètre carré égale 30^K.

Alors $\dfrac{6000}{30} = 200$ centimètres carrés, section transversale

et $\sqrt{200} = 14^c,14$ côté supposé.

En comparant ce côté 14^c,14 à la hauteur 2^m,80 pour en avoir le rapport, on a $\dfrac{280}{14,14} = 20$ environ.

Ce rapport fait voir, comme nous l'avons fait avec intention, que l'on ne devait pas prendre le nombre 30^K correspondant au rapport $\dfrac{h}{b} = 24$ pour déterminer la section vraie du poteau, mais bien le nombre 25 correspondant à $\dfrac{h}{b} = 28$.

En conséquence, les calculs doivent être rectifiés ainsi

$$\frac{6000}{25} = 240 \text{ centimètres carrés}$$

et $\sqrt{240} = 15^c,49$, côté exact de la section du poteau.

2° Exemple. Considérons un poteau carré en chêne posé debout, destiné à supporter la charge d'un plancher. Supposons que le poteau ait 3^m,90 de hauteur et que la charge soit de 28,000^K, calculons son équarrissage pour résister convenablement.

Comme nous ne connaissons pas *à priori*, le rapport de l'épaisseur à la hauteur, supposons, qu'il est comme dans l'exemple précédent 24 fois la section transversale ; le tableau n° 3 indique, que dans cette hypothèse, chaque centimètre carré pourra supporter au moins 30^K.

Si donc x est le côté de la pièce en centimètres on aura

$$30^K \times x^2 = 28000^K \quad \text{d'où } x = \sqrt{9333} = 30^c,55.$$

Mais comme $\dfrac{30,55}{3.90} = \dfrac{1}{13}$ environ, la charge par centimètre carré aurait dû être

réduite à $\dfrac{5}{6}\,P = 25$ kil. et en recommençant les calculs, on aura

$$25^K \times x^2 = 28000^K, \quad \text{d'où } x = \sqrt{\frac{28000}{25}} = 33^c,46 \text{ pour l'équarrissage cherché.}$$

Si on veut avoir l'accourcissement produit par cette charge de 25^K par centimètre, l'équation fondamentale $E = \dfrac{Ph}{l}$ donne $l = \dfrac{Ph}{E} = \dfrac{25^K \times 3.90}{120,000} = 0^K,00082$, accourcissement insensible, même en y ajoutant le refoulement des fibres aux extrémités.

Pour une construction provisoire, on pourrait faire supporter à la pièce une charge absolue beaucoup plus forte, de 100^K par centimètre par exemple, au lieu de 30^K.

En opérant comme précédemment, le rapport de la largeur à la hauteur n'excèdera pas $^1/_{18}°$, on réduira les 100^K aux 0,6 $\times$ 100^K ou à 60^K par centimètre, et on trouvera $x = 22$ centimètres.

86. *Remarque.* On peut représenter graphiquement par la figure 98, Pl. 3, les données du tableau et résoudre facilement au moyen de ce tableau graphique diverses questions qui se présentent souvent, par exemple les suivantes :

1° Quel poids peut supporter une pièce de bois chargée debout de longueur et d'équarrissage donnés?

Soit une pièce de 6ᵐ de long et de 0ᵐ,15 d'équarrissage en tous sens ; sa hauteur est égale à 40 fois sa base ; on cherche le point M de la courbe correspondant à l'ordonnée 40 ; l'abscisse OP du point M représente une charge par centimètre carré d'environ 12 kilog : donc la pièce pourra supporter $\overline{15}^2 \times 12 = 2700$ kilog.

Nous donnerons des exemples, en faisant usage du tableau.

2° Quel espacement faudra-t-il donner aux poteaux d'un hangar dont le comble pèse 1000 kilog. par mètre courant, ces poteaux devant être faits avec des pièces de bois de 6ᵐ de long, sur 0ᵐ,15 d'équarrissage ?

Chacun de ces poteaux peut porter 2700 kil., donc chaque couple de poteaux correspond à une longueur de hangar de $\dfrac{2700}{1000} \times 2 = 5^m,40$.

Les poteaux seront convenablement espacés à 5ᵐ,40.

3° Quel équarrissage convient-il de donner à un poteau de hauteur connue, destiné à supporter une charge connue?

Cette question ne peut être résolue que par tatonnement, au moyen du tableau précédent, *soit un poteau de 6ᵐ qui doit supporter une charge de 2700ᴷ.*

Si l'on prend une base égale au $^1/_{30}$ de la hauteur, soit de 0ᵐ,20 de côté, cette base correspondant au point M' de la courbe pourrait supporter environ 19 kil. par cent., soit $\overline{20}^2 \times 19 = 7600$ kilog. beaucoup plus qu'il n'est nécessaire.

Si l'on choisit la fraction $^1/_{50}$ ou une base de 0ᵐ,12 correspondant au point M", la charge par cent. carré serait d'environ 8 kil., soit $\overline{12}^2 \times 8 = 1152$ kil., la pièce serait trop faible.

Il faudrait répéter ces essais pour des fractions intermédiaires et l'on approcherait ainsi de plus en plus du point M qui satisfait à la demande.

On peut du reste y répondre directement au moyen des formules empiriques données par M. Hodgkinson et M. Barré, que nous allons indiquer.

87. *Formules empiriques de MM. Hodgkinson et Barré.*

Charges à la rupture et permanentes des bois soumis à la compression, déduites des formules.

Formules d'Hodgkinson. — On peut en faire usage en pratique, pour la résistance des bois employés comme supports isolés, étais verticaux, pour des longueurs comprises entre 30 et 45 fois le petit côté de la section transversale rectangulaire, ou le diamètre, si ce sont des bois ronds (limites des expériences de M. Hodgkinson) ; en dehors de ces limites, les écarts sont considérables pour les pièces dont la hauteur est moindre que 30 fois le côté de la base, ainsi qu'on le fera remarquer plus loin.

$$\text{Bois à section carrée} \qquad P = c\,\frac{b^4}{h^2}$$

$$\text{Bois à section rectangulaire } P = c\,\frac{ab^3}{h^2}$$

$$\text{Bois à section circulaire} \qquad P = c\,\frac{d^2}{h^2},$$

formules dans lesquelles

P = Charge totale en kilog. à déterminer (résistance à la rupture, celle qui produit l'écrasement) ;

$h =$ hauteur du poteau en décimètres ;

$b =$ côté de la section carrée ou petit côté de la section rectangulaire en centimètres ;

$a =$ grand côté de la section rectangulaire en centimètres ;

$d =$ diamètre de la section circulaire en centimètres.

$c =$ coefficient variable suivant l'essence du bois, mais qui ne change pas pour une même matière et auquel on donne les valeurs suivantes :

$c = 1600^K$ pour le sapin blanc faible et le pin jaune ;

$c = 2142^K$ pour le sapin rouge, le sapin blanc et le pin résineux ;

$c = 1800^K$ pour le chêne faible ;

$c = 2565^K$ pour le chêne fort.

Ces valeurs de c sont celles qui produisent la rupture, et comme dans la pratique, il est prudent de ne charger qu'au $1/_{10}$ de la charge de rupture, on devra diviser par 10 les valeurs du coefficient c, ou bien la valeur trouvée pour P, ce qui donne les formules pratiques suivantes pour les poteaux en bois :

Chêne fort à section carrée $\qquad$ $P = 256{,}5 \cdot \dfrac{b^4}{h^2}$, section rectangulaire $P = 256{,}5 \cdot \dfrac{ab^3}{h^2}$

Chêne faible à section carrée $\quad$ $P = 180 \quad \cdot \dfrac{b^4}{h^2}$, $\qquad -\qquad$ $P = 180 \quad \cdot \dfrac{b^3}{h^2}$

Sapin rouge et blanc fort, et pin résineux $\quad$ $P = 214 \quad \cdot \dfrac{b^4}{h^2}$, $\qquad -\qquad$ $P = 214 \quad \cdot \dfrac{ab^3}{h^2}$

Sapin blanc faible et pin jaune $P = 160 \quad \cdot \dfrac{b^4}{h^2}$, $\qquad -\qquad$ $P = 160 \quad \cdot \dfrac{ab^3}{h^2}$

Si l'on compare les résultats de ces formules à ceux de Rondelet, l'on remarque en effet qu'ils sont sensiblement les mêmes pour des hauteurs supérieures à 30 fois l'équarrissage, mais en dessous de cette limite, les formules de Hodgkinson donnent des charges bien plus fortes que celles que l'on déduit des données de Rondelet.

Formule indiquée par M. Barré, ingénieur civil, et pouvant s'appliquer à une espèce quelconque de bois.

M. Barré, dans ses éléments de charpenterie métallique, a recherché, en suivant un procédé de calcul indiqué et appliqué par M. Love pour l'établissement de ses formules de résistance des colonnes en fonte et en fer, reliant les expériences d'Hodgkinson, une formule analogue, reliant les expériences de Rondelet sur les poteaux en bois, dont la résistance à la rupture serait connue par expérience et telle qu'elle puisse s'appliquer à une essence de bois quelconque ; il est arrivé à la formule suivante :

$$p = \frac{R}{0{,}93 + 0{,}00185 \left(\dfrac{h}{b}\right)^2}$$

qui donne la charge pratique, par centimètre carré de section transversale, lorsqu'on y fait $R = 1/_7$ ou $1/_8$ de la charge de rupture par centimètre carré de section transversale d'un cube de bois.

Pour en déduire la charge totale, il suffit de multiplier P par la section transversale du poteau, exprimée en centimètres carrés, la formule pratique est donc

$$P = \frac{K \cdot R \cdot S}{0{,}93 + 0{,}00185 \cdot \left(\dfrac{h}{b}\right)^2} = \frac{K \cdot R \cdot ba}{0{,}93 + 0{,}00185 \left(\dfrac{h}{b}\right)^2}$$

formule dans laquelle

$p =$ la charge de rupture par centimètre carré d'un poteau carré de longueur et ayant b pour côté de sa section transversale carrée ;

$P =$ la charge totale en kilogrammes appliquée sur un poteau de section rectangulaire S ;

$K = \frac{1}{7}$ ou $\frac{1}{8}$, suivant le degré de sécurité que l'on veut obtenir ;

$R =$ effort de rupture ou d'écrasement par centimètre carré de section transversale d'un prisme court (donné par l'expérience) ;

$S =$ section transversale du poteau en centimètres carrés ;

$h =$ hauteur du poteau en centimètres ;

$b =$ le plus petit côté du poteau en centimètres ;

$a =$ le plus grand côté du poteau en centimètres.

88. *Résistance des poteaux en bois cylindrique.*

On détermine la résistance totale P du poteau circulaire en remplaçant dans la formule ci-dessus, la section S par πr^2 et b par $d \times 0,886$ (1), ce qui donne

$$P = \frac{K \cdot R \cdot \pi r^2}{0,93 + 0,00185 \cdot \left(\dfrac{h}{d \times 0,886}\right)^2} = \frac{K \cdot R \cdot \pi r^2}{0,93 + \dfrac{0,00185}{(0,886)^2}\left(\dfrac{h}{d}\right)^2}$$

ou

$$P = \frac{K \cdot R \cdot S}{0,93 + 0,00235 \left(\dfrac{h}{d}\right)^2}.$$

En adoptant pour la charge de rupture d'un cube de chêne fort de 420^K par centimètre carré de section transversale, le coefficient de sécurité sera $\dfrac{R}{7} = \dfrac{420}{7} = 60^K$ par centimètre carré.

Si l'on veut appliquer ces formules aux cas les plus ordinaires de la pratique, on pourra, suivant Hodgkinson, rapporter les bois mis en œuvre aux quatre essences types : *chêne fort* et *chêne faible*, *sapin fort* et *sapin faible*. Il faudra donc remplacer $\dfrac{R}{7}$, par des nombres proportionnels aux coefficients donnés par Hodgkinson et rapportés précédemment, savoir :

Pour le chêne fort $R = 256^K,5$ et $\dfrac{R}{7} = \dfrac{420}{7} = 60$ kil. coefficient de sécurité

— chêne faible $R = 180$ et $\dfrac{R}{7} = \dfrac{294}{7} = 42$ kil. —

— sapin fort $R = 214$ et $\dfrac{R}{7} = \dfrac{350}{7} = 50$ kil. —

— sapin faible $R = 160$ et $\dfrac{R}{7} = \dfrac{262}{7} = 37^K,4$ —

Il est bien entendu que ces coefficients de sécurité n'ont rien d'absolu et qu'ils pourront être remplacés par d'autres valeurs déduites de l'expérience.

---

(1) Soient r le rayon du poteau circulaire et b le côté du poteau carré de section équivalente, on a la relation suivante pour l'expression des aires équivalentes $S = b^2 = \pi r^2$

d'où $\qquad b = r\sqrt{\pi} = \dfrac{d}{2}\sqrt{\pi} = d \times 0,886$ (d étant le diamètre du cercle).

89. *Application numérique de ces formules.*

Formule de M. Hodgkinson.

1ᵉʳ Exemple. — *Déterminer pour un poteau d'une section rectangulaire de $0^m,15$ sur $0^m,25$ et $3^m,00$ de hauteur, quelle sera la charge de rupture et celle qu'on pourra lui faire supporter avec sécurité, en ne le chargeant qu'au $^1/_{10}$, le poteau étant en sapin blanc.*

La formule $P = c \dfrac{ab^3}{h^2}$ donne $P = 1600 \times \dfrac{25 \times \overline{15}^3}{\overline{30}^2} = 1600 \times \dfrac{84375}{900} = 150000^{\text{K}}.$

Et la charge à faire supporter avec sécurité, c'est-à-dire au $^1/_{10}$, est

$$\frac{P}{10} = \frac{150000}{10} = 15000^{\text{K}}.$$

On peut encore opérer de la manière suivante :

On cherche la résistance d'un poteau carré d'un équarrissage égal au plus petit côté $0^m,15$ par la formule

$P = c \cdot \dfrac{b^4}{h^2}$ qui donne $P = 1600 \times \dfrac{\overline{0,15}^4}{\overline{30}^2} = 1600 \times \dfrac{50625}{900} = 9000^{\text{K}}$ réduits au $^1/_{10}$.

Et ensuite, on écrit la proportion

$$\frac{15^c}{25^c} = \frac{9000}{x}, \quad \text{d'où} \quad x = 15,000^{\text{K}}.$$

2ᵉ Exemple. — *Soit encore à déterminer la résistance d'un poteau rectangulaire de chêne fort, de 6^m de haut et d'un équarrissage égal à $0^m,22$ sur $0^m,29$.*

La résistance d'un poteau carré d'un équarrissage égal au plus petit côté $0^m,22$ s'obtient par la formule

$$P = 2565 \times \frac{\overline{22}^4}{\overline{60}^2} = 2565 \times \frac{234256}{3600} = 16690 \text{ réduits au } ^1/_{10}.$$

Et ensuite $\quad \dfrac{22}{29} = \dfrac{16690}{x}, \quad$ d'où $\quad x = 22000^{\text{K}}.$

La formule ci-dessus aurait donné également

$$P = 2565 \times \frac{29 \times \overline{22}^3}{\overline{60}^2} = 22000^{\text{K}}.$$

3ᵉ Exemple. — *Un poteau de chêne fort de 5^m de hauteur et ayant pour section transversale $0^m,20$ sur $0^m,25$ reçoit une charge de 12000^{K}, vérifier la section de ce poteau.*

La section $= 20 \times 25 = 500$ centimètres carrés. La pression par centimètre carré est de $\dfrac{12000}{500} = 24^{\text{K}}.$

En opérant comme ci-dessus, la forme $P = c \dfrac{ab^3}{h^2}$ donne

$$P = 2565 \times \frac{25 \times \overline{20}^3}{\overline{50}^2} = 2565 \times \frac{200000}{2500} = 205200^{\text{K}}.$$

1° 5e *Étage.* — Les poteaux ont les dimensions suivantes :

$$a = b = 22^c, \quad h = 25 \text{ décim., on en déduit}$$

$$P = 256,5 \times \frac{\overline{22}^4}{\overline{25}^2} = 961394 \text{ kil.}$$

La charge maximum n'est que de 14259 kil. Les poteaux de cet étage sont donc plus forts qu'il n'était nécessaire.

2° Au 4e étage, on a $a = b = 24^c, \quad h = 25$ décim. et par suite

$$P = 256,5 \times \frac{\overline{24}^4}{\overline{25}^2} = 133070 \text{ kilog.}$$

La charge maximum n'est que de 28618 kil.

3° Au rez-de-chaussée, l'on a $a = b = 35^c, \quad h = 32$ décim., et

$$P = 256,5 \times \frac{\overline{35}^4}{\overline{32}^2} = 298650 \text{ kilog.}$$

La charge maximum ne s'est élevée qu'à 86200 kil.

Si l'on calcule les dimensions que l'on eut pu se contenter de donner aux poteaux de ces trois étages, on trouve pour

Le 5e étage $\quad b^4 = \dfrac{14259 \times \overline{25}^2}{256,5}$, $\quad$ d'où $\quad b = 13$ cent.,6

Le 4e étage $\quad b^4 = \dfrac{28678 \times \overline{25}^2}{256,5}$, $\quad$ d'où $\quad b = 16$ cent.,25

Le rez-de-chaussée $b^4 = \dfrac{86200 \times \overline{32}^2}{256,5}$, $\quad$ d'où $\quad b = 24$ cent.,22.

Les formules pratiques, déduites des expériences de M. Hodgkinson, conduisent donc à des charges supérieures à celles qui ont été supportées dans ce magasin ; mais il faut remarquer que les besoins du commerce pouvaient forcer à emmagasiner d'autres denrées, des farines par exemple, et donner lieu à des charges plus fortes que celles sur lesquelles les calculs précédents ont été basés, il faut remarquer aussi que les rapports $\frac{h}{b}$ ci-dessus de la hauteur des poteaux à leur équarrissage, se trouvant en dehors des limites (30 et 45) des expériences de Hodgkinson, donnent des résultats trop forts (voir la remarque à la suite du n° 87), ainsi qu'on peut s'en rendre compte, en appliquant la formule de M. Barré.

§ III. — *Résistance des métaux à la compression et à l'extension.*

90. Le fer et la fonte sont à peu près exclusivement employés pour former des supports dans les constructions métalliques.

1° *Résistance à l'écrasement.* — *Faits généraux.*

Sous le rapport de la résistance à la compression, il faut distinguer avec soin, les métaux aigres, durs et cassants tels que l'acier fortement trempé, la fonte blanche, des métaux ductiles tels que le plomb, le cuivre, le fer très-doux. Les premiers se compriment de quantités insensibles avant la rupture et se brisent tout à coup avec bruit et dégagement de lumière et de chaleur, en poussière ou fragments, et par conséquent leur résistance à la compression doit suivre à peu près les mêmes lois, que celle des pierres. Les seconds, au contraire, s'affaissent avec une extrême lenteur ; leurs molécules glissent et roulent les unes sur les autres, du centre vers la surface latérale qui prend une forme de plus en plus bombée, jusqu'à l'instant ou l'équilibre se trouve établi, instant souvent précédé ou accompagné de déchirures allant du centre à la circonférence. Pour les métaux très-doux, la hauteur du prisme a beaucoup plus d'influence sur la résistance que pour les métaux cassants, mais les lois suivies par ces résistances ne sont pas encore bien connues.

Nous parlerons principalement des expériences relatives au fer et à la fonte qui sont surtout employés dans les constructions.

2° *Résistance du fer à la compression.* D'après M. Péclet, le fer comprimé ne suit pas dans les premiers instants la loi de proportionnalité des forces aux accourcissements qui s'observent pour le cas de la traction ; les accourcissements seraient comparativement plus grands que les allongements et les faibles charges semblent donner lieu à des affaissements persistants.

3° *Résistance élastique.* Il a trouvé qu'une barre de fer pressée debout sans plier, s'est accourcie de 0,0001 de sa longueur primitive sous une charge de $1^K,3$ par millimètre carré, ce qui donnerait seulement

$$E = 13000^K \text{ par millimètre, ou } E = 1,300,000^K \text{ par centimètre.}$$

4° *Résistance du fer à l'écrasement.* Par les expériences de Rondelet, on sait qu'un prisme de fer chargé debout plie plutôt que de se refouler quand sa hauteur surpasse le triple de son épaisseur et que sa résistance à l'écrasement qui, pour un cube, est environ 49^K par millimètre ou 4900^K par centimètre, doit être réduite aux $\frac{5}{8}$ de sa valeur, quand la longueur du prisme est égale à 12 fois son épaisseur et à moitié environ quand elle est 24 fois cette épaisseur.

5° *Résistance permanente.* Dans la pratique, il ne faudra pas faire porter aux prismes de fer une charge qui dépasse le $^1/_8$ ou le $^1/_7$ des résistances à l'écrasement indiquées ci-dessus ; d'après M. Morin, le rapport de la hauteur à la base

étant 1 à 2,   12   24   48

la charge permanente serait 10^K, $8^K,35$ 5^K $1^K,67$.

6° *Résistance de la fonte à l'écrasement.* On distingue la fonte grise ou refroidie lentement, et la fonte blanche qui a été refroidie brusquement : la première plus douce et facile à limer s'écrase sous un effort qui pour un cube varie de 100^K à 124^K par millimètre et s'aplatit brusquement sans se réduire en poussière, la 2° très-cassante, intraitable à la lime, se rompt sous un effort de 150^K à 180^K par millimètre en se réduisant en poussière avec explosion et lumière.

La fonte de fer pour canon s'écrase sous 250^K par millimètre.

7° *Résistance permanente.* La fonte blanche quoique résistant mieux est plus cassante, en sorte qu'on ne compte guères que sur 100^K par millimètre pour l'une et pour l'autre, charge qu'on réduit à 20^K pour la résistante permanente d'un cube. Cette charge doit être réduite aux $\frac{2}{3}$, à $\frac{1}{2}$ et à $\frac{1}{15}$, suivant que la hauteur du prisme est 4 fois, 8 fois ou 36 fois plus grande que l'épaisseur (1).

---

(1) D'après M. Morin, les résistances permanentes de la fonte comprimée, seraient le double de celles du fer, quelque soit le rapport de la hauteur à l'épaisseur.

En comparant les résistances permanentes du fer et de la fonte, on voit que la fonte résiste mieux que le fer à la compression, et comme elle est d'ailleurs bien moins chère, il y aura grand avantage à l'employer comme support.

8° *Résistance élastique.* — Cette résistance a été déduite d'expériences faites sur la flexion ; suivant Rondelet, on a

$E = 9840^{\text{K}}$ par millimètre, ou $E = 984000$ par centimètre ;

Et d'après Tredgold :

$E = 12000^{\text{K}}$ par millimètre, ou $E = 1200000$ par centimètre.

La résistance élastique est donc plus faible pour la fonte que pour le fer, en sens contraire des résistances permanentes.

Résistance des métaux à l'allongement.

On a fait beaucoup d'expériences sur les allongements des métaux, pour le fer principalement, on peut citer parmi ces expérimentateurs MM. Rondelet, Rennie, Tredgold, Ménard et Delormes, Bonnet, Navier, Duleau, Seguin, Ardant et Leblanc.

Nous nous contenterons de donner un résumé des résultats qui concernent le fer, avec cette observation que des faits analogues se présentent pour les autres métaux (voir pour plus de développement, l'introduction à la mécanique industrielle de M. Poncelet, pages 333 et 365).

Résistance du fer à l'allongement. — Distinction des qualités.

Les fers se distinguent en fers doux et fers forts; soumis à la traction : les premiers s'allongent d'une manière sensible, mais lentement, avant de rompre ; ils se contractent de plus en plus, puis s'effilent tout à coup près de la section de rupture dont la température s'élève. Les seconds au contraire se contractent et s'allongent très-peu avant cet instant, se cassent brusquement avec bruit et lumière, sans chaleur sensible.

La couleur et la contexture qui se montrent à la fracture du fer ne sont pas toujours des indices certains de leur force de tenacité absolue ; néanmoins on peut admettre généralement que, parmi les fers fibreux, celui qui présente à la cassure du nerf, c'est-à-dire des pointes crochues et déliées, est le plus tenace, et que parmi les fers qui offrent des indices de cristallisation, celui à gros grains est le plus faible.

D'ailleurs le fer grenu ou à petits grains peut se convertir en fer nerveux par la simple action de l'étirage au marteau, au laminoir, à la filière, et les fers à gros grains peuvent, par le même moyen, être convertis en fer fibreux, mais dénué de nerf.

Les fils de fer recuits ou chauffés au rouge et refroidis lentement se changent en fer doux et perdent près de moitié de leur tenacité.

Le fer en barre bien corroyé, chauffé au blanc et refroidi lentement ou plongé dans l'eau froide ne paraît perdre aucunement de sa force.

La tenacité de l'acier surpasse, en général, une fois $^{1}/_{2}$ au moins celle du fer de même échantillon ; elle diminue avec la trempe ; mais l'acier trempé et faiblement recuit est celui qui possède la plus grande force de tenacité.

Allongements absolus et contractions latérales des diverses espèces de fer.

Le fer doux et ductile s'allonge, avant l'instant de la rupture, d'une quantité notable qui varie entre les 0,10 et les 0,27 de sa longueur primitive, selon la nature de l'échantillon ; sa section est souvent réduite de 0,05 à 0,07 et le poids à 0,99, surtout pour les petits fers.

Les fers ronds ou carrés, étirés au cylindre à une haute température, les fers recuits au blanc et refroidis ensuite très-lentement de façon à les ramener à une contexture homogène, paraissent être ceux qui, à qualité égale, s'allongent le plus avant de rompre. Le fer forgé est moins homogène.

Les fers en barres, durs et raides, ne s'allongent que de 0,02 à 0,04 de leur longueur primitive ; le fil de fer non recuit ne s'allonge que de 9^{mm} par mètre à la première expérience avec un allongement persistant de 5^{mm}, dû en partie au redressement du fil. Le même fil, à une deuxième expérience, ne s'allonge plus que de 5^{mm} $1/2$ et l'allongement persistant est de $1^{mm},3$. A la troisième expérience, le même fil s'allonge de 4^{mm}, et l'allongement restant est de $0^{mm},3$. A la quatrième expérience, allongement $4^{mm},2$, allongement restant $0^{mm},6$ La charge de rupture ne peut varier (1).

De là, on conclut que l'élasticité des fers forts n'est altérée qu'au point de rupture.

4° *Influence de la température sur la ténacité.* — Les variations de température, dans les limites observées de l'atmosphère, ne produisent pas de différences sensibles ; à 80° Réaumur, le fer perd environ $1/_{20}$ de sa ténacité ; et d'un autre côté, il paraît certain que par les fortes gelées, le fer est plus cassant. Au rouge, le fer perd environ $5/_6$ de sa force.

5° *Résistance du fer à la rupture par traction.* — Le fer de gros échantillon résiste moins bien que celui de petite section.

La résistance du fer en barre varie de 25 à 60^K par millimètre carré suivant la grosseur et la qualité.

La résistance du fil de fer non recuit, au-dessous de 3^{mm} de diamètre, varie entre 60 et 90^K par millimètre carré.

L'acier peut aller jusqu'à 100^K de résistance par millimètre, s'il est de très bonne qualité.

6° *Résistance élastique du fer.* — Les expériences s'accordent pour donner au fer fort ou ductile la même résistance élastique ;
On trouve $E = 20000^K$ par millim. pour le fer en barre (Duleau)
— $E = 18000^K$ par millim. pour le fil de fer (Ardant et Vicat)
Pour l'acier $E = 21000^K$ environ.

7° *Limites de l'élasticité entière.* — D'après Coulomb, et d'autres expérimentateurs, la limite d'élasticité entière serait plus éloignée pour les fers forts que pour les fers doux ; M. Ardant est arrivé à des conclusions contraires : cette contradiction peut s'expliquer par ce fait qu'au-delà de l'élasticité entière, le fer doux subit des variations très-apparentes, tandis que pour le fer fort, les altérations d'élasticité sont à peine sensibles, même jusqu'au point de la rupture ; aussi les constructeurs s'accordent-ils à regarder l'élasticité comme entière pour les fers forts jusqu'au 0,40 à 0,50 de la résistance à la rupture instantanée et seulement jusqu'au 0,33 pour les fers doux.

Pour les aciers, on la porte de 0,50 aux 0,60 de la même résistance.

La résistance P_e à la limite d'élasticité entière étant ainsi déterminée, on pourra calculer facilement l'allongement relatif, au moyen de la formule $E = \dfrac{P_e}{i_e}$.

---

(1) Expériences de M. Leblanc. (Description du pont suspendu de la Roche-Bernard.)

9° *Limites des charges permanentes*. — Pour les pièces qui n'ont pas à supporter de chocs violents, il convient de ne porter les charges permanentes qu'à la $^1/_2$ de la charge correspondante à la limite de l'élasticité entière; ce qui revient à 6 ou 8^K par millimètre carré pour les fers doux et de 10 à 15^K pour les fers forts.

Dans le cas des chocs, on réduit encore la charge permanente à la moitié des précédentes et l'on emploie de préférence le fer doux qui se prête mieux aux chocs instantanés.

10° *Résistance de la fonte à la rupture par traction*. — La résistance de la fonte grise à la traction ne va qu'à 12^K,50 ou 13^K,50 par millimètre carré, au moment de la rupture; elle est donc bien plus faible que celle du fer, aussi n'emploie-t-on pas la fonte pour résister à des efforts directs de traction, surtout quand il y a des chocs à craindre, parce qu'elle est très-cassante.

11° *Résistance élastique*. — La résistance élastique de la fonte, a été trouvée, comme nous l'avons dit, par la flexion.

D'après Tredgold, on a

$$E = 12000^K \text{ par millimètre.}$$

12° *Limite de l'élasticité entière*. — Le même auteur a trouvé $P_e = 10^K$ par millimètre correspondant à un allongement de 0^m,0008 par mètre.

13° *Limites des charges permanentes*.

$$P' = {}^1/_2\, P_e = 3 \text{ à } 5^k \text{ par millimètre carré.}$$

91. *Tableau de la résistance des métaux à la compression et à la traction.*
(le millimètre étant pris pour unité.)

NATURE DES MÉTAUX	MODULE d'élasticité E	COMPRESSION		TRACTION		OBSERVATIONS
		résistance à la rupture	effort permanent p'	résistance à la rupture	effort permanent	
Fer forgé.............	(13000^k compression) (20000 extension)	49^k	(A) 7 à 9^k p. le cube	25 à 60^k	5 à 10^k	Prendre les $^5/_8$ des nombres (A) quand la hauteur égale 12 fois l'épaisseur et $^1/_2$ quand la hauteur est 24 fois l'épaisseur.
Fer en tôle laminée.....	20000 id.	»	»	40	6 à 7	
Fil de fer non recuit de 1 à 3 millimètres de diamètre	18000 id.	»	»	60 à 90	10 à 15	
Fil de fer doux, recuit ..	18000 id.	»	»	45 à 50	7 à 9	
Chaîne en fer doux (sans étançons.	20000 id.	»	»	24	4 à 5	
(avec étançons.	20000 id.	»	»	32	5 à 6	
Acier (fondu très-bon....	21000 id.	»	»	100	15 à 18	
(moyen	21000 id.	»	»	75	10 à 12	
Fonte de fer grise.......	12000 id.	100 à 120^k	(A') 20^k p. le cube	12^k,5 à 13^k,5	5^k (sans choc)	Prendre les $^2/_3$, la $^1/_2$ ou le $^1/_{15}$ du nombre (A') quand la hauteur sera respectivement 4 fois, 8 fois ou 36 fois l'épaisseur.
Fonte de fer blanche....	»	150 à 180^k	(A') 20 id.	»	»	
Fonte de fer à canon....	»	250^k	»	»	»	
Bronze de canon........	7000	»	»	23	3 à 4^k	
Cuivre rouge laminé....	»	»	»	21	»	
Cuivre rouge fondu.....	»	»	»	13^k,40	»	
Cuivre rouge en fil non recuit................	13100	»	»	de 40 à 70^k	»	
Laiton en fil non recuit..	9600	»	»	de 50 à 85	(a) 7 à 10^k	(a) Le fil le plus fin résiste le mieux.
Zinc fondu	9600	»	»	6^k	»	
Zinc laminé	»	»	»	5	»	
Plomb fondu, laminé ou étiré	600	»	»	1^k,35	»	

Expériences de M. Hodgkinson sur des fontes d'Angleterre, d'Écosse. — Efforts de compression capables de produire l'écrasement et poids du décim. cube de ces corps.

Fonte   moyenne   6321^k Poids spécifique 7,2
          maximum 11153
          minimum   4536
Fer   moyenne   2500   7,8

La fonte résiste moyennement 7 fois plus à la compression qu'à l'extension ; elle se comprime plus que le fer, mais sa rupture se produit beaucoup plus tard ; en prismes courts, elle supporte une charge 2 fois $^1/_4$ plus forte que le fer avant de se rompre.

Les métaux ne doivent supporter en pratique que des charges égales au $^1/_6$ des chiffres ci-dessus.

Leur résistance dépend beaucoup du mode de fabrication du minerais.

Le fer résiste beaucoup moins bien à la rupture par compression qu'à la rupture par extension, à l'inverse de ce qui a lieu pour la fonte.

En moyenne, on admet qu'on peut faire supporter avec sécurité en prismes courts,

A la fonte 1250 kil.

Au fer   600 kil.

Autre tableau de rupture et de sécurité de la fonte, du fer en barre, de la tôle et de l'acier.

(Extrait de l'ouvrage de M. Barré.)

NATURE DU MÉTAL	EXTENSION COEFFICIENT PAR m/m CARRÉ			COMPRESSION COEFFICIENT PAR m/m CARRÉ			FLEXION COEFFICIENT E	
	de rupture R par m/m.q	de sécurité R par m/m.q	d'élasticité E par m/m.q	de rupture R par m/m.q	de sécurité R par m/m.q	d'élasticité E par m/m.q	d'élasticité E par m/m.q	de sécurité E par m/m.q
Fonte de fer grise.........	$8^K,5$ à 18^K	$1^K,4$ à 3^K	3633^K à 12899^K	39^K à 111^K 75^K à 80^K pour les bonnes fontes.	$6^K,5$ à 16^K pour les supports verticaux et 2^K à $4^K,4$ pour les arcs.	8800^K à 13000^K	»	$1^K,4$ à $4^K,4$
Fer forgé ou étiré en barres.	25^K à 60^K	$4^K,16$ à 10^K	1000^K à 19000^K	40^K pour les prismes courts.	6^K à 8^K	16300^K	16000^K	6^K à 10^K
Tôles laminées	28^K à 37^K	6^K à 7^K	»	25^K à 38^K	4^K à 6^K	»	18000^K	6^K à 8^K
Tôles laminées à double I.	31^K à 34^K	6^K à 8^K	»	»	6^K à 8^K	»	18000^K	6^K à 8^K
Tôle d'acier	65^K à 70^K	10^K à 11^K	18000^K	»	»	»	»	»
Acier ordinaire	36^K à 75^K	6^K à $12^K,5$	18000^K	»	$12^K,6$ à 16^K	»	21000^K	7^K à 14^K
Acier fondu, 1re qualité....	100^K	$16^K,6$	20000^K	»	16^K	»	30000^K	18^K à 20^K

92. *Résistance à la compression des colonnes en fonte ou en fer forgé.*

Une application importante du fer et de la fonte, parmi tant d'autres, dans les constructions métalliques, est celle des colonnes de supports ou poteaux, dont les conditions de stabilité peuvent se résumer ainsi :

1° Dans les supports ou piliers en fonte, la résistance est proportionnelle à la 4° puissance du diamètre, et en raison inverse du carré de la hauteur ; de nombreuses expériences ont été faites pour vérifier cette théorie qui n'a pas toujours été reconnue exacte. Il en est de même, sauf d'assez rares exceptions, de la plupart des applications où la résistance des matériaux est intéressée,

La matière ne se présente pas deux fois dans des conditions identiquement semblables et uniformes de cohésion, d'homogénéité, de composition chimique ou d'état physique, qui puissent permettre de compter sur un résultat absolu, après un petit nombre d'expériences. Deux morceaux de fer pris dans la même barre, dix morceaux de fonte provenant du même moule, coulés avec le même jet, donneront aux épreuves, deux résultats, dix résultats différents. Les lois qui régissent la résistance des colonnes ou piliers en fonte destinés à être soumis à des efforts de compression sont encore très-peu connues et n'ont pu donner jusqu'à présent d'expressions suffisantes pour bien régler, dans la pratique; les dimensions de ces parties importantes d'une construction, eu égard à l'emploi qui leur est réservé.

Toutefois, nous pensons être utile aux constructeurs, en leur résumant ici les résultats importants d'expériences très-détaillées et très-sérieuses, entreprises et signalées par d'habiles ingénieurs anglais et français (1) et les déductions qui en ont été faites par MM. Love et Morin.

2° A une hauteur de 30 fois le diamètre, les colonnes en fer supportent plus de charge que les colonnes en fonte, car l'intensité du fer y joue un rôle.

3° Dans tous les piliers longs de dimensions égales, la résistance à la rupture est environ trois fois plus grande que les extrémités sont plates et perpendiculaires à la longueur du pilier, ainsi qu'à la direction de l'effort, que lorsqu'elles sont arrondies.

4° Un pilier prismatique dont les extrémités sont solidement fixées par des disques ou des bases présente la même résistance à la rupture qu'un pilier de même section, mais de longueur moitié moindre, dont les extrémités seraient arrondies.

Ce résultat d'expérience est d'accord avec les enseignements de la théorie que nous ne pouvons reproduire ici ; il montre combien il est important de disposer convenablement les bases et les chapiteaux, de manière que les supports soient encastrés à leurs extrémités.

5° La forme annulaire de la section est plus avantageuse et préférable   toute autre, même à la surface de croix souvent employée en mécanique.

6° La charge par centimètre carré d'une colonne métallique, soit pleine, soit creuse, diminue à mesure que le rapport $\frac{h}{d}$ de sa hauteur au diamètre extérieur augmente.

Cette charge ne dépend que de ce rapport. Ainsi pour deux colonnes de même matière (toutes deux pleines ou toutes deux creuses), donnant ce rapport égal, la charge par centimètre carré est la même et la charge totale est proportionnelle à l'aire de la section.

Pour les colonnes creuses, la fonte est plus résistante que le fer jusqu'à la limite $\frac{h}{d} = 33$; pour des valeurs plus grandes de ce rapport, les colonnes en fer présentent une plus grande résistance que celles en fonte.

6° La charge rapportée au centimètre carré de section transversale est plus grande pour les colonnes creuses que pour les colonnes pleines, c'est-à-dire que les colonnes en fonte creuse supportent des charges plus fortes que les colonnes pleines, à égalité de diamètre extérieur, ainsi à section égale, la colonne creuse est plus économique que la colonne pleine, ce qui sera démontré plus loin.

---

(1) Ingénieurs anglais : MM. W. Fairbairn, E. Hodgkinson.
    Ingénieur français : M. Guettier, directeur de fourneaux.

Ce fait, connu des praticiens, est général, c'est-à-dire qu'une poutre évidée métallique (fer à **I** ou poutre en tôle) est plus économique qu'une poutre pleine. Le diamètre intérieur devra être le $^1/_8$ du diamètre extérieur.

Pour les colonnes creuses, les limites sont posées plutôt par la facilité du coulage de la fonte que par les calculs de résistance ; elle dépend surtout de la longueur des pièces à couler. Dans ces limites, le diamètre intérieur peut se trouver par voie de soustraction, mais ce n'est qu'en tâtonnant qu'on y arrive, car l'épaisseur dépend aussi de la hauteur, comme nous l'avons vu. Nous indiquerons plus loin des formules donnant ce diamètre.

7° Le renflement des colonnes vers le milieu de leur longueur augmente leur résistance de $^1/_7$ à $^1/_8$.

8° Tant que la longueur d'une barre de fonte carrée ou circulaire ne dépasse pas 5 fois le diamètre, la rupture se fait par écrasement simple ; quand la longueur est de 5 à 25 fois le diamètre, il y a rupture mixte à la fois par écrasement et par flexion, au-delà de 25 fois la flexion est prépondérante.

93. *Résistance à la rupture par compression de la fonte et du fer considérés comme piliers ou colonnes.*

Résistance de la fonte à la compression.

Selon M. Love, il faut distinguer deux cas: celui où le prisme ou cylindre en fonte se rompt en un grand nombre de morceaux irréguliers, ce qui se rencontre lorsque la plus petite dimension horizontale de l'échantillon est plus grande que la hauteur, la résistance dans ce cas peut s'appeler *résistance à l'écrasement*. La connaissance de cette espèce de résistance, très-variable d'ailleurs. suivant le nombre et la forme des morceaux du prisme rompu, n'est d'aucune utilité en pratique.

Le deuxième cas est celui où l'échantillon se sépare en deux morceaux réguliers ayant la forme de coins dont l'angle est toujours le même pour divers échantillons d'une même fonte. Ce mode de fracture a lieu toutes les fois que la hauteur de la pièce est comprise entre 1 fois $^1/_2$ et 3 ou 4 fois le diamètre ou la plus petite dimension horizontale. La résistance du métal obtenue dans ces circonstances est celle dont on part pour établir les formules relatives aux piliers ou colonnes. C'est *la résistance maximum à la compression de la fonte* considérée comme piliers.

Les expériences de M. Hodgkinson sur 17 espèces de fonte assignent à la fonte une résistance moyenne par centimètre quarré de 6067^K. Ce chiffre est, comme l'on voit, fort au-dessous de celui de 10,000 que l'on trouve dans tous les traités français. De même que dans la résistance à la traction, la différence entre l'échantillon le moins résistant et le plus fort est considérable; ainsi la meilleure fonte n'a cédé que sous une charge de 8467^K par centimètre quarré, tandis que la plus faible n'a présenté qu'une résistance de 3886^K.

Cependant, de même aussi que pour la traction, la différence entre divers échantillons d'une même espèce de fonte est beaucoup moindre, et permet l'emploi de formules de résistance capables de donner le degré d'approximation déterminé précédemment.

91. *Résistance du fer à la compression.*

Sous le rapport des phénomènes extérieurs, le *fer* paraîtrait se comporter d'une manière toute différente de la fonte sous des efforts de compression. Au lieu de se briser en morceaux, quelques auteurs rapportent, sans entrer dans aucun détail sur le nombre et l'importance des expériences faites, qu'il s'aplatit en se gonflant vers le milieu de sa hauteur, puis se gerce, de sorte qu'il serait fort difficile de déterminer sa *résistance à l'écrasement*, ce qui du reste importe peu, comme on vient de le voir. *La résistance maximum à la compression*, dans le sens qui a été adopté tout à l'heure pour la fonte, n'est pas non plus d'une détermination facile, et l'on compte fort peu d'expériences d'où l'on puisse tirer, comme pour la fonte, le chiffre nécessaire à l'établissement des formules de résistance de piliers ou colonnes. Cependant, M. Love croit que l'on peut, d'après les expériences de M. Hodgkinson, fixer à 4000^K par centimètre carré, la résistance du bon fer en barres laminé, et à 3800^K environ, celle des tôles de bonne qualité à cassure fibreuse et cristalline et présentant des épaisseurs variant depuis $1/_2$ millimètre jusqu'à 15 millimètres.

M. Hodgkinson a donné des formules pour calculer les dimensions des colonnes pleines et creuses, que M. Love a rendues plus simples et M. Morin, pratiques. M. Guettier a également proposé une formule très-simple ainsi que M. Bourdais, ingénieur civil. Nous allons rappeler ici ces formules.

94. *Récapitulation des formules proposées par MM. Hodgkinson, Love, Morin, Guettier et Bourdais,*

pour calculer les résistances des colonnes en fonte et en fer employées dans les constructions.

COLONNES PLEINES EN FONTE	COLONNES CREUSES EN FONTE	COLONNES EN FER	COLONNES PLEINES ET CREUSES EN FONTE	COLONNES EN FER	OBSERVATIONS
Résistance à la rupture (1)	Résistance à la rupture (2)	Résistance à la rupture (3)	Formules pratiques (4)	Formules pratiques (5)	(6)

Colonnes pleines, creuses et en fer — Résistance à la rupture

Formules d'HODGKINSON (en mesures françaises, d'après M. Morin,

$$P = 10676 \frac{d^{3\cdot6}}{h^{1\cdot7}} \qquad P = 10676 \frac{d^{3\cdot6}-d'^{3\cdot6}}{h^{1\cdot7}}$$

Selon M. Love, ces formules ne s'appliquent qu'à des piliers ou colonnes dont la longueur n'est pas

Pour des piliers courts, M. Hodgkinson donne la formule : $P = \dfrac{BC}{B+\frac{3C}{4}}$,

dans laquelle B est la résistance du pilier court, calculé par la formule précédente comme s'il était en fonte d'une section égale à celle du pilier proposé, mais dont la hauteur serait égale à une fois $1\frac{1}{2}$
Ces formules concordent d'une manière satisfaisante avec les nombreux résultats d'expérience de affectées n'appartiennent qu'à une fonte offrant une résistance maximum de 8123^k par centimètre

Formules de M. LOVE.

Pour des hauteurs comprises entre 4 et 120 fois le diamètre d — Hauteur entre 10 et 180 fois le diamètre d

$$P = \frac{RS}{1.45+0,00337\left(\frac{h}{d}\right)^2} \qquad P = \frac{RS}{1.55+0,0003\left(\frac{h}{d}\right)^2}$$

ou en faisant pour la fonte R = 7300^k par centimètre carré (2) — Pour le fer R = 2500^k par cent. carré

$$P = \frac{7300 \times S}{1.45+0,00337\left(\frac{h}{d}\right)^2} \qquad P = \frac{2500 \times S}{1.55+0,0003\left(\frac{h}{d}\right)^2}$$

ou en remplaçant l'aire S de la section transversale du solide par sa valeur

$$S = \frac{\pi d^2}{4} = 0,7854\,d^2, \text{ ou } S = \frac{d^2}{1,273}$$

$$P = \frac{7300.d^2}{1,273 \times \left(1,45+0,00337\left(\frac{h}{d}\right)^2\right)} = \frac{7300.d^2}{1,846.d^2+0,0043.h^2} \qquad P = \frac{2500.d^2}{1,273 \times \left(1.55+0,0003\left(\frac{h}{d}\right)^2\right)} = \frac{2500.d^2}{1,973.d^2+0,00064.h^2}$$

Pour piliers courts, c'est-à-dire ceux dont la hauteur est comprise entre 5 et 30 fois le diamètre d

$$P = \frac{R.S \text{ ou } 7300.S}{0,66+0,10\frac{h}{d}} \qquad P = \frac{R.S \text{ ou } 2500.S}{0,85+0,03\frac{h}{d}}$$

Formules de M. MORIN (Formules pratiques).

$$P = \frac{1250.d^4}{1.85.d^2+0,00013.h^2} \qquad P = \frac{600.d^4}{1.97.d^2+0,00054.h^2}$$

Formules de M. GUETTIER et de M. BOURDAIS.
Les formules proposées par MM. Guettier et Bourdais seront développées plus loin.

Colonnes pleines et creuses en fonte, et en fer — Formules pratiques

page 106, *Résistance des matériaux*).

$$P = \frac{10676}{6} \cdot \frac{d^{3\cdot6}}{h^{1\cdot7}}$$

$$P = 1780 \frac{d^{3\cdot5}-d'^{3\cdot5}}{h^{1\cdot7}} \quad (1)$$

moins de 30 fois le diamètre. (Comprise entre 25 et 120 fois d. — Morin.)

long, et C la résistance maximum à la compression d'un cylindre le diamètre seulement.
M. Hodgkinson, mais les coefficients numériques dont elles sont carré, qui est celle des expériences de M. Hodgkinson.

Formules pratiques de M. MORIN.

$$P = \frac{1250 \times S}{1.45+0,00337\left(\frac{h}{d}\right)^2} \qquad P = \frac{600 \times S}{1.55+0,0005\left(\frac{h}{d}\right)^2}$$

ou — ou

$$P = \frac{1250.d^4}{1.85.d^2+0,00013.h^2} \qquad P = \frac{600.d^4}{1.97.d^2+0,00054.h^2}$$

OBSERVATIONS

Les formules de M. Morin ne sont que la transformation des formules de M. Love, dans lesquelles il a substitué :

Pour la fonte : 1250^k valeur du coefficient R de résistance par centimètre carré, à la compression admissible avec sécurité, ou $\left(R = \dfrac{7500}{6} = 1250\right)$.

Pour le fer : 600^k valeur du coefficient R par centimètre carré, c'est-à-dire en prenant $R = \dfrac{1}{6}$ de 3600^k, qui est la charge moyenne de rupture à la compression par centimètre carré de section transversale des prismes courts, la hauteur h et le diamètre d étant exprimés en centimètres et la charge P en kilogrammes.

suivants :

$$P = 1730 \frac{d^{3\cdot6}}{h^{1\cdot7}} \qquad P = 1735 \frac{d^{3\cdot6}-d'^{3\cdot6}}{h^{1\cdot7}}$$

résistance à la rupture peut être donnée par ces formules empiriques, soient par centimètre carré de surface (rupture par compression) :

p. 107.)

(1) La prudence exige que de semblables rapports ne soient pas chargés de plus du 1/6 de la charge de rupture.
M. Rolhaux, dans son *Traité de la résistance des matériaux*, indique pour les mêmes formules les coefficients
$P = 10380 \dfrac{d^{3\cdot6}}{h^{1\cdot7}} \qquad P = 10110 \dfrac{d^{3\cdot6}-d'^{3\cdot6}}{h^{1\cdot7}}$
Cet auteur indique en outre que, pour des piliers dont la hauteur est comprise entre 25 et 120 fois leur diamètre, la
(2) Les expériences de M. Hodgkinson ont donné pour la valeur moyenne de la résistance maximum du métal à l'écrasement
pour la fonte R = 7500^k par cent. carré,
le fer R = 2500^k id. (Morin,

95 M. Lowe, en appliquant ses formules qui ont la sanction de l'expérience, à deux séries de piliers de 1 centimètre carré de section ; la première en fonte présentant une résistance maximun à la compression de 8000^K par centimètre carré ; la seconde en fer offrant une résistance de 4000^K, les hauteurs des piliers étant comprises entre 10 et 100 fois le diamètre, a trouvé :

DÉSIGNATION DES MÉTAUX	Rapport de la longueur de la pièce à la plus petite dimension transversale.										
	au dessous de 5	10	20	30	40	50	60	70	80	90	100
Fonte	8000	4476	2859	1784	1168	1013	588	445	351	277	230
Fer	4000	2500	2285	2000	1702	1428	1194	1000	842	714	610

Le tableau suivant qui a servi longtemps de guide aux praticiens et auquel certains constructeurs ont peut-être encore recours aujourd'hui, est d'après celui qui précède, faux de tous points.

DÉSIGNATION DES MÉTAUX	DENSITÉ	Rapport de la longueur de la pièce à la plus petite dimension transversale.				
		au dessous de 12	12	24	48	60
Fonte	7,21	10000^K	8333^K	5000^K	1666^K	833^K
Fer	7,79	4900	4084	2450	816	408

Il résulte en effet de ce tableau que, tant que la longueur du pilier n'atteint pas 12 fois son diamètre, ce pilier conserve sa résistance maximum ; et l'on voit au contraire, d'après le tableau de M. Love, que cette résistance n'est plus que la moitié environ de la résistance maximum lorsque la longueur du pilier n'est encore égale qu'à dix fois le diamètre seulement. En outre, il suivrait encore de ce dernier tableau que la fonte conserve, pour toutes les longueurs, la supériorité qu'elle a sur le fer dès le commencement. Il est hors de doute, au contraire, que, lorsque la hauteur du pilier atteint 30 fois le diamètre, le fer l'emporte sur la fonte. Ce fait est de la plus grande importance et justifie, dans un grand nombre de cas, la préférence donnée au fer, par les Ingénieurs anglais, dans leurs constructions récentes.

Faisons quelques applications numériques de ces formules.

96. *Application de la formule de M. Hodgkinson.*

Toutes les fois que la hauteur se trouve comprise entre 25 et 120 fois le diamètre, pour les colonnes pleines en fonte, on peut employer la formule de M. Hodgkinson.

Exemple. — Soit une colonne en fonte pleine de 0^m,10 de diamètre et de 4^m,00 de hauteur, déterminer le poids P dont on peut la charger.

La formule (colonne 4ᵉ) donne

$$P = 1780 \frac{d^{3\cdot60}}{h^{1\cdot70}} = \frac{1780 \times 10^{3\cdot60}}{40^{1\cdot7}} = 13394^{\text{K}},$$

poids dont on peut charger la colonne avec sécurité, c'est-à-dire au ¹/₆ du poids qui produirait l'écrasement, en supposant la fonte bien pleine, sans aucun défaut apparent ou caché et sans soufflures.

Cette formule se calcule par logarithmes de la manière suivante :

Opération. Log 1780   3.2504200
          log $10^{3\cdot6} = 1.000000 \times 3.60$ 3.6000000
          log $1780 \times 10^{3\cdot60}$ 6,8504200
          log $40^{1\cdot70} = 1.6020599 \times 1.70$ 2.7235083

log $\dfrac{1780 \times 10^{3\cdot6}}{40^{1\cdot7}}$ $= 4.1269117$ qui répond à 13394ᴷ.

Application aux colonnes creuses en fonte.

Lorsque la hauteur est comprise entre 30 et 120 fois le diamètre :

La formule (colonne 2ᵉ) donne le poids produisant la rupture ; et la formule (colonne 4ᵉ) donne le poids dont on peut charger avec sécurité.

Soit une colonne en fonte de 4ᵐ *de hauteur sur* 0ᵐ,10 *de diamètre extérieur et* 0ᵐ,06 *de diamètre intérieur ou vide, déterminer le poids dont on peut la charger avec sécurité, c'est-à-dire, en ne la faisant travailler qu'au* ¹/₆ *de la charge de rupture.*

On a, formule (colonne 4ᵉ)

$$P = 1780 \times \frac{(10^{3\cdot6} - 6^{3\cdot60})}{40^{1\cdot7}} = 11264^{\text{K}},82$$

poids au ¹/₆ de rupture, charge que l'on peut appliquer avec sécurité.

On exécute ces calculs par logarithmes d'une manière analogue à celle précédente.

Mais on les abrégera beaucoup au moyen de la table suivante renfermant les valeurs des d³·⁶ *et* a¹·⁷ *entre les limites* d = 1 *et* d = 12, *et* a = 1 *et* a = 24.

PUISSANCE DES DIAMÈTRES										PUISSANCES des longueurs			
d	$d^{3\cdot6}$	d	$d^{3\cdot6}$	d	$d^{3\cdot6}$	d	$d^{3\cdot6}$	d	$d^{3\cdot6}$	h	$h^{1\cdot7}$	h	$h^{1\cdot7}$
1.00	1.000	3.25	69.628	4.80	283.44	6.40	798.45	8.00	1782.9	1	1.0000	20	162.84
1.25	2.2329	3.30	73.561	4.90	305.28	6.50	844.28	8.25	1991.7	2	3.2490	21	176.92
1.50	4.3045	3.40	81.908	5.00	328.37	6.60	891.99	8.50	2217.7	3	6.4730	22	191.48
1.75	7.4978	3.50	90.917	5.10	352.58	6.70	941.61	8.75	2461.7	4	10.556	23	206.51
2.00	12.125	3.60	100.62	5.20	378.10	6.75	967.15	9.00	2724.4	5	15.426	24	222.00
2.10	14.454	3.70	111.05	5.25	391.36	6.80	993.19	9.25	3006.8	6	21.031		
2.20	17.089	3.75	116.55	5.30	404.94	6.90	1046.8	9.50	3309.8	7	27.332		
2.25	18.529	3.80	122.24	5.40	433.13	7.00	1102.4	9.75	3634.3	8	24.297		
2.30	20.055	3.90	134.23	5.50	462.71	7.10	1160.2	10.00	3981.1	9	41.900		
2.40	23.3755	4.00	147.03	5.60	493.72	7.20	1220.1	10.25	4351.2	10	50.119		
2.50	27.076	4.10	160.70	5.70	516.20	7.25	1250.9	10.50	4745.5	11	58.934		
2.60	31.182	4.20	175.26	5.75	543.01	7.30	1282.2	10.75	5165.0	12	68.329		
2.70	35.720	4.25	182.89	5.80	560.20	7.40	1346.0	11.00	5610.7	13	78.289		
2.75	38.159	4.30	190.76	5.90	595.75	7.50	1413.3	11.25	6023.4	14	88.801		
2.80	40.716	4.40	207.22	6.00	632.91	7.60	1482.3	11.50	6584.3	15	99.851		
2.90	46.199	4.50	224.68	6.10	671.72	7.70	1553.7	11.75	7114.4	16	111.430		
3.00	52.196	4.60	243.18	6.20	712.22	7.75	1590.3	12.00	7674.5	17	123.53		
3.10	58.736	4.70	262.76	6.25	753.11	7.80	1627.6	«	«	18	136.13		
3.20	65.848	4.75	272.96	6.30	754.44	7.90	1704.0	«	«	19	149.24		

97. *Application des formules de M. Love.* — Pour les colonnes en fer dont la hauteur se trouve comprise entre 10 fois et 180 fois le diamètre, on peut employer la formule de la col. 3

$$P = \frac{R \cdot S}{1,55 + 0,0005 \left(\frac{h}{d}\right)^2}$$

Exemple. — *Pour une colonne en fer de 0^m,10 de diamètre et de 4^m de hauteur, déterminer le poids qu'elle peut supporter par centimètre carré de sa section et le poids total qu'on pourra lui appliquer, en ne la faisant travailler qu'au ¹/₆ de la charge de rupture, c'est-à-dire, le poids dont on peut la charger avec sécurité.*

R pour le fer = 3600^K (1) dont le ¹/₆ = 720^K, substituant cette valeur dans la formule ci-dessus, on a

$$P = \frac{720}{1,55 + 0,0005 \times \left(\frac{400}{10}\right)^2} = \frac{720}{1.55 + 0,0005 \times 1600} = \frac{720}{1,55 + 0,800} = 306,382$$

valeur de P ou charge par centimètre carré.

La surface en centimètre carré d'un cercle de 0^m,10 de diamètre étant $S = \frac{\pi d^2}{4}$

ou $0,7854 \times d^2 = 0,7854 \times \overline{0,10}^2 = 78^c,54$ carrés.

Et $78^c,54 \times 306^K,382 = 24063^K,242$ poids total que peut supporter, avec sécurité, une colonne en fer de 0^m,10 de diamètre sur 4^m de hauteur.

98. *Formules de M. Morin.* — Pour la fonte, la formule de la colonne 4 est

$$P \text{ kil.} = \frac{1250 \, d^4}{1,85 \, d^2 + 0,00043 \cdot h^2} \, .$$

Pour l'exemple ci-dessus d'une colonne en fonte de 4^m de hauteur et de 0^m10 de diamètre, on a donc

$$P = \frac{1250 \times \overline{10}^4}{1,85 \times \overline{10}^2 + 0,00043 \times \overline{400}^2} = 14318, \text{ la fonte travaillant au ¹/₆ de la charge}$$

de rupture.

Pour le fer $P = \dfrac{600 d^4}{1.97 d^2 + 0,00064 \cdot h^2}$ (formule de la colonne 5)

Pour l'exemple ci-dessus d'une colonne en fer de 0^m,10 de diamètre et de 4^m de hauteur, on a donc

$$P = \frac{600 \times \overline{10}^4}{1,97 \times \overline{10}^2 + 0,00064 \times \overline{400}^2} = \frac{600 \times 10000}{197,00 + 102,4000} = \frac{6000000}{299,4} = 20040^K$$

le fer travaillant au ¹/₆ de la charge de rupture.

Si la colonne n'avait que 2^m de hauteur, la formule donnerait

$$P = \frac{600 \times \overline{10}^4}{1,97 \times \overline{10}^2 + 0,00064 \times \overline{200}^2} = \frac{600 \times 10000}{1,97 \times 100 + 0,00064 \times 40000}$$

$$= \frac{6000000}{197,00 + 25,6000} = \frac{6000000}{222,6} = 26954 \text{ kilogrammes.}$$

---

(1) R pour le fer = 3600 à 4000^K devant produire la rupture.

2ᵉ Exemple. — Calculer le diamètre d'une colonne pleine en fonte de 4ᵐ de hauteur qui doit porter 57000ᴷ.

La formule à employer est

$$P = \frac{R \cdot D^4}{1,85 \cdot D^2 + 0,00043 \cdot h^2} = \frac{R \cdot S}{1,85 \cdot D^2 + 0,00043 \cdot h^2},$$

de laquelle on tire

$$D = \sqrt{\frac{1,85}{2 \times 1250} \cdot P + \sqrt{\left(\frac{1,85}{2 \times 1250} \cdot P\right)^2 + \frac{0,0043 \cdot h^2 \cdot P}{1250}}}.$$

En prenant $R = \dfrac{7500}{6} = 1250$, $P = 57000^K$; $h = 4^m$ et exécutant les calculs, il vient $D = 0^m,15$ environ; le tableau de la résistance des colonnes indique en effet que la colonne dont il s'agit peut porter avec sécurité un poids de 57306ᴷ (formule Morin) et 60500ᴷ (formule Guettier).

Et pour les colonnes creuses

$$D' = \sqrt{\frac{1,85}{2 \times 1250} \cdot P' + \sqrt{\left(\frac{1,85}{2 \times 1250} \cdot P'\right)^2 + \frac{0,0043 \cdot h^2 \cdot P'}{1250}}},$$

formule qui donne le diamètre D du noyau de la colonne, et qui permettra, la hauteur h, la charge P et le diamètre extérieur D étant connus, de trouver l'épaisseur.

Cette opération revient à la règle suivante :

Déterminer la charge qu'une colonne pleine d'une longueur et d'un diamètre peut supporter, puis trouver la charge que supporterait une colonne pleine, de même hauteur, et dont le diamètre sera celui du vide cherché. La différence entre les deux résultats donne la limite de résistance à admettre pour le pilier creux (1).

3ᵉ Exemple. — Calculer la section d'une colonne creuse en fonte de 6ᵐ de hauteur qui doit porter 30000ᴷ.

On fera usage de la même formule

$$P = \frac{S \cdot R}{1,45 + 0,00337 \left(\frac{h}{d}\right)^2} - \frac{S' \cdot R}{1,45 + 0,00337 \left(\frac{h}{d}\right)^2}$$

en y faisant $P = 30000^K$, $h = 6^m$, $S = \dfrac{\pi d^2}{4}$, $S' = \dfrac{\pi d'^2}{4}$ et en établissant entre les deux diamètres d et d' un rapport; ou bien, on fera l'épaisseur de la colonne creuse égale à une fraction du diamètre extérieur, soit le $^1/_{10}$ par exemple; la double épaisseur $2e$ sera

$$2e = \frac{d}{10} \times 2 = \frac{d}{5}.$$

On écrira

$$d = d' + 2e = d' + \frac{d}{5}, \quad \text{d'où} \quad d' = \frac{4}{5} d,$$

la formule ci-dessus deviendra

$$30000 = \frac{R \cdot \pi \dfrac{d^2}{4}}{1,45 + 0,00337 \left(\dfrac{h}{d}\right)^2} - \frac{R \cdot \pi\, ^1/_4\, (^4/_5\, d)^2}{1,45 + 0,00337 \left(\dfrac{5h}{4d}\right)^2}$$

____

(1) Voir l'application précédente à ce cas de la formule Hodgkinson.

en faisant R $= \frac{1}{6} \times 7500 = 1250$ et en résolvant la relation par rapport à d, comme dans l'exemple précédent, on trouve :

le diamètre $d = 0^m,18$;   l'épaisseur $e = 0^m,018$.

Ce calcul devra être vérifié avec soin en résolvant le problème inverse, c'est-à-dire en calculant la résistance d'une colonne en fonte de 6^m de hauteur avec le diamètre extérieur de $0^m,18$ et l'épaisseur 18 millimètres ; on devra trouver à très-peu près 30000^k.

Pour épargner ces calculs assez laborieux, M. Barré a calculé des tableaux de courbes donnant immédiatement la résistance des colonnes en fonte pleines et creuses, suivant leurs hauteurs, leurs diamètres et leurs épaisseurs. (Nous renvoyons le lecteur à l'ouvrage de cet ingénieur.)

99. *Formule proposée par M. Bourdais, ingénieur civil.* — M. Bourdais ayant eu l'occasion de calculer un grand nombre de colonnes en fonte, tant pour bâtiments civils que pour ponts de chemins de fer, et ayant pu se convaincre que les résultats de la formule

$$P = 1780 \frac{d^{3.6} - d'^{3.6}}{l^{1.7}},$$

généralement admise, étaient non-seulement assez longs à obtenir, mais en désaccord, en beaucoup de cas (pour les colonnes creuses) avec l'état actuel de l'art du fondeur, a recherché une formule à la fois simple à calculer et en harmonie avec les résultats des nombreuses expériences faites en Angleterre et en France, pendant ces dernières années.

C'est après de nombreuses applications qu'il a pu se convaincre de l'exactitude de la formule à laquelle il est arrivé.

Sans entrer dans le détail de la méthode algébrique et graphique dont il s'est servi, il expose simplement que la formule à laquelle l'ont conduit ses recherches, lie entre elles les trois quantités :

R résistance de la fonte par millimètre carré ;
A section de la colonne en décimètres carrés ;
h hauteur en mètres.
Cette relation est $R = 4 + A - h.$ [1]
Elle est vraie pour les colonnes pleines et pour les colonnes creuses, A désignant la section $\frac{\pi D^2}{4}$, D le diamètre extérieur.

Colonnes pleines.

Pour les colonnes pleines, on a de plus la relation connue $P = AR$
P désignant le nombre de $10,000^k$ que doit supporter la colonne.
De ces deux équations, on déduit, en éliminant R

$$A = \frac{h-4}{2} + \sqrt{\left(\frac{h-4}{2}\right)^2 + P}.$$

Telle est la relation très-simple qui a servi à M. Bourdais à calculer la section d'une colonne dont on connaît la hauteur et la surcharge.

On en déduit le diamètre $D = \sqrt{\dfrac{4A}{\pi}}.$

Colonnes creuses.

L'art du fondeur impose des minimums d'épaisseur donnés par la condition

$$A - A' > 0,2 \times A, \qquad [2]$$

A' désignant la section intérieure de la colonne. On a de plus la relation

$$P = (A - A') \cdot R,$$

et l'équation [1] subsistant en ce cas, on en déduit:

$$A < \frac{h-4}{2} + \sqrt{\left(\frac{4-h}{2}\right)^2 + 5P} \qquad [3]$$

Ayant ainsi choisi A de manière à satisfaire à cette dernière inégalité, on calcule A' en éliminant R dans les équations (1) et (2), et l'on a

$$A' = A - \frac{P}{A + 4 -} :$$

on en déduit le diamètre $D' = \sqrt{\dfrac{4A'}{\pi}}$ et par suite l'épaisseur, ou $e \dfrac{D - D'}{2}$.

Remarque. — Sous le rapport de l'économie de la matière, on a intérêt à prendre A le plus grand possible.

On peut aisément se rendre compte de ce que fait l'inégalité [3] devenant à la limite une égalité, c'est à dire à la valeur de A qui y est correspondante que répond la plus grande économie.

1ʳᵉ *Application.* Colonne pleine de 3ᵐ de hauteur devant supporter 20000ᵏ, on aura

$$h = 3 \quad \text{et} \quad P = 2, \quad \text{d'où} \quad A = \frac{-1}{2} + \sqrt{0,25 + 2} = 1,$$

d'où

$$D = \sqrt{\frac{4}{\pi}} = 1^{\text{d.c}},13 \quad \text{ou} \quad 0^{\text{m}},113.$$

2ᵉ *Application.* Colonne creuse de 6ᵐ de hauteur devant supporter 50,000ᵏ, on aura pour la plus grande économie (formule [3])

$$A = \frac{6-4}{2} \quad \text{ou} \quad \frac{2}{2} + \sqrt{1 + 25} = 6,09$$

correspondant à un diamètre $\quad D = 0,278;$

d'où

$$A' = 6,09 - \frac{5}{6,09 - 2} = 4,87,$$

correspondant à $D' = 0,249$; de là $e = \dfrac{0,278 - 0,249}{2} = 0^{\text{m}},0145$ qui est la limite

d'épaisseur à laquelle on peut, en effet, fondre une colonne de ce diamètre.

On eut pu choisir $D < 0^{\text{m}},278$, par exemple $D = 0^{\text{m}},25$; d'où

$$A = 4^{\text{d.c}},90 \quad \text{et} \quad A' = 4.9 - \frac{5}{4.9 - 2} = 3,18,$$

d'où

$$D' = 2,01 \quad \text{et} \quad e = 0,025.$$

Ces applications montrent avec quelle facilité on opère.

100. *Formule proposée par M. Guettier* (1).

M. Guettier, admettant que la flexion a une influence très-directe sur la question de résistance des colonnes, pense qu'il convient de faire entrer, dans les calculs, une valeur qui représente le degré de cette influence suivant que les colonnes ont atteint une hauteur plus ou moins grande et que cette valeur doit être combinée avec une autre quantité figurant l'élément de compression, élément variable tout à la fois, suivant la longueur et le diamètre des colonnes, et qui doit entrer dans le calcul, pour affaiblir d'autant plus le chiffre de la résistance que la colonne est plus longue et d'un diamètre plus faible.

En partant de cette théorie, qui semble d'autant plus logique qu'on ne saurait admettre, dans aucune construction, une colonne pouvant subir une flexion quelconque, même sans la moindre chance de rupture, M. Guettier a composé l'expression suivante :

$$P = \frac{R \cdot S}{m \cdot n \cdot H}$$, réduite à la forme la plus simple pour le calcul et dans laquelle

P représente en kilog., la charge à faire supporter à une colonne avec toute sécurité ;

S la surface en centimètres carrés de la section de cette colonne ;

R le chiffre de résistance que la colonne peut atteindre sans altération et que M. Guettier a, d'après ses expériences à la compression, porté à 2200^{K} par centimètre carré, chiffre qui représente à peu près le $^1/_5$ de la charge devant amener par compression la rupture d'un cube de 0^m,01 de côté, en fonte, à grains serrés, qualité intermédiaire entre la fonte *gris-noir* et la fonte *truité-gris*.

Le nombre 2200 kil. bon à suivre dans toutes les applications où les colonnes, sont coulées avec soin, et notamment quand il est question de colonnes creuses, devrait être abaissé à 1400 kil. dans l'hypothèse de colonnes coulées en fonte de toute nature et fréquemment en fontes truitées avancées, presque blanches ou blanches, comme cela a lieu pour la fabrication des colonnes ordinaires du commerce.

m une quantité indiquée au tableau suivant et que M. Guettier appelle *coefficient de flexion*, variable selon la longueur des colonnes relativement à leur diamètre.

n une quantité variable avec la longueur et le diamètre des colonnes, indiquée également au même tableau et qui sert à faire la part de l'écrasement, en opposition avec la valeur *m* représentant la part de la flexion.

---

(1) De l'emploi pratique et raisonné de la fonte de fer dans les constructions ou recueil d'expériences, d'études et d'observations pratiques, par A. Guettier, ingénieur et directeur de fonderies. Chez E. Lacroix, à Paris.

H la hauteur des colonnes, mesurée en centimètres.

RELATIONS entre les diamètres des colonnes et leurs longueurs	VALEUR de m	VALEURS DE n POUR UN DIAMÈTRE DE						
		$0^m,05$	$0^m,06$	$0^m,08$	$0^m,10$	$0^m,12$	$0^m,15$	$0^m,20$
Colonnes dont H = 10 D	0,10	0,520	0,430	0,320	0,270	0,115	0,090	0,085
— H = 20 D	0,20	0,240	0,180	0,135	0,120	0,100	0,080	0,070
— H = 30 D	0,35	0,140	0,115	0,085	0,080	0,060	0,045	0,035
— H = 40 D	0,50	0,110	0,085	0,068	0,060	0,050	0,040	0,030
— H = 50 D	0,75	0,083	0,060	0,058	0,044	0,036	0,030	0,022
— H = 60 D	0,95	0,075	0,055	0,052	0,040	0,030	0,025	0,020
— H = 70 D	1,25	0,070	0,050	0,047	0,036	0,026	0,022	0,016
— H = 80 D	1,55	0,065	0,046	0,041	0,030	0,022	0,020	0,012
— H = 90 D	2,00	0,050	0,043	0,035	0,025	0,020	0,018	0,009
— H = 100 D	2,60	0,045	0,045	0,028	0,020	0,016	0,010	0,006

L'emploi de cette formule a permis de calculer les chiffres de la table ci-après, à l'aide de laquelle, en se servant de deux ou plusieurs résultats qui se suivent pour en obtenir des nombres approchés et moyens, on peut trouver la résistance de toutes les colonnes d'une longueur et d'un diamètre quelconque entre $1^m,00$ et $10^m,00$, $0^m,05$ et $0^m,20$.

Pour faciliter la comparaison de ces chiffres avec ceux donnés par M. Morin et indiqués au tableau, n° 77 (voir l'Atlas) on a opéré sur des colonnes de longueur et de diamètre semblables. On remarquera que les chiffres donnés par la formule de M. Guettier sont généralement plus élevés que ceux donnés par la formule de M. Morin, ce qui semble pouvoir être admis sans la moindre crainte pour la sécurité des constructions.

La différence entre les résultats indiqués par les formules de M. Morin et de M. Guettier pour la fonte s'explique par la valeur R = 1250^K qu'adopte M. Morin, valeur que M. Guettier trouve trop faible, d'après ses expériences, et même d'après les expériences connues, pour ce qu'on peut demander à la fonte employée en colonnes. (Voir M. Morin. — *Résistance des matériaux* n° 99, page 98, année 1857. — *Détermination de la charge de compression que l'on peut faire supporter d'une manière permanente à la fonte.*)

M. Guettier fait remarquer en outre que si l'on examine sérieusement les indications données par M. Morin, on reconnaît qu'il se présente entre certains résultats, même en supposant que les résistances des colonnes en fonte ne soient pas toujours dans des proportions régulières, des écarts tellement grands que la simple pratique ne saurait les admettre.

Ainsi, en prenant un exemple, nous ferons remarquer, dit M. Guettier, qu'une colonne de $0^m,05$ de diamètre et de $1^m,50$ de haut peut porter une charge de 5463^K, quand la même colonne admettant 5985 kil. à $1^m,40$ de hauteur, ne recevra plus que 4337^K et 4210^K à $1^m,60$ et à $1^m,80$ de hauteur, pour supporter un poids relativement beaucoup plus élevé à 2^m et $2^m,20$. On pourrait, ajoute M. Guettier, noter des observations analogues parmi les autres colonnes portées au tableau.

Ces écarts qui, on doit le sentir, ne sont pas possibles à un degré aussi prononcé, démontrent assez clairement que les formules ne s'appliquent pas avec une égale opportunité à tous les cas de la pratique et qu'elles peuvent s'appuyer sur des résultats d'expérience qui n'ont pas été assez concluants, ni assez complets.

Mais ce qu'on devra remarquer de plus saillant, c'est la notation de chiffres proportionnels en raison des valeurs m et n, (formule de M. Guettier), ne donnant pas lieu aux écarts indiqués plus haut et qui ne sauraient soutenir, dans les données fournies par la formule de M. Morin, le plus simple examen pratique et que l'emploi de la formule, envisagée théoriquement, n'expliquerait même pas.

Influence de la forme à réserver aux colonnes. — En augmentant le diamètre d'un pilier vers le milieu de sa longueur, on aurait sa résistance dans la proportion du $1/7$ au $1/8$ du poids déterminant la rupture. Toutefois, ce résultat, qui s'applique aux colonnes pleines d'une certaine longueur dont la rupture a lieu habituellement vers le milieu, n'est plus le même dans les colonnes creuses où le point de rupture se montre le plus souvent au-dessous du milieu de la hauteur. Les colonnes creuses ainsi renflées ne résisteraient pas plus que des colonnes de poids semblable, de diamètre et d'épaisseur uniformes.

M. Guettier a donné, dans son ouvrage, auquel nous renvoyons le lecteur, la nomenclature des diverses formes de colonnes qui ont été employées, dans de grandes constructions. Mais toutes ces dispositions sont plutôt des exceptions, et la préférence doit, en thèse générale, être accordée aux colonnes à section circulaire.

Les colonnes pleines s'emploient surtout pour la construction du bâtiment ; elles sont d'habitude fabriquées sur des modèles courants, dits modèles du commerce. On les coule avec toute espèce de fontes, de préférence avec des fontes truitées avancées ; dans quelques usines, avec de la fonte blanche.

La vente qui s'en fait à Paris et dans la province a pris depuis quelques années un développement considérable.

Les architectes et les entrepreneurs trouvent chez les marchands de fonte à Paris un assortiment de colonnes pleines qui sont fabriquées dans les conditions suivantes :

Diamètre.

Colonnes de 0,070	depuis 1^m,50	jusqu'à 2^m,75	au poids de 20^K,50 le mètre
0,081	2^m,50	3^m,25	40^K
0,094	2^m,50	3^m,65	52^K
0,108	2^m,80	4^m,50	63^K
0,120	3^m,00	5^m,00	85^K
0,135	5^m,00	6^m,00	99^K

Toutes ces colonnes sont fabriquées pour la vente courante à des longueurs qui varient de 0^m,05 en 0^m,05 jusqu'aux longueurs *maxima* en dehors desquelles on n'exécute plus que sur commande.

Les colonnes longues sont rarement faites au-dessous du diamètre 0^m,120 et elles atteignent jusqu'aux longueurs 7^m,50 et 8^m.

Les colonnes dites *colonnes extra* sont disposées pour deux et quelquefois pour trois étages ; elles reçoivent des consoles supportant les poutrelles des planchers. On fabrique de ces colonnes *extra* jusqu'au diamètre 0,20 ou 0^m,22. au-delà, elles sont coulées creuses.

101. *Des colonnes creuses en fonte.*

Pour calculer le diamètre d'une colonne creuse, on admet que sa résistance est égale à la différence entre la résistance de deux colonnes de même hauteur, que l'une, est d'un diamètre égal à son diamètre extérieur, l'autre d'un diamètre égal à celui du noyau, vide intérieur. Les limites pratiques sont principalement fixées d'après la longueur des pièces à couler, de manière à assurer l'égale répartition du métal autour du noyau et la fixité de celui-ci. Les limites inférieures des épaisseurs du métal en fonte creuse sont en général réglées ainsi qu'il suit :

Hauteur des colonnes en mètres.	2ᵐ à 3ᵐ	3ᵐ à 4ᵐ	4ᵐ à 6ᵐ	6ᵐ à 8ᵐ	8ᵐ à 10ᵐ
Épaisseurs inférieures en millim.	de 0ᵐ,010 à 0ᵐ,012	0ᵐ,012 à 0ᵐ,015	0ᵐ,015 à 0ᵐ,020	0ᵐ,020 à 0ᵐ,025	0ᵐ,025 à 0ᵐ,030

Il conviendra donc de ne pas admettre d'épaisseurs moindres que celles-ci, toutes les fois que les colonnes devront supporter des charges un peu fortes.

Il n'y a pas de limites rigoureuses pour la fabrication des colonnes creuses qui ne sont pas considérées comme colonnes de commerce et que les fondeurs livrent plus particulièrement aux constructions industrielles ou aux travaux publics. Comme principe, voici les dimensions à admettre, autant pour conserver une bonne fabrication que pour assurer aux colonnes, dans les cas les plus ordinaires, tout le degré de solidité désirable. (M. Guettier, page 280).

Diamètre	longueur	épaisseur	poids par mètre
Colonnes 0ᵐ,070	2ᵐ,50	0ᵐ,012	18ᴷ à 20ᴷ
0 ,081	2 ,50	0 ,012	22 à 25
	3 ,25	0 ,015	27 à 30
0 ,094	2 ,50	0 ,012	25 à 28
	3 ,65	0 ,015	31 à 35
	3 ,00	0 ,012	30 à 33
0 ,108	3 ,50	0 ,015	36 à 40
	4 ,50	0 ,018	44 à 48
	3 ,00	0 ,015	46 à 50
0 ,135	4 ,50	0 ,018	55 à 60
	5 ,50	0 ,020	61 à 66
	3 ,00	0 ,015	55 à 60
0 ,162	4 ,50	0 ,018	66 à 72
	5 ,50	0 ,020	74 à 80
0 ,200	4ᵐ à 5ᵐ	0 ,020	poids variables suivant les accessoires, bases chapiteaux, etc.
	5 à 6	0 ,025	
0 ,250	6 à 7	0 ,028	
0 ,300	6 à 8	0ᵐ,030 à 0ᵐ,035	

Les poids sont calculés en comptant sur les variations dues au moulage et sur l'augmentation produite par l'addition d'une base et d'un chapiteau que nous supposons de la forme la plus simple possible, par exemple, comme l'indiquent les figures 107 et 108, pl. 4, qui donnent les profils usités pour les colonnes du commerce.

A Londres, les colonnes de fabrication courante employées dans la construction du bâtiment sont généralement faites avec fût cylindrique, sans aucune sorte d'appendice en haut ou en bas. Les saillies nécessaires pour former la base et le chapiteau sont rapportées au moyen de disques emboîtant les bouts de la colonne (fig. 109, pl. 4). Cette méthode, que quelques marchands de fonte ont imitée à Paris, permet de couper, à l'aide du bédane, les fûts de colonnes à des longueurs aussi exactes qu'on le veut, et de les garnir, s'ils doivent être apparents, de chapiteaux rapportés, plus ou moins ornés en zinc, en carton-pierre, ou bien en fonte, comme nous venons de le dire. Les colonnes à base et chapiteau venus du même jet ont l'avantage de donner des assiettes plus solides ; elles sont habituellement munies à leurs extrémités, quand ce sont des colonnes pleines, de goujons de fer servant à empêcher leur déplacement sur le dé en pierre qui les supporte ou sous les poutres qu'elles reçoivent.

Pour les colonnes creuses, ce goujon, ordinairement en fer, est noyé dans l'épaisseur de la fonte sur l'un des côtés ou dans l'un des angles, si la base et le chapiteau sont terminés par des carrés.

Autrement, si l'on veut avoir pour la base, une face de pose très-solide, on asseoit la colonne sur une plaque de fondation, comme figure 110, pl. 4, ou simplement sur un dé en pierre parfaitement dressé. Dans les constructions demandant du soin, c'est toujours une très-bonne chose de dresser sur le tour les extrémités des colonnes et les plaques de fondation employées ainsi.

La partie supérieure des colonnes est susceptible d'être disposée suivant les besoins de la construction à laquelle les colonnes s'appliquent. Ces diverses dispositions sont indiquées dans l'ouvrage de M. Guettier, pages 285-286-287, auquel nous renvoyons le lecteur.

Au-delà de $0^m,30$ de diamètre, les colonnes creuses, dépassant 5 à 6^m de longueur, ne devraient pas avoir une épaisseur moindre de $0^m,030$ pour arriver à une fabrication garantie contre toutes les éventualités que peuvent produire le moulage et la coulée, soufflures, reprises, gouttes froides, abaissement grave de l'épaisseur *minima* au cas où le noyau viendrait à s'excentrer, etc.

Pourtant avec un matériel bien monté et un moulage bien compris, on pourrait descendre l'épaisseur à $0^m,025$ et même à $0^m,020$; mais cette dernière limite devrait être considérée comme très-faible, et il ne serait prudent d'y arriver que pour des colonnes peu chargées.

On ne fait que rarement des colonnes dépassant le diamètre $0^m,45$ à $0^m,50$. Quand on doit adopter un diamètre qui excède $0^m,50$ et atteindre une grande hauteur, il est plus avantageux, plus simple et plus sûr de composer les colonnes de tronçons de 2 à 3^m, coulés debout, ce qui permet de régulariser les épaisseurs, en les tenant plus faibles, et assemblées pour former les hauteurs voulues, à l'aide de brides ou d'emmanchements.

Les limites des proportions les plus sages dans lesquelles se tiennent les constructeurs sont les colonnes de hauteur de 50 à 60 fois leur diamètre.

En effet, les colonnes du commerce dont se servent journellement, à Paris, les entrepreneurs de bâtiments sont généralement tenues dans les dimensions suivantes:

Colonnes de $0^m,05$ de diamètre — longueurs	$2^m,80$ à	$3^m,00$
$0^m,06$ — —	$3^m,00$ à	$3^m,50$
$0^m,08$ — —	$4^m,25$ à	$4^m,50$
$0^m,10$ — —	$5^m,00$ à	$5^m,50$
$0^m,12$ — —	$5^m,50$ à	$6^m,00$
$0^m,15$ — —	$6^m,00$ à	$7^m,50$
$0^m,18$ — —	$7^m,50$ à	$9^m,00$
$0^m,20$ — —	$9^m,00$ à	$10^m,00$

Et du reste, quand ces colonnes atteignent des hauteurs de plus de $6^m,00$, il est rare qu'elles ne soient pas interrompues vers leur milieu par des supports destinés à recevoir les planchers et mettant la colonne coulée ainsi d'une seule pièce, dans une position plus favorable à la construction que deux colonnes superposées.

102. On peut aussi déduire de ces formules des tableaux analogues à ceux qui ont été donnés pour les bois et dont l'usage est assez commode.

Dans le tableau numérique suivant, les chiffres des colonnes 3 et 5 représentent les charges permanentes par centimètre carré.

| RAPPORT de la hauteur à la plus petite dimension de la base (1) | RÉSISTANCES PERMANENTES | | | |
| | FONTE | | FER | |
	proportionnelle (2)	par cent. carré (3)	proportionnelle (4)	par cent. carré (5)
1	1.000	1250	1.000	600
5	0.779	975	0.875	525
10	0.559	700	0.750	450
15	0.448	573	0.670	402
20	0.337	446	0.590	354
25	0.280	364	0.547	327
30	0.223	283	0.500	300
35	0.189	233	0.462	277
40	0.146	183	0.425	255
45	0.124	155	0.390	235
50	0.108	127	0.357	215
55	0.087	109	0.327	197
60	0.073	91	0.298	179
65	0.064	80	0.274	164
70	0.055	69	0.250	150
75	0.049	62	0.230	138
80	0.044	55	0.210	126
85	0.039	49	0.194	116
90	0.035	44	0.178	107
95	0.032	40	0.165	99
100	0.029	36	0.152	91

103. *Usage de cette table.* — *Trouver la charge que peut supporter avec sécurité une colonne massive en fonte, dont le diamètre moyen est de* $0^m,15$ *et dont la longueur égale 40 fois le diamètre.*

Le coefficient de la résistance $= 183$.

La section circulaire de la colonne $= 0,7854 \times \overline{0,15}^2 = 176^{cq},6$

et
$$176,6 \times 183 = 32318^K.$$

2ᵉ Exemple. — *Quelle doit être la section transversale et par suite le diamètre d'une colonne en fonte dont la longueur est égale à 40 fois le diamètre pour résister avec sécurité à une charge de* 32269^K ?

$$\frac{32318}{183} = 176^{cq},71 \text{ section transversale de la colonne}$$

et
$$\sqrt{\frac{176,71}{0,7854}} = \sqrt{225} = 15 \text{ centimètres, diamètre de cette même colonne.}$$

3ᵉ Exemple. — *Quelle est la charge que peut supporter avec sécurité une colonne massive en fonte de 8 centimètres de diamètre et de* $3^m,80$ *de hauteur ?*

On voit d'abord que le rapport de la hauteur ou diamètre $= \dfrac{3,80}{8} = 47,5$.

Ce rapport se trouvant compris entre les nombres consécutifs du tableau, 45 et 50, on prendra pour charge permanente par centimètre carré, une moyenne arithmétique entre les charges qui correspondent à ces nombres, c'est-à-dire le rapport 142.

Ainsi section $0,7854 \times 8^2 \times 142 = 7136^k 92$ ou 7137^k.

Pour les magasins et boutiques, les architectes établissent ordinairement deux colonnes jumelles en fonte, au lieu de pilastres en briques, pour occuper moins d'emplacement. Les deux colonnes supporteraient une charge de 14274^k et pèseraient $0,7854 \times \overline{0,08}^2 \times 2 \times 3,80 \times 7,20 = 275^k$.

Si au lieu de deux colonnes jumelles massives, on adopte une seule colonne creuse de $0^m,16$ de diamètre pour supporter la même charge de 14274^k, on arrive à diminuer notablement le poids de la fonte.

En effet, le diamètre de la colonne étant 16 centimètres au lieu de 8, le rapport entre la hauteur et le diamètre est de 23, 75 au lieu de 47,5 ; par conséquent le nombre à prendre dans le tableau sera de 350 au lieu de 142.

Or $\dfrac{14274}{350} = 40^{cq},78$ section d'une colonne pleine équivalente à celle dont il faut chercher l'épaisseur, puisque le diamètre de cette dernière est de 16 centimètres, sa section est égale à $0,7854 \times \overline{16}^2 = 201^{cq},06$.

Si de cette section, on déduit celle de 40,78 qui vient d'être trouvée, on a $160^{cq},28$ pour la section intérieure de ladite colonne creuse.

Le diamètre correspondant à une section interne de

$$D = \sqrt{\frac{160,28}{0,7854}} = \sqrt{204,08} = 14^c,28.$$

Ainsi l'épaisseur de la colonne creuse est égale à $16 - 14,28 = 1^c,92$.

Or, le poids d'une telle colonne ayant $3^m,80$ de hauteur égale

$$3,80 \times 0,7854 \times \left(\overline{16}^2 - \overline{14,28}^2\right) \times 7,20 = 111^k,563.$$

Ce résultat fait voir qu'il y a une grande économie de matière à employer des colonnes creuses, au lieu de colonnes pleines.

On peut aussi remarquer que, dans cet exemple, l'épaisseur de $1^c,92$ que donne le calcul est suffisante dans l'exécution.

Dans les deux cas précédents, on n'a pas tenu compte des moulures de la colonne et de l'augmentation du diamètre vers sa base, le poids doit en conséquence être élevé d'environ $^1/_{10}$.

104 *Comparaison des colonnes pleines et des colonnes creuses.*

Supposons deux colonnes de $0^m,20$ de diamètre extérieur D, l'une pleine et l'autre creuse ; cette dernière ayant un diamètre intérieur de $0^m,16 = d$.

La surface de la section droite, dans la première sera

$$\frac{\pi D^2}{4} \quad \text{ou} \quad \pi R^2 = 3,1416 \times 0,\overline{10}^2 = 0^{mq},0314.$$

La surface de la section annulaire pleine

$$\frac{\pi \cdot (D^2 - d^2)}{4} \quad \text{ou} \quad \pi(R^2 - r^2) = 3,1416 \times 0,0036 = 0,0113.$$

Supposons que ces colonnes aient chacune 4^m de hauteur. Pour des colonnes pleines de $4^m,00$ de hauteur et de $0^m,20$ de diamètre, on trouve dans la table suivante, une charge correspondante de 140056 (formule Morin). Colonnes creuses, avec les mêmes hypothèses, correspond une charge de 69380^k. Le rapport des surfaces :

$$\frac{0,0113}{0,0314} = 0,3598 \quad \text{ou} \quad 0,36 \text{ environ}$$

tandis que celui des charges correspondantes est

$$\frac{69380}{140056} = 0,4953 \quad \text{ou} \quad 0,50 \text{ environ}$$

Ce dernier rapport est, comme on le voit, de beaucoup supérieur à l'autre. On en conclut que les colonnes creuses sont plus avantageuses, vu l'économie du métal. Mais il faut bien vérifier s'il n'y a pas d'excentricité du noyau, de façon à avoir des différences d'épaisseur, ce qui est très-dangereux.

Ainsi, à quantité égale de matière, la section creuse présente le maximum de résistance. Cette propriété des cylindres peut être utilisée dans un grand nombre de cas ; c'est ainsi que d'après Hodgkinson, les résistances à la rupture par écrasement, d'une bielle à section cruciforme et d'une autre bielle à section annulaire uniforme seraient entre elles dans le rapport de 18 à 40 environ ; la quantité du métal, dans chaque section, étant, bien entendu, la même (voir également le n° 105 suivant).

TABLEAUX DE LA RÉSISTANCE DES COLONNES PLEINES EN FONTE ET EN FER ET DES COLONNES CREUSES EN FONTE

105. 1ᵉʳ TABLEAU (n° 78 de l'Atlas) *indiquant les charges par centimètre carré capables de rompre des colonnes à sections cylindriques pleines et creuses, pour des hauteurs comprises entre 5 et 50 fois le diamètre et charges par centimètre carré qu'on peut leurfaire supporter avec sécurité.*

Application des formules de M. Love.

Des expériences faites sur les colonnes en fer ou en fonte, M. Love conclut (ce qui a déjà été exposé précédemment, page 149 application des formules de M. Morin) que :

La résistance d'une colonne creuse cylindrique est égale à la différence des résistances de deux colonnes pleines ayant pour diamètres : la première, le diamètre extérieur, la seconde, le diamètre intérieur de la colonne creuse proposée.

Si l'on applique les formules de M. Love, qui ont, ainsi que l'a démontré cet ingénieur, la sanction de l'expérience, à une série de colonnes pleines de un centimètre carré de section, la première en fonte présentant une résistance à la rupture par compression de 7500^K par centimètre carré ; la seconde en fer offrant une résistance de 3600^K, on trouve les chiffres mentionnés aux colonnes du tableau n° 106. De l'examen de ce tableau, il résulte :

1° Que la résistance des colonnes pleines en fer est inférieure à celle des colonnes en fonte, tant que le rapport de la hauteur au diamètre est inférieur à 28 ; au-delà l'avantage est du côté des colonnes en fer. Pour les colonnes creuses, la fonte est plus résistante jusqu'au rapport $\dfrac{h}{d} = 33$; au-delà, les colonnes en fer offrent plus de solidité ;

2° On voit que les colonnes creuses présentent à section égale plus de résistance que les colonnes pleines, et, de plus, le rapport de la résistance des colonnes creuses à celle des colonnes pleines va en augmentant à mesure que le rapport de la hauteur au diamètre augmente lui-même.

Cette augmentation successive des rapports inscrits dans le même tableau résulte de la formule même qui sert à calculer les charges inscrites aux 2ᵉ et 4ᵉ colonnes de ce tableau.

En effet, appelons $a - r$ la résistance d'une colonne creuse de un centimètre de section, a étant celle d'une colonne pleine de deux centimètres et r celle d'une autre colonne pleine de un centimètre formant le noyau de la première ; soit maintenant d le diamètre du noyau et d' le diamètre extérieur de la colonne creuse, nous aurons $\dfrac{\pi d'^2}{4} = 2$, $\dfrac{\pi d^2}{4} = 1$, d'où l'on tire $d' = 2d^2$, et par conséquent, pour une même section de un centimètre, nous aurons les résistances suivantes ;

Colonne creuse : $a - r = \dfrac{2R \cdot S}{1{,}45 + \frac{1}{2} \times 0{,}00337 \left(\frac{h}{d}\right)^2} - \dfrac{RS}{1{,}45 + 0{,}00337 \left(\frac{h}{d}\right)}$

Colonne pleine : $r = \dfrac{RS}{1{,}45 + 0{,}00337 \left(\frac{h}{d}\right)^2}$.

On en déduit le rapport de la première à la seconde

$$\frac{a - r}{r} = \frac{2{.}90 + 0{,}00674 \left(\frac{h}{d}\right)^2}{1{,}45 + 0{,}001885 \left(\frac{h}{d}\right)^2}$$

rapport qui augmente à mesure que $\frac{h}{d}$ augmente.

Charges pratiques à faire supporter aux colonnes pleines et creuses.

Comme en pratique, on ne doit faire porter aux colonnes que le $\frac{1}{6}$ environ de la charge de rupture, les colonnes 3 et 5 du tableau n° 78 qui donnent les charges que l'on peut faire porter avec sécurité aux colonnes en fonte et en fer, ont été obtenues en prenant le $\frac{1}{6}$ des charges de rupture correspondantes des colonnes 2 et 4.

2° TABLEAU n° 79 *indiquant les dimensions (diamètres et hauteurs) des colonnes pleines en fonte et en fer, leurs sections, leurs poids par mètre courant, et les charges qu'on peut leur faire supporter avec sécurité, calculées, savoir : les charges*

de la colonne L, par la formule de M. Love : $P = \dfrac{7500 \times S}{1{,}45 + 0{,}00337 \cdot \left(\frac{h}{d}\right)^2}$ pour les hau-

teurs comprises entre 4 fois et 120 fois le diamètre,

— H, (fonte) par la formule de M. Hodgkinson : $P = 1730 \dfrac{D^{3 \cdot 6}}{h^{1 \cdot 7}}$ pour les limites comprises entre 25 fois et 120 le diamètre,

— M, (fonte) par la formule de M. Morin : $P = \dfrac{1250 \, D^4}{1{.}85 . D^2 + 0{,}0043 . h^2}$ pour les limites comprises entre 4 fois et 120 fois le diamètre.

— G, (fonte) par la formule de M. Guettier : $P = \dfrac{RS}{m . n . h}$

— L, (fer) par la formule de M. Love : $P = \dfrac{2500 . S}{1{.}55 + 0{,}0005 . \left(\frac{h}{d}\right)^2}$ pour les hauteurs comprises entre 10 et 180 fois le diamètre.

— M, (fer) par la formule de M. Morin : $P = \dfrac{600 \, D^4}{1{.}97 . D^2 + 0{,}00064 . h^2}$

3° TABLEAU n° 80 *indiquant les dimensions des colonnes creuses (diamètre intérieur et extérieur, épaisseur, hauteur), et les charges qu'on peut leur faire supporter avec sécurité.* Ce 3° tableau est composé de deux parties :

Les valeurs de la première ont été calculées par la formule de M. Hodgkinson

$$P = 1725 \frac{D^{3 \cdot 6} - d^{3 \cdot 6}}{h^{1 \cdot 7}}$$

Celles de la deuxième ont été calculées par la formule $P = P' = P''$.

Le diamètre intérieur des supports creux est, d'après M. Morin, à peu près les $\frac{4}{5}$ du diamètre extérieur.

Ces trois tableaux (1er, 2e et 3e) font partie de l'Atlas sous les n°s 78, 79 et 80, pages VIII, IX, X.

SUPPLÉMENT.

Table de résistance de 66 Poutres droites à double I en tôle de fer de
$0^m,300$ *à* $0^m,500$ *de hauteur.*

Les fers à double I du commerce s'emploient généralement dans les bâtiments et ponts pour des portées ne dépassant guère $8^m,00$. Au delà de cette limite, on emploie avec avantage des poutres droites en tôle de fer avec cornières et semelles (1).

Afin d'éviter, aux constructeurs, l'aridité du calcul des résistances de ces poutres, nous allons indiquer ici une table extraite d'une autre beaucoup plus étendue que nous calculons en ce moment, et donnant sans calcul, *la surface de la section transversale, le poids par mètre courant, et le moment de résistance* pour 66 combinaisons de poutres simples complètes (c'est-à-dire de poutres composées d'une pièce verticale ou âme, de deux pièces horizontales, placées à ses extrémités inférieure et supérieure, nommées *semelles* reliées entre elles au moyen de rivets par quatre fers à équerre ou cornières, fig. 123, 124, 125, pl. 17), s'appliquant à des hauteurs d'âme de $0^m,300$ à $0^m,500$ et à un nombre bien plus considérable encore de combinaisons, si on veut ajouter aux poutres simples, pour augmenter leur résistance, des *semelles additionnelles* (fig. 126, pl. 17) (1 *bis*) qui sont toujours distribuées par égal nombre et d'égale force sur la partie supérieure et sur la partie inférieure de la poutre, afin de ne pas rompre l'équilibre entre le travail de compression et le travail de traction auquel la matière est soumise, suivant qu'elle est placée au-dessus de l'âme ou au-dessous (voir renvoi (5) plus loin).

Ces éléments sont plus que suffisants pour arriver à la détermination précise de

---

(1) Les procédés de fabrication des fers double I du commerce, en usage jusqu'à ce jour, n'ont pas encore permis de livrer des échantillons de grande dimension offrant les mêmes garanties de parfaite homogénéité de la matière et dans lesquels le poids de l'âme, relativement au poids total, fût en aussi faible proportion que dans le double I composé de tôles assemblées. Cette circonstance seule constitue son infériorité. Entre les fers spéciaux, la forme double I est celle qui offre les plus grands avantages comme résistance à la flexion (voir n° 13, page 18 et n° 35, page 31).

(1 *bis*) Le nombre des semelles n'est pas absolument limité à deux, il peut être porté à quatre (fig. 126, pl. 17), à six, etc., etc., suivant les besoins, pour accroître la résistance de la poutre, particulièrement lorsque la hauteur d'âme ne peut pas être augmentée, pour une cause quelconque.

Si, au contraire, aucune circonstance locale ne vient limiter cette hauteur, ce dernier moyen doit être préféré, ou tout au moins employé concurremment pour augmenter la force de la poutre, attendu que, dans ces dernières conditions, la matière est mieux utilisée, et que dans une poutre en tôle, comme dans les fers à I du commerce, toute la résistance se trouve dans les ailes (n° 35, page 31) et comme on le verra plus loin pour les poutres en tôle et cornières.

la *forme* et de la *force* des poutres à utiliser de préférence pour les constructions se rapportant à des ouvertures linéaires de 4 à 15^m soit pour bâtiments, soit pour débouchés linéaires de pont, c'est-à-dire pour le cas que nous proposons ici.

Nota : Les cornières employées pour la composition des poutres sont à branches égales de $0^m,08$ à $0^m,10$ de longueur. A défaut de ces dimensions, ces cornières peuvent être remplacées, sans inconvénient, par d'autres de moindre longueur de branche, *mais de même disposition et de section égale,* sans que les données de la table cessent de pouvoir être appliquées. Il n'y a pas à se préoccuper des variations résultant de ces changements dans les chiffres des colonnes 14 à 16 ; elles sont toujours à l'avantage de la résistance.

TABLEAU.

Table indiquant les dimensions, surfaces des sections transversales, poids et résistances de 68 poutres simples, en tôle de fer de 0ᵐ,300 à 0ᵐ,500 de hauteur d'âme.

Hauteurs (m) [1]	Épaisseurs (m) [2]	Cornières — Longueur des branches (m) [3]	Cornières — Épaisseur [4]	Semelles — Largeur [5]	Semelles — Épaisseur (m) [6]	Surface — Âme et cornières [7]	Surface — Semelles (les deux) [8]	Surface — Total [9']	Poids — Âme et cornières (k) [10]	Poids — Semelles les deux (k) [11]	Poids — Têtes de rivets 120 de 0m.03 de diamètre (k) [12]	Poids — Les total (k) [13]	Résistance — Âme et cornières [14]	Résistance — Semelles les deux [15]	Résistance — Total pr une poutre [16]	N°ˢ d'ordre [17]
0.300	0.006	0.080 / 0.080	0.008	0.166	0.008	0.006665	0.002650	0.009320	51.899	20.685	6.606	79.190	3798.03	2392.55	6191.18	1
					0.010		0.003320	0.009984		25.856	6.606	81.361		2992.15	6790.78	2
	0.008	0.080 / 0.080	0.008	0.168	0.008	0.007264	0.002688	0.009952	56.372	20.934	6.606	84.112	3978.03	2421.37	6400.00	3
					0.010		0.003360	0.010521		26.168	6.606	80.346		3098.20	4306.83	4
0.350	0.006	0.080 / 0.080	0.008	0.166	0.008	0.006664	0.002636	0.009920	54.236	20.685	6.606	81.527	4604.74	2790.66	7482.40	5
					0.010		0.003390	0.010284		25.856	6.606	86.608		3489.59	8181.33	6
	0.008	0.060 / 0.080	0.008	0.168	0.008	0.007064	0.002688	0.010332	59.687	20.934	6.606	87.227	4035.74	2824.28	7761.02	7
					0.010		0.003360	0.011024		26.168	6.606	92.401		3531.63	8468.37	8
			0.010	0.168	0.008	0.008800	0.002688	0.011488	68.534	20.934	6.606	96.074	5843.20	2824.28	8637.54	9
					0.010		0.003300	0.012160		26.168	6.606	101.038		3534.03	9344.89	10
	0.010	0.100 / 0.100	0.040	0.210	0.008	0.011100	0.003360	0.014460	86.446	26.168	6.606	119.220	7080.03	3530.35	10580.38	11
					0.010		0.004200	0.015300		32.709	6.606	125.761		4114.54	11404.57	12
0.400	0.006	0.080 / 0.080	0.008	0.166	0.008	0.007264	0.003030	0.009920	56.372	20.685	6.606	83.863	5622.72	3188.83	8811.55	13
					0.010		0.003320	0.010584		25.856	6.606	89.034		3087.16	9609.88	14
		0.100 / 0.100	0.008	0.206	0.008	0.008354	0.003196	0.011840	66.540	25.669	6.606	98.815	6593.37	3957.23	10550.00	15
					0.010		0.004120	0.012004		32.086	6.606	105.232		4957.92	11541.29	16
	0.008	0.100 / 0.100	0.008	0.208	0.010	0.009344	0.004160	0.013504	72.771	32.398	6.606	111.775	6913.37	4995.06	11900.33	17
				0.250	0.010		0.005000	0.014344		33.940	6.606	118.317		6004.70	12918.13	18
				0.280	0.010	0.009344	0.005600	0.014984	72.771	43.612	6.606	122.989	6913.37	6725.33	13638.70	19
				0.300	0.010		0.006000	0.015344		46.728	6.606	126.105		7205.74	14119.08	20
		0.100 / 0.100	0.040	0.210	0.010	0.010800	0.004200	0.015000	84.109	32.709	6.606	123.424	8187.60	5044.06	13231.60	21
				0.250	0.010		0.005000	0.015800		38.940	6.606	129.855		6004.76	14192.36	22
				0.280	0.010	0.010800	0.005600	0.016400	84.109	43.612	6.606	134.347	8187.60	6725.33	14912.83	23
				0.300	0.040		0.006000	0.016800		46.728	6.606	137.443		7905.71	15393.31	24
	0.010	0.100 / 0.100	0.040	0.210	0.010	0.011600	0.004200	0.015800	90.340	32.709	6.606	123.655	8507.60	5044.00	13551.60	25
				0.250	0.010		0.005000	0.016600		38.940	6.606	133.886		6004.76	14512.35	26
				0.280	0.010	0.011600	0.005600	0.017200	90.340	43.612	6.606	140.858	8507.60	6725.33	15232.93	27
				0.300	0.010		0.006000	0.017600		46.728	6.606	143.674		7905.74	15713.31	28
0.450	0.006	0.100 / 0.100	0.008	0.208	0.010	0.009745	0.004160	0.013904	75.886	32.398	6.606	114.890	8139.22	5019.54	13758.76	29
				0.250	0.010		0.005000	0.014744		33.940	6.606	121.432		6754.25	14893.47	30
				0.280	0.010	0.009744	0.005600	0.015344	75.886	43.612	6.606	126.104	8439.22	7564.76	15703.98	31
				0.300	0.040		0.006000	0.015744		46.728	6.606	129.220		8105.44	16244.38	32

POIDS correspondant à un mètre courant (le coefficient de densité du fer étant 7.788.). — RÉSISTANCE À LA FLEXION ou valeur de $\frac{RI}{v}$, R étant égal à 6.000.000ᵏ.

DIMENSIONS — AME Hauteurs (1)	AME Épaisseur (2)	CORNIÈRES Longueur des branches (3)	CORNIÈRES Épaisseur (4)	SEMELLES Largeur (5)	SEMELLES Épaisseur (6)	SURFACE de la SECTION TRANSVERSALE D'UNE POUTRE — Ame et cornières (7)	Semelles (les deux) (8)	Total (9)	POIDS CORRESPONDANT A UN MÈTRE COURANT (le coefficient de densité du fer étant 7.788.) — Ame et cornières (10)	Semelles (les deux) (11)	Têtes de rivets 120 de 0m.03 de diamètre (12)	En total (13)	RÉSISTANCE A LA FLEXION ou valeur de $\frac{RI}{v}$, R étant égal à 6.000.000^k — Ame et cornières (14)	Semelles (les deux) (15)	Total p' cette poutre (16)	N°s D'ORDRE (17)
0.450	0.010	0.100 / 0.100	0.040	0.210	0.010	0.012100	0.004200	0.016300	94.234	32.709	6.606	133.549	10027.76	9073.57	19101.33	33
				0.250	0.010		0.005000	0.017100		38.940	6.606	139.780		9754.95	15752.01	34
				0.280	0.010	0.012100	0.005600	0.017700	94.234	43.612	6.606	144.532	10027.76	7804.70	17393.32	35
				0.300	0.040		0.006000	0.018100		46.728	6.606	147.568		8105.11	18132.87	36
				0.280	0.012	0.012100	0.006720	0.018820	94.234	52.335	6.606	153.175	10027.76	9080.16	19107.92	37
				0.300	0.012		0.007200	0.019300		56.074	6.606	158.914		9728.75	19756.51	38
0.500	0.008	0.080 / 0.080	0.008	0.168	0.040	0.008864	0.003360	0.012224	69.033	25.408	6.606	101.807	8088.86	5012.85	13131.44	39
				0.210	0.040		0.004200	0.013064		32.709	6.606	108.348		6203.23	14392.09	40
				0.250	0.040	0.008864	0.005000	0.013864	69.033	38.940	6.606	114.579	8088.86	7033.85	15393.71	41
				0.280	0.040		0.005600	0.014464		43.612	6.606	119.251		8105.31	16493.17	42
		0.090 / 0.080	0.006	0.300	0.040	0.008864	0.006000	0.014864	69.033	46.728	6.606	122.367	8088.86	9004.61	17093.47	43
				0.210	0.012		0.005040	0.013904		39.234	6.606	115.890		7563.51	15651.40	44
				0.250	0.012	0.008894	0.006000	0.014864	69.033	48.728	6.606	123.367	8088.86	9306.89	17095.45	45
				0.280	0.012		0.006720	0.015584		52.335	6.606	127.974		10087.39	18176.25	46
				0.300	0.012	0.009864	0.007200	0.016905	69.033	56.074	6.606	131.713	8088.86	10807.91	18896.77	47
				0.320	0.012		0.007080	0.016584		59.813	6.606	135.452		11528.44	19617.30	48
		0.100 / 0.100	0.008	0.208	0.040	0.010111	0.004100	0.014305	78.001	33.898	6.606	118.005	9412.20	6243.40	15635.49	49
				0.210	0.040		0.004200	0.014341		32.709	6.606	118.316		5303.93	14745.45	50
				0.250	0.040	0.010144	0.005000	0.015144	78.001	38.940	6.606	124.547	9412.20	7503.85	16916.05	51
				0.280	0.040		0.005600	0.015744		43.612	6.606	129.219		8104.34	17846.54	52
				0.300	0.040	0.010144	0.006000	0.016144	78.001	46.728	6.606	132.335	9412.20	9004.61	18416.81	53
				0.210	0.012		0.005040	0.015184		39.254	6.606	124.858		7563.54	16977.74	54
				0.250	0.012	0.010144	0.006000	0.016144	78.001	46.728	6.606	132.335	9412.20	9006.89	18418.79	55
				0.280	0.012		0.006720	0.016864		52.335	6.606	137.942		10087.39	19499.59	56
				0.300	0.012	0.010144	0.007200	0.017344	78.001	56.074	6.606	141.681	9412.20	10807.91	20230.11	57
				0.320	0.012		0.007680	0.017824		59.813	6.606	145.420		11528.44	20940.64	58
0.500	0.010	0.100 / 0.100	0.010	0.210	0.040	0.012600	0.004200	0.016800	98.128	31.709	6.606	137.443	11606.88	6303.23	17910.11	59
				0.250	0.040		0.005000	0.017600		38.940	6.606	143.674		7503.85	19110.73	60
				0.280	0.040	0.012600	0.005600	0.018200	98.128	43.612	6.606	148.346	11606.88	8404.34	20011.49	61
				0.300	0.040		0.006000	0.018600		46.728	6.606	151.462		9004.61	20611.49	62
				0.210	0.012	0.012000	0.005040	0.017040	98.128	39.254	6.606	143.965	11606.88	7563.54	19172.42	63
				0.250	0.012		0.006000	0.018000		46.728	6.606	151.402		9006.89	20613.47	64
				0.280	0.012	0.012000	0.006700	0.018700	98.128	52.335	6.606	157.059	11606.88	10087.39	21694.27	65
				0.300	0.012		0.007200	0.019200		56.074	6.606	160.808		10807.91	22414.79	66

Usage de la table. Deux termes essentiels sont indispensables à connaître pour l'établissement de planchers de bâtiments, de poitrails, ou de tabliers de pont, sur poutres en métal, offrant toutes garanties de sécurité sans surabondance de matière :

1° L'effort maximum, vers la rupture, exercé sur les poutres, par le poids du plancher, (ou tablier, s'il s'agit de pont), augmenté de la surcharge accidentelle, déterminée comme il est dit page 51, dans le premier cas (application aux bâtiments), ou, surcharge résultant du passage de lourds fardeaux (2) (application aux ponts), qu'on désigne par *moment de rupture ou moment fléchissant*;

2° La résistance à la flexion des poutres, c'est-à-dire la somme des résistances de toutes les fibres qui les constituent, travaillant sous un effort donné, qu'on désigne par *moment de résistance.*

Dans la pratique, *le moment de rupture* ou *fléchissant* est calculé par l'une des formules

$$\frac{Pl}{8} \text{ ou } \frac{pl^2}{8}$$

dans lesquelles

P représente le poids total du tablier (s'il s'agit de pont) entre les points d'appui, poutres comprises, plus la surcharge accidentelle représentée par une *charge d'épreuve* de 400^K par mètre superficiel de ce tablier (s'il s'agit de bâtiments, voir les n°s 48, 62 et 63.

p le poids du *mètre courant* de tablier, poutres et surcharge de 400 kil., comprises comme ci-dessus, ou poids par *mètre courant* de la poutre ou du poitrail s'il s'agit de bâtiments:

l, la longueur totale du tablier ou de la poutre à déterminer, entre les points d'appui, ou largeur de l'ouverture ou portée.

Et *le moment de résistance* est donné par la formule $\dfrac{Rl}{v}$ dans laquelle

R, représente la plus grande résistance à la traction ou à la compression (dans la limite d'élasticité) à laquelle la matière doit être soumise; soit, dans l'espèce, 6 kil. par millim. carré de section transversale perpendiculaire des pièces, où 6,000,000^K par mètre carré de surface (3).

I le moment d'inertie de cette section transversale pris par rapport à la ligne des fibres invariables; ou la somme des produits des divers éléments qui composent la section, par le carré de la distance variable de chaque élément à la ligne des fibres invariables, nommée *rayon de gyration.*

v la distance de la ligne des fibres invariables au point de la section qui en est le plus éloigné, dans l'espèce, la moitié de la hauteur de la pièce.

---

(2) Ou plus exactement, *le couple résultant des moments de toutes les forces qui tendent à faire fléchir ces pièces.*

(3) Le travail du fer à raison de 6^K par $^m/_m{}^q$ de section, représente la moyenne adoptée dans la pratique, pour tous les ouvrages où la matière est assujettie à un effort permanent ; cette moyenne est reconnue suffisante pour garantir une parfaite sécurité ; elle représente le $1/_6$ au plus de la résistance à la rupture et moins de la moitié de l'effort correspondant à la limite d'élasticité.

D'après les expériences de Navier, la tôle laminée ne rompt que sous une charge variant entre 36 et 41 kilog. par $^m/_{mq}$ de section, et la limite d'élasticité du fer soumis à un effort de traction se place, pour le même métal, entre 14 et 15 kil. d'après Poncelet et d'après Hodgkinson (Voir le 5e renvoi suivant page 170.

On doit avoir la relation $\dfrac{Pl}{8}$ ou $\dfrac{pl^2}{8} \leqq \dfrac{RI}{v}$ (4).

Le moment de résistance étant pris égal au moment de rupture, les forces se feraient équilibre, et il n'y aurait pas danger d'accident, mais on ne se contente pas de cette garantie ; on doit toujours avoir $\dfrac{RI}{v} > \dfrac{Pl}{8}$ de $^1/_6$ à $^1/_8$ au moins.

La table dispense du calcul $\dfrac{RI}{v}$; elle donne le moment de résistance d'une poutre simple dans son ensemble (col. 16) et en particulier de l'âme et des cornières réunies (col. 14) et des semelles seules (col. 15) ; disposition qui permet encore de trouver, sans autre calcul qu'une simple addition, le moment de résistance d'une poutre de hauteur *d'âme* égale à laquelle on aurait à ajouter, pour augmenter sa force, une ou plusieurs semelles additionnelles.

Le moment de rupture pour un tablier de pont de longueur déterminée ou pour poutres et poitrails, étant donné, il suffira de choisir entre les divers types de poutre que la table renferme, celui qui s'appropriera le mieux aux exigences locales et du poids le moins élevé à résistance égale, pour réaliser la condition posée plus haut : *économie de matière et sécurité.*

Détermination du moment de rupture. — Supposons le tablier d'un pont composé de 4 poutres, dont le poids total par mètre courant de tablier y compris le poids des poutres, des têtes de rivets d'assemblage, des garde-corps en fonte, du béton et dallage, de la chaussée, de la charge d'épreuve, soit de 62,000 kilog. par mètre courant, et supposons également le tablier du pont de 7^m,00 de longueur totale entre les culées.

La formule $\dfrac{Pl}{8}$ donne pour le moment de rupture $\dfrac{62,000}{8} \times 7^m.00$ 54,250^K

Ajoutant pour surcroît de garantie $^1/_7$ de ce poids   7,750^K

On a pour expression de l'effort maximum exercé sur les 4 poutr.   62,000^K

Le moment de rupture s'appliquant à une seule poutre est donc $\dfrac{62,000^K}{4} = 15,500^K$.

Moment de résistance. — La table donne, à la colonne 16, la valeur de $\dfrac{RI}{v}$ ou *moment de résistance*, pour chaque poutre, des différentes combinaisons qui y sont comprises ; il n'y a donc plus qu'à chercher, dans cette table, les diverses expressions qui se rapprochent le plus *du moment de rupture trouvé* 15,500^K et à choisir entre les divers types de poutres auxquelles elles se rapportent, celui qui s'approprie le mieux aux lieux, quant à la hauteur *d'âme* et qui réalise en même temps la plus grande économie de matière.

Pour le cas actuel, la table donne

---

(4) Nous avons vu précédemment que la section transversale d'une poutre en tôle double **I**, formée de deux demi-sections égales en surface et symétriques, se décompose invariablement en sections partielles rectangulaires, plus ou moins nombreuses, suivant la composition de la pièce et qu'on a conséquemment les valeurs de **I** et de v, comme une pièce prismatique à section rectangulaire ; c'est-à-dire $v = \dfrac{h}{2}$ et $I = \dfrac{bh^3}{12}$ en désignant la base par b et la hauteur par h (n° 11).

N° 28.   Poids du mètre courant   143^K,674.   Résistance   15713^K,31
  33.   —   133 ,549   —   15701 ,33
  41.   —   114 ,579   —   15592 ,71
  49.   —   118 ,005   —   15655 ,40
  50.   —   118 ,316   —   15715 ,43

La résistance .des poutres ci-dessus se rapproche assez du moment de rupture 15500^K pour qu'on puisse choisir indifféremment entre les cinq, le plus économique et le mieux approprié aux lieux. .

Si on n'est pas limité de hauteur, la poutre n° 41 ayant 0^m,500 de hauteur d'âme doit être adoptée comme la plus avantageuse ; elle réalise, en effet, à résistance à peu près égale ou supérieure, une économie de matière de :

29^K,095 par mètre courant, sur la poutre n° 28.
18^K,970   —   n° 33.
3^K,426   —   n° 49.
3^K,737   —   n° 50.

Si, au contraire, la hauteur manque, la poutre n° 28 dont l'âme ne mesure que 0^m,400 de hauteur, présenterait les plus grands avantages.

On a dans tous*les cas, conformément à la règle posée

$$\frac{RI}{v} > \frac{PL}{8} \text{ de plus de } \frac{1}{8}.$$

On voit par ce qui précède *que la matière est d'autant mieux utilisée qu'elle agit à une plus grande distance de la ligne des fibres invariables.* La poutre n° 41 de 0^m,500 de hauteur d'âme, d'un poids beaucoup moindre que les poutres cotées n°s 28 et 33, offre cependant une résistance à la flexion à peu près égale.

Il est établi, en effet, que la matière travaille d'autant plus efficacement qu'elle est placée à une plus grande distance de la ligne des *fibres neutres ;* de là il résulte logiquement que la plus grande résistance ou la plus grande somme de travail pour un poids égal est donnée par la pièce dont la forme a pour effet de reléguer la plus grande masse de matière sur les parties opposées de la section les plus éloignées de l'axe, par quantités égales et symétriquement, afin de maintenir, dans ledit axe, le centre de gravité et de conserver ainsi l'équilibre entre le travail opposé de traction et de compression auquel la pièce est soumise (5).

---

(5) On sait (voir page 7, n° 6) que, si une pièce de bois ou de métal de section carrée ou rectangulaire, est soumise à un effort transversal de flexion tel que celui résultant d'un poids placé sur son milieu, lorsque les deux extrémités reposent librement sur sur deux appuis, cette flexion a pour effet d'amener à une forme concave la face supérieure de la pièce, et à une forme convexe la face inférieure; les molécules ont obéi, dans le premier cas, à un effort de *compression*; dans le second cas, à un effort de *traction*.

Les mêmes effets sont constatés pour une pièce de bois ou de métal dans le cas de flexion, et toujours comme ici. La matière étant supposée d'homogénéité égale, l'allongement et le raccourcissement qui résultent du travail opposé des fibres, vont l'un et l'autre en diminuant vers l'axe,de quantités égales. Il suit de là, que les deux efforts contraires qui les ont produits sont exercés au maximum sur les limites extrêmes des sections inférieure et supérieure de la pièce, et qu'ils vont aussi, l'un et l'autre, en diminuant vers l'axe où ils arrivent à se neutraliser.

La matière travaille donc inégalement, suivant la position qu'elle occupe sur le profil transversal de la pièce ; les fibres sont assujetties à une plus ou moins grande fatigue

Si on considère, sous ce point de vue, les diverses formes du fer, simples ou composées, dont il a été parlé, on trouve que :

La poutre double I formée de tôles assemblées, dont l'âme n'a que l'épaisseur voulue pour maintenir la solidarité indispensable entre les semelles inférieure et supérieure, réalise, au plus haut degré, la condition posée et qu'elle doit produire conséquemment la plus grande somme de travail pour un poids égal. Cette poutre peut, en outre, être construite sous toutes les dimensions et se prêter à l'exécution des plus grands ouvrages.

Emploi de semelles supplémentaires. On a considéré, dans l'exemple précédent, les dispositions locales, comme se prêtant à l'emploi de poutres d'une hauteur d'âme illimitée, et le choix de ces poutres a été dès lors fait d'après ces considérations. Si au contraire on n'avait disposé que d'une hauteur très-réduite de $0^m,350$ par exemple ; la solution était également donnée par la table.

On y trouve, en effet, huit types de cette dimension ; mais celui qui offre la plus grande résistance (n° 12) du poids de $125^k,761$ par mètre courant, ne représente qu'une force de $11464^k,57$

tandis que le *moment de rupture*, indiqué pour une poutre, est de $15500^k,00$

Différence en moins $4035^k,43$

Cette poutre simple serait insuffisante.

Nous avons vu précédemment que pour augmenter la résistance d'une poutre, sans en changer les dimensions, il suffisait d'y ajouter une ou plusieurs semelles supplémentaires, distribuées par égal nombre et d'égale dimension sur le dessus et le dessous de la poutre et rendues parties intégrantes de cette dernière par des rivets (fig. 124, p. 17) les reliant aux cornières et aux semelles primitives.

C'est ici le cas de faire usage de ce moyen.

---

suivant qu'elles sont plus ou moins éloignées de l'axe. La résistance à la traction du fer et la résistance à la compression sont égales et se font équilibre tout autant que la charge n'occasionne pas un allongement ou un raccourcissement supérieur à ceux que peut atteindre ou subir la pièce sans cesser de reprendre très-sensiblement la longueur primitive. Ce plus grand allongement ou ce plus grand raccourcissement correspondent à ce qu'on appelle *la limite d'élasticité,* limite qu'il ne faut jamais dépasser ni même atteindre dans la pratique.

La limite d'élasticité du fer soumis à un effort de traction est placé à $14^k,750$ par millimètre carré de section, d'après Poncelet, et à $14^k,687,$ d'après Hodgkinson. Ce dernier auteur place aussi entre 14 et 15 kil., pour le même métal, la limite d'élasticité par compression.

Au delà de la limite d'élasticité, la résistance à la traction et la résistance à la compression ne sont plus égales, et elles diffèrent de plus en plus, en avançant vers la rupture. L'allongement et le raccourcissement cessent d'être proportionnels à la charge, et par suite la ligne des fibres invariables n'occupe plus le milieu de la section des pièces.

L'efficacité du travail est en raison directe de la distance perpendiculaire au plan qui passe par la ligne des fibres neutres.

C'est sur cette observation importante que reposent les principes de construction des poutres métalliques en général et que se justifie la forme adoptée pour leur profil transversal ; la matière est économisée vers l'axe, pour être, le plus possible, reportée vers les parties extrêmes où elle doit agir plus efficacement.

Cette même cause explique pourquoi, de deux pièces de section, l'une carrée, l'autre rectangulaire, celle-ci offre une résistance bien supérieure à un effort transversal dirigé dans le sens de la plus grande dimension.

Il s'agit simplement de chercher à la colonne 15 de la table $\left(\text{valeur de } \dfrac{RI}{v}\right)$ *parmi les semelles employées dans la composition des poutres de* $0^m,350$ *de hauteur d'âme*, celles de ces semelles dont la résistance se rapproche le plus de $4035^K,43$, sans demeurer au-dessous de ce chiffre et de l'ajouter à la poutre du n° 12.

La semelle employée à la composition de la poutre du n° 12 remplit seule cette condition, il suffira donc de la doubler en formant cette poutre, pour satisfaire aux conditions posées.

On aura en effet, pour expression de la résistance totale $\dfrac{RI}{v}$, savoir :

Poutre simple. — Poids du mètre courant	$125^K,761.$	Résistance	$11464^K,57$
Semelles supplémentaires	$32\ ,709$	—	$4414\ ,54$
En total	$158^K,470.$	—	$158.9^K,11$
Le montant de la rupture étant			$15500\ ,00$
		Différence en plus	$379^K,11$

On a ici encore, suivant la règle, comme dans le premier cas

$$\frac{RI}{v} > \frac{PL}{8} \text{ de plus de } \frac{1}{8}.$$

Si maintenant, on rapproche les résultats, on trouve que pour une résistance à la flexion à peu près égale, la poutre composée de quatre tables avec $0^m,350$ de hauteur d'âme exige un emploi de matière de $43^K,891$ par mètre courant de plus que la poutre de $0^m,500$ de hauteur.

Cette considération ne fait que confirmer l'observation précédente que *la matière travaille d'autant plus efficacement qu'elle est plus éloignée de la ligne des fibres invariables*, et elle fait ressortir de plus l'avantage qu'il y a, à augmenter la hauteur d'âme plutôt que le poids des pièces ; chaque fois qu'il n'y a pas d'inconvénient trop sérieux à relever le niveau des planchers ou des tabliers de pont.

La table peut donner bon nombre de solutions, mais la meilleure est toujours celle où, au prix le plus réduit, on peut satisfaire également aux conditions obligées de la résistance des poutres et aux exigences locales.

Si l'addition d'une semelle ne suffit pas pour obtenir la force voulue, on peut ajouter de la même manière une autre, deux autres etc. semelles supplémentaires pour élever suffisamment *le moment de résistance* de la poutre, mais il ne faut pas perdre de vue que pour profiter des calculs que renferme la table précédente, *il faut toujours choisir ces semelles dans la série qui se rapporte à la hauteur d'âme de la poutre qu'il s'agit de renforcer* ; les mêmes dimensions de semelles ayant pour valeur de $\dfrac{RI}{v}$, des chiffres *complétement différents*, suivant que le calcul s'applique à une hauteur d'âme différente.

On voit en effet qu'une semelle (double) de $0^m,168$ de largeur sur $0^m,010$ d'épaisseur, calculée pour une hauteur d'âme de $0^m,300$, a pour expression de sa résistance $3028^K,20$, tandis que la même semelle calculée avec une hauteur d'âme de $0^m,500$ donne pour résistance $5042^K,58$.

Il importe d'éviter cette confusion pour ne pas s'exposer à des mécomptes.

Pour plus amples détails et renseignements, sur l'emploi des fers à double I en tôle et cornières, nous renvoyons le lecteur :

1° A notre *Traité de résistance des ponts métalliques* ;

2° A notre *Traité de résistance des fermes de charpentes de bâtiments, de halles, de marchés couverts, etc.*

On donne encore aux poutres en tôle des formes indiquées n^{es} 16 et 17, pl. 16, qui offrent également des avantages dans les bâtiments ou autres constructions, parce que l'on obtient une force supérieure avec beaucoup moins de fer.

Additions aux numéros suivants du texte.

Suite du n° 64 bis. Cas de pièces rectangulaires inclinées, encastrées. — Pièce rectangulaire inclinée, encastrée à son extrémité inférieure et chargée à son extrémité supérieure d'un poids P (fig. 112, pl. 17).

Soit α l'angle formé par la direction de la pièce avec la verticale, on déterminera la valeur de P, avec une exactitude suffisante pour les applications ordinaires, par la relation : (a désignant l'épaisseur et b l'autre section transversale).

$$P = \frac{Rab^2}{b\cos\alpha + 6l\sin\alpha}.\qquad\qquad [A]$$

La même formule peut également s'appliquer au cas où la pièce occuperait une position inverse, c'est-à-dire serait encastrée à son extrémité supérieure et chargée d'un poids à l'autre extrémité.

Pièce inclinée, posée sur son extrémité inférieure, appuyée à sa partie supérieure et chargée d'un poids P en un point quelconque de sa longueur (fig. 113, pl. 17).

Cette pièce exerce au point B une pression horizontale égale à $\frac{Pm \tan\alpha}{m + m'}$, formule dans laquelle m et m' désignent les longueurs AC et CB. La même force agit contre le point d'appui, et il faut qu'il soit en état d'y résister par sa masse, à moins que le pied de la pièce ne soit retenu par un tirant de force suffisante. Le point d'appui supporte en outre une pression verticale, égale à P, non compris le poids de la pièce.

Quant à la valeur de P, on la détermine en considérant chaque partie m et m' de la pièce, comme encastrée en C, et comme sollicitée à son autre extrémité, par une force oblique. On a recours alors à la formule [A] précédente, dans laquelle on substitue à P la valeur de la pression horizontale $P\frac{m \tan\alpha}{m + m'}$ pour la partie CB, et pour la partie AC, la valeur de la résultante de deux forces qui agissent en A, c'est à-dire :

$$P\sqrt{1 + \frac{m^2 \tan^2\alpha}{(m + m')^2}}.$$

Additions au n° 74.

En parlant des poutres composées de pièces superposées, nous avons dit qu'on pouvait encore en augmenter la résistance, en espaçant les pièces. Soient deux pièces rectangulaires isolées (fig. 116, pl. 17), mais assujetties entre elles, de manière qu'une ligne tracée, avant la flexion, perpendiculairement à la longueur, soit encore après la flexion, normale aux courbes formées par ces pièces; en appelant b', la hauteur totale et b'' la distance qui sépare les deux pièces, les valeurs des poids s'obtiendront en remplaçant b^2 par $\dfrac{b'^3 - b''^3}{b'}$ dans les formules relatives aux résistances de pièces rectangulaires à l'altération d'élasticité, et b^3 par $b'^2 - b''^2$, dans celles qui servent à déterminer les flexions.

Ainsi l'on aura, pour expression de la résistance d'un appareil de ce genre, posé sur deux appuis et chargé au milieu de sa longueur :

$$P = \frac{2Ra\,(b'^3 - b''^3)}{3lb'}.$$

Le poids que pourront supporter deux pièces ayant chacune b pour hauteur e séparées par une distance égale à $2b$ sera donc

$$P = \frac{28Rab^2}{3l},$$

C'est-à-dire trois fois et demie plus considérable que si ces deux pièces avaient été juxtaposées, tout en étant assujetties l'une à l'autre. Il est essentiel toutefois de faire remarquer que, eu égard aux imperfections des assemblages et aux entailles qu'ils exigent, il y aurait quelque imprudence à compter dans les applications sur des résistances aussi fortes. Il conviendra toujours de réduire dans une certaine proportion, les chiffres donnés par les formules, et d'autant plus que les assemblages seront plus multipliés et qu'on sera moins assuré d'une grande perfection dans le travail.

Additions au nº 74 bis.

Pour donner plus de résistance à une pièce de bois employée comme poutre ou comme poitrail dans le bâtiment, souvent on la refend en deux parties qu'on boulonne avec soin, en les replaçant dans un sens opposé, c'est-à-dire en mettant intérieurement les faces extérieures. Quelquefois, on met une lame de fer entre les deux parties ainsi réunies.

Au lieu de refendre la pièce de bois en deux parties suivant l'axe longitudinal, on la refend diagonalement, comme l'indique la fig. 114, pl. 17, et on en forme une poutre de section trapézoïdale (fig. 115, pl. 17), à laquelle on boulonne de chaque côté une pièce de bois taillée en biseau pour recevoir les abouts des poutrelles. Nous avons vu faire l'emploi de ces poutres ainsi formées dans le Doubs par M. St-Ginest, architecte. Le moment d'inertie de cette section est donné par la formule

$$I = \frac{b^2 + 4bb_1 + b_1^2}{36\,(b + b_1)}\,h^3$$

$$v' = \frac{b + 2b_1}{b + b_1}\cdot\frac{h}{3}, \qquad v'' = \frac{2b + b_1}{b + b'}\cdot\frac{h}{3}$$

$$\frac{I}{v'} = \frac{b^2 + 4bb_1 + b_1^2}{12(b + 2b_1)}\cdot h^2, \qquad \frac{I}{v} = \frac{b^2 + 4bb_1 + b_1^2}{12(2b + b_1)}\cdot h^2.$$

On a donc, en supposant $a = 0,30$, $h = 0,34$ et l longueur de la pièce $= 7^m,20$. Pour le 1ᵉʳ cas on a

$$\frac{pl^2}{8} = \frac{Rah^2}{6}, \text{ page 62,}$$

$$\text{ou } pl = \frac{4}{3}\frac{Rah^3}{l}, \text{ page 95, donc}$$

$$pl = \frac{4}{3}.\frac{Rah^2}{l} = \frac{4}{3}.0,60 \times 0,30 \times \frac{\overline{0,34}^2}{7,200} = \frac{4 \times 0,60 \times 300 \times \overline{340}^2}{21600} = 3853^\text{k},33,$$

poids total réparti uniformément sur la longueur de la pièce,

$$\text{ou } P = 800000.\frac{ah^2}{l^2} = 800000 \times 0,30 \times \frac{\overline{0,34}^2}{\overline{7,20}^2} = 535^\text{k},17$$

$$\text{ou } \frac{3853,33}{7,20} = 535,17.$$

Pour le 2ᵉ cas on a

$$\frac{RI}{v} = \frac{Pl^2}{8}, \quad \text{ou} \quad \frac{Pl^2}{8} = \frac{R.I}{v'} + \frac{R.I}{v''},$$

d'où
$$P = \frac{8 \times R}{l^2} \times \left(\frac{I}{v'} + \frac{I}{v''}\right), \text{ et en substituant les valeurs,}$$

$$P = \frac{8 \times 000000}{\overline{7,200}^2} \times \left[\frac{\overline{30}^2 + 4 \times 30 \times 24 + \overline{24}^2}{12 \times (36 + 2 \times 24)} \times 34^\text{n} + \frac{\overline{36}^2 + 4 \times 86 \times 24 + \overline{24}^2}{12 \times (2 \times 36 + 24)} \times 34^\text{n}\right]$$

$$= 712^\text{k},753.$$

Calcul de poutres composées (fermes de ponts américains).

Parmi les différents systèmes de ponts dits américains, les deux qui ont trouvé le plus d'application en Europe sont ceux de Town et de Howe.

Ces systèmes permettent de franchir de grandes portées sans appuis intermédiaires; les bois qu'on y emploie sont d'un faible équarrissage et d'une longueur peu considérable, le fer n'y entre qu'en petite quantité.

1º Système Town. (fig. 121-122 pl 17.)

Description d'une ferme. — Chaque ferme est composée de 12 croix de Saint-André et chaque croix est formée par deux madriers de sapin de 0ᵐ,08 d'épaisseur sur 0ᵐ,25 de largeur et 3ᵐ,05 de longueur hors-œuvre; ces madriers sont appliqués l'un sur l'autre sans entailles et fixés à leur rencontre par trois chevilles en bois de chêne sec de 0ᵐ,027 de diamètre, disposées de manière à ce que chacune d'elles se trouve correspondre à une fibre de bois différente dans chaque madrier.

Les croix de Saint-André consécutives se superposent à leurs abouts de manière à former une épaisseur de 0ᵐ,16, embrassées par les deux cours de doubles moises qui relient toutes les croix de Saint-André à leur sommet et à leur pied et traversées par un boulon de 0ᵐ,27 de diamètre, serré sur ces doubles moises.

Les moises sont en chêne; elles ont 0ᵐ,25 de hauteur sur 0ᵐ,15 d'épaisseur et 23ᵐ,50 de longueur; l'écartement des moises supérieure et inférieure d'une même ferme est de 1ᵐ,45, chaque moise simple est formée de trois pièces assemblées à trait de Jupiter de 0ᵐ,90 de longueur, les assemblages sont fortifiés dans les moises inférieures par des étriers en fer forgé embrassant les abouts des deux pièces et serrés au moyen de clavettes. Les moises inférieures s'appuient sur de fortes cales en bois de chêne et leur portée sur ces cales a 0ᵐ,80 environ de longueur suivant l'axe du pont ; au moyen de ces cales, on a amené les deux cours de moises dans un même plan horizontal. Les points d'appui de chaque cours se trouvent distants de 17^m,00.

La largeur de passage libre offerte par les fermes est de 3^m,60 mesurée entre les faces intérieures des moises.

Poutrelles. — Sur le cours de moises inférieures reposent 24 poutrelles en chêne espacées de 0^m,85 d'axe en axe ; leur longueur est de 4^m,50, leur largeur de 0^m,10 et leur hauteur de 0^m,20 ; elles sont entaillées de 0^m,04 au droit de chacune des quatre moises simples qui les portent et sont soutenues par des aisseliers en chêne de 0^m,80 de longueur, 0^m,10 de largeur et 0^m,21 de hauteur contre les moises, réduite à 0^m,06 dans l'entaille par laquelle ils s'assemblent avec les poutrelles : ces aisseliers sont en outre fixés chacun par deux chevillettes barbelées, enfoncées dans la moise et dans la poutrelle.

Plancher. — Sur les poutrelles est chevillé et cloué un double plancher en sapin ; le premier plancher est formé de madriers de 0^m,08 d'épaisseur, placés jointivement suivant l'axe du pont, et le second est formé de madriers de 0^m,05 d'épaisseur, disposés perpendiculairement au premier. La longueur de ces planchers est de 22^m,00 et leur largeur de 3^m,90.

Calcul de la résistance des fermes.

Avant de fixer définitivement l'équarrissage des moises et leur écartement dans les fermes, il est bon de soumettre au calcul les dispositions du projet pour savoir si elles offrent une résistance suffisante.

On peut considérer les deux cours de moises d'une ferme comme assujettis entre eux de telle manière qu'une ligne tracée avant aucune flexion, perpendiculairement à leur longueur, devînt nécessairement, pendant toute la flexion jusqu'à la rupture, une normale commune aux deux courbes formées par ces pièces ; la résistance à la rupture s'estime alors en retranchant, du moment de rupture du solide regardé comme plein, le moment de rupture d'un solide compris entre les pièces et sera exprimée (*Leçons sur l'établissement des constructions*, par Navier) par la formule

$$M = \frac{R \cdot a\,(b'^3 - b''^3)}{6 \times b'}.$$

a désignant la largeur des quatre cours de moises de 0,15 $= 0^m,60$
b' étant la hauteur de la ferme $= 1\ ,95$
b'' désignant l'écartement des moises $= 1\ ,45$
R = 600000 kil., d'où M = 134,346^K.

Ce moment de résistance à la rupture doit être au plus égal au moment des forces qui tendent à rompre dans le cas de la plus forte charge.

Ce dernier moment est exprimé par $\frac{1}{2}pc^2$.

p désignant la charge par mètre courant de la ferme et c la demi-portée.

Le poids total de la charpente est de 23000 kil. pour 17^m de longueur, et par mètre courant de 1353 kil.

De plus la largeur étant de 3^m,60, si on suppose une charge de 200 kil. par mètre carré, on trouve un poids de 720^K par mètre courant.

Ainsi l'on doit avoir $p = 1353 + 720 = 2073^K$.

Ce qui donne $\frac{1}{2}pc^2 = 2073 \times 36 = 74628$.

On voit que ce dernier moment n'est que les $\frac{55}{100}$ du moment de résistance, d'où il résulte qu'on peut adopter, avec toute sécurité, les dimensions indiquées dans le calcul ci-dessus.

2° *Système Howe* (fig. 117, 118, 119, 120, pl. 17).

Dans le système Town (fig. 121, 122, pl. 17), le remplacement des parties défectueuses y est très difficile, et quand une des fermes principales vient à fléchir, il est à peu près impossible de la ramener dans sa position primitive. C'est le seul inconvénient de ce système.

Pour y remédier, l'ingénieur Howe imagina un autre système reposant sur le même principe que celui de Town. Il remplaça le treillis de la ferme par des contrefiches reliées aux poutres ou longerons supérieurs et inférieurs au moyen de tirants en fer (fig. 117, 118, 119, 120, pl. 17).

Cet agencement permet de réparer facilement les parties détériorées et de relever la ferme, après qu'elle a subi quelque déformation. Pour cette dernière opération, il suffit de serrer les vis des tirants.

Le prix de revient d'une de ces fermes est un peu plus considérable que celui d'une ferme, système Town, par suite de l'emploi des tirants en fer qui entrent pour une assez grande part, dans la dépense totale ; toutefois ce désavantage est largement compensé par *une durée et une sécurité bien supérieures.*

Aussi ce genre de construction est-il employé fréquemment et de préférence au premier.

Le travail des diverses parties d'une ferme du système Howe peut être établi de la manière suivante :

Les moises ou longerons supérieurs qui relient les deux points d'appui forment, quel que soit leur nombre, une poutre unique. La même chose a lieu pour les moises ou longerons inférieurs,

Les tirants en fer relient ces deux poutres de telle manière qu'une charge appliquée à la poutre inférieure est supportée en partie par la poutre supérieure.

N'étaient les contrefiches, les deux poutres travailleraient très inégalement, car la poutre supérieure, outre la charge de la poutre inférieure, aurait encore à supporter tout le poids des tirants ; et si le tout venait à fléchir verticalement, il est évident que la compression des fibres de la face concave de la poutre supérieure surpasserait la traction des fibres de la face convexe de la poutre inférieure. Mais les contrefiches sont assemblées avec les deux cours de longerons suivant un système rigide et sous un angle invariable ; elles sont disposées de telle façon que, par leur résistance à la compression, elles allègent la poutre supérieure au détriment de la poutre inférieure qui, dans l'hypothèse où on l'on s'est placé plus haut, avait à supporter la charge la plus faible.

Qu'on suppose maintenant les vis des écrous serrées convenablement, la longueur des tirants et des contrefiches invariables, les assemblages parfaits, il est clair que chaque effort exercé sur la poutre inférieure se transmettra, par l'intermédiaire des tirants, à la poutre supérieure, de même que chaque effort exercé sur la poutre supérieure se communiquera, grâce aux contrefiches, à la poutre inférieure.

On peut donc considérer les deux cours de longerons, les tirants et les contrefiches comme formant un tout solidaire, et la ferme ne sera plus qu'une poutre unique reposant sur sa plus petite largeur et travaillant ainsi de la manière la plus favorable.

Son moment de résistance sera $\dfrac{RI}{v}$, expression dans laquelle $I = \dfrac{1}{12} b (h^3 - h'^3)$. — b = épaisseur de la ferme, h = hauteur totale de la ferme, h' = hauteur de la partie évidée.

Selon que la ferme, en l'admettant librement posée sur deux appuis, sera chargée d'un poids P en son milieu, ou d'un poids p par mètre courant, on emploiera les formules connues $\dfrac{RI}{v} = \dfrac{Pl}{4}$, ou $\dfrac{RI}{v} = \dfrac{pl^2}{8}$.

Reste maintenant à déterminer les efforts qui agissent sur les tirants et les contrefiches.

Supposant que l'action des tirants vienne à cesser pour une cause quelconque : tout l'effort exercé sera transmis aux pièces horizontales qui ne pourront plus résister que séparément ; les contreventements seront supportés par la poutre inférieure, les tirants au contraire par la poutre supérieure.

Si on indique par Q la résistance de la ferme entière, dans l'hypothèse d'un tout solidaire, et par q la résistance de chacune des deux poutres prises isolément, $Q - 2q$ exprimera la perte de résistance de tout le système, si la liaison produite par les tirants venait à être anéantie.

En d'autres termes, si dans la ferme, regardée comme une seule poutre, la résistance Q fait équilibre à la charge totale, cet équilibre sera rompu sous un excédant de force $Q - 2q$, dans le cas de non solidarité des parties constituantes de la ferme.

Il faut donc que les tirants et les contrefiches offrent une résistance = $Q - 2q$; les premiers travailleront à la traction, les secondes à la compression.

Appelant Q la résistance totale d'une ferme ;

$\qquad$ $2q$ la résistance des deux cours de longerons ;

$\qquad$ n le nombre des tirants pour une ferme ;

$\qquad$ α l'angle que font les contrefiches avec la verticale.

L'effort exercé sur un tirant sera représensé par l'expression $\dfrac{Q - 2q}{n}$, si on admet Q et $2q$ répartis uniformément sur la ferme.

Les contrefiches s'opposent au rapprochement des deux cours de longerons dans la même mesure que les tirants s'opposent à leur écartement ; seulement, par leur disposition, elles sont appelées à remplir ce but suivant une direction oblique, tandis que les tirants sont sollicités suivant la verticale.

Si on considère que le poids supporté par chaque tirant est exercé aux points de rencontre e, e des moises supérieures a et si on nomme m le nombre des contrefiches réunies à un point e, on aura, pour la pression K supportée par une contrefiche dans le sens de ses fibres, l'équation

$$K = \frac{Q - 2q}{m \times n \times \cos.\,\alpha}.$$

Ce mode de calcul des fermes, système Howe, est celui indiqué par l'ingénieur Becker, professeur à l'école polytechnique de Carlsruhe, dans son premier volume de la *Science de l'ingénieur* (Stuttgard, 1857).

FIN DU SUPPLÉMENT.

TABLE DE LA RÉSISTANCE DES BOIS

A SECTION CARRÉE OU MÉPLATE

TABLE indiquant les poids uniformément répartis dont on peut charger, avec sécurité, toute la longueur d'une pièce de bois d section carrée ou a section rectangulaire quelconque, et pour toute espèce de portée.

Ce tableau diffère du tableau VII de l'atlas des moments de résistance des poutres et solives en bois, de sections carrées ou rectangulaires en ce que, par le moyen de celui-ci, *connaissant la portée dans œuvre de la pièce de bois à employer, le poids du plancher et de sa surcharge, ainsi que l'espacement des poutres ou solives entre elles d'axe en axe,* on obtient, sans calcul, son équarrissage; il en est de même d'un poitrail en bois dont on connaît la portée et la charge qu'il doit supporter.

Tandis que dans le tableau ci-contre, *connaissant l'équarrissage d'une pièce de bois, à section carrée ou rectangulaire et sa portée,* on obtient les poids uniformément répartis dont on peut la charger sur toute sa longueur et en pleine sécurité.

Cette table est calculée pour des pièces à section carrée de 0m.05 sur 0m.05 jusqu'à 0m.70 sur 0m.70 d'équarrissage et une portée de 1m.00, ce qui permet, par une simple division, d'en obtenir la charge pour une portée quelconque; par exemple, soit une pièce de $^{5}/_{05}$ et 3m.75 de portée, la charge qu'elle peut porter, avec sécurité, sur une portée de 1m.00, étant de 35300K, son équarrissage sur 3m.75 de portée sera $\frac{35300}{3.75} = 9418^{K}$. — De même, une pièce de $^{20}/_{20}$ sur 4m de portée, pouvant supporter avec sécurité 6400K sur une portée de 1m.00 elle supportera pour une portée de 4m.00, avec sécurité, $\frac{6400}{4} = 1600^{K}$, et ainsi de suite. Elle ne donne les résistances que des bois de section carrée, mais on en déduit facilement les résistances des bois rectangulaires d'une section quelconque, comme il va être indiqué.

La formule employée pour le calcul de cette table est celle concernant la pièce de bois rectangulaire, posée sur deux appuis et chargée de poids uniformément répartis sur toute sa longueur, c'est-à-dire: $\frac{pl^{2}}{8} = \frac{Rbh^{2}}{6}$ (dans laquelle b = la base, h la hauteur de la section de la pièce de bois et l la longueur ou portée), qui devient en y faisant $b = h$, c'est-à-dire, on considérant une pièce de bois carrée: $\frac{pl^{2}}{8} = \frac{Rh^{3}}{6}$.

Si maintenant l'on fait R = 0.6/c par millim. carré ou R = 600000K par mètre carré de section, cette formule peut se mettre sous la forme $pl = \frac{8 \times 600000}{6} \times bh^{2}$, ou $pl = 800000 \times \frac{bh^{2}}{l}$, ou enfin $pl = 800000 \frac{bh^{2}}{l}$,

dans laquelle pl est précisément le poids total uniformément réparti sur la longueur de la pièce de bois carré et en divisant par la partie l, on obtient p, c'est-à-dire le poids uniformément réparti par mètre courant.

Cela établi, voici l'usage de cette table pour déterminer la résistance des bois à section rectangulaire, pour une portée quelconque.

USAGE DE CETTE TABLE. — Soit, pour fixer les idées, un plancher dont les solives ont 4m de portée, espacées de 0m.50 d'axe en axe et qui doit être chargé de 400K par mètre carré.

ÉQUARRISSAGE	Volume du mètre linéaire.	Résistance sur une portée de un mètre.	CHÊNE. Poids du mètre linéaire.	SAPIN. Poids du mètre linéaire.
m	m	K	K	K
0.05/0.05	0.0025	100	2.000	1.25
0.06/0.06	0.004	172	2.880	1.80
0.07	0.005	274	3.92	2.45
0.08	0.006	410	5.12	3.20
0.09	0.008	583	6.48	4.05
0.10	0.010	800	8.00	5.00
0.11	0.012	1.065	9.68	6.05
0.12	0.014	1.382	11.52	7.20
0.13	0.017	1.758	13.52	8.45
0.14	0.020	2.195	15.68	9.80
0.15	0.022	2.700	18.00	11.25
0.16	0.026	3.277	20.48	12.80
0.17	0.029	3.930	23.12	14.45
0.18	0.032	4.666	25.92	16.20
0.19	0.036	5.487	28.88	18.05
0.20	0.040	6.400	32.00	20.00
0.21	0.044	7.409	35.28	22.05
0.22	0.048	8.448	38.72	24.20
0.23	0.053	9.734	42.32	26.45
0.24	0.058	11.009	46.08	28.80
0.25	0.062	12.500	50.00	31.25
0.26	0.068	14.061	54.08	33.80
0.27	0.073	15.746	58.32	36.45
0.28	0.078	17.561	62.72	39.20
0.29	0.084	19.511	67.28	42.05
0.30	0.090	21.600	72.00	45.00
0.31	0.096	23.833	76.88	48.05
0.32	0.102	26.214	81.92	51.20
0.33	0.109	28.750	87.12	54.45
0.34	0.115	31.443	92.48	57.80
0.35	0.122	34.300	98.00	61.25
0.36	0.130	37.325	103.68	64.80
0.37	0.137	40.522	109.52	68.45

ÉQUARRISSAGE	Volume du mètre linéaire.	Résistance sur une portée de un mètre.	CHÊNE. Poids du mètre linéaire.	SAPIN. Poids du mètre linéaire.
m	m	K	K	K
0.38	0.144	43.898	117.52	73.20
0.39	0.152	47.453	121.68	76.05
0.40	0.160	51.200	128.00	80.00
0.41	0.168	55.137	134.48	84.05
0.42	0.176	59.270	141.12	88.20
0.43	0.185	63.606	147.92	92.45
0.44	0.194	68.147	154.88	96.80
0.45	0.202	72.900	162.00	101.25
0.46	0.212	77.869	169.28	105.80
0.47	0.221	83.058	176.72	110.45
0.48	0.230	88.474	184.32	115.20
0.49	0.240	94.119	192.08	120.05
0.50	0.250	100.000	200.00	125.00
0.51	0.260	106.121	208.08	130.05
0.52	0.270	112.486	216.32	135.20
0.53	0.281	119.102	224.72	140.45
0.54	0.292	125.971	233.28	145.80
0.55	0.302	133.100	242.00	151.25
0.56	0.314	140.493	250.88	156.80
0.57	0.325	148.154	259.92	162.45
0.58	0.336	156.089	269.12	168.20
0.59	0.348	164.303	278.48	174.05
0.60	3.360	172.800	288.00	180.00
0.61	0.372	181.585	297.08	186.05
0.62	0.384	190.662	307.82	192.20
0.63	0.397	200.033	317.52	198.45
0.64	0.410	209.745	327.68	205.80
0.65	0.422	219.700	338.00	211.25
0.66	0.436	229.907	348.48	217.80
0.67	0.440	240.610	359.12	224.45
0.68	0.462	251.516	369.92	231.20
0.69	0.476	262.807	380.88	238.05
0.70	0.490	274.400	392.00	245.00

Chaque solive portera donc par mètre courant 400 × 0m.50 = 200K, et sur une portée de 4m.00 : 200 × 4m.00 = 800K. On veut de plus que la hauteur des solives soit le double de leur largeur; reprenant la formule $pl = 800000 \frac{bh^{2}}{l}$, il est facile de voir que si l et h ne changent pas, pl sera proportionnel à b. Si donc $b' = 2b$, on aura $pl = 2pl$. — Pour obtenir la hauteur de la pièce, il suffit de la considérer comme carrée, et dans ce cas, elle devra supporter pour une portée de 1m.00, 6400K, et pour une portée de 4m.00, 6400 = 1600K; les solives devront avoir $\frac{10}{20}$, c'est-à-dire 1600 × $\frac{1}{2}$ pour supporter 800K.

Supposons maintenant qu'il s'agisse d'une pièce de bois de $^{12}/_{20}$ d'équarrissage et de la même portée 4m.00; elle pourrait supporter les $^{3}/_{4}$ de 1600K; en vertu de la proportionnalité des charges pl aux largeurs b, $^{15}/_{20}$ représentant en section les $^{3}/_{4}$ de $^{20}/_{20}$, c'est-à-dire 1600 × $^{3}/_{4}$ = 1200K.

De même, s'il s'agit d'un bois de $^{12}/_{20}$ également de 4m.00 de portée, la section étant de 12 × 20 = 240, il pourrait supporter les $\frac{240}{400}$ ou $\frac{24}{40} = \frac{6}{10} = \frac{3}{5}$) les 1600K, c'est-à-dire 960K, uniformément répartis sur 4m.00 de portée.

Nota. — Au lieu de réduire le rapport $\frac{240}{400}$ en fraction ordinaire, il sera souvent plus facile de la réduire en fraction décimale, ainsi $\frac{240}{400} = 0,60$ et 1600K × 0,60 = 960K.

On voit avec quelle facilité un praticien, même ignorant de toute formule, peut utiliser ce tableau, sans erreur possible et pour toute portée et tout équarrissage, car tout le monde peut se rendre compte du poids qui charge un plancher et par suite une poutre ou solive en polirail.

Si l'on veut tenir compte, dans les résultats, *des poids propres des pièces de bois,* par exemple, pour le chêne, à raison de 800K par mètre cube et pour le sapin à raison de 500K par mètre cube, pour la pièce de bois ci-dessus prise pour exemple, de $^{10}/_{20}$ et 4m.00 de longueur, le poids uniformément réparti dont on peut la charger sur toute sa longueur en pleine sécurité, étant de 1600, ou par mètre courant de 400K, si l'on tient compte du poids de la pièce, cette charge se trouvera réduite à 400K — (0.20 × 0.20 × 800K) = 32K, c'est-à-dire 400K — 32 = 368K par mètre courant ou 1200K — 128K = 1072K.

Une pièce de bois posée horizontalement fléchit sous son propre poids et à plus forte raison lorsqu'elle est chargée. On ne peut donc s'opposer d'une manière absolue à la flexion des différentes pièces qui composent un plancher; le seul but à se proposer est de la rendre insensible. Il convient donc, dans les circonstances extraordinaires, de se rendre compte directement des équarrissages à adopter, pour que les flexions ne dépassent pas une certaine limite.

TABLE DES MATIÈRES.

RÉSISTANCE DES MATÉRIAUX A LA FLEXION.

		Pages.
	Introduction	1
N° 1.	— Notions sommaires sur la résistance des corps	5

Flexion plane des poutres droites sollicitées par des forces normales.

| N° 5. | — Ce qu'on entend par *effort tranchant, moment fléchissant* ou *moment de rupture* | 7 à 11 |
| N° 6. | — *Flexion simple.* — Ce qu'on entend par *fibres invariables, fibres moyennes, lame neutre* ou *axe d'équilibre, coefficient d'élasticité.* | 7 à 12 |

Détermination des moments d'inertie et des résistances permanentes pour les diverses sections suivantes :

N° 10.	— Ce qu'on entend par moment d'inertie	13
N° 11.	— Moment d'inertie d'un profil rectangulaire plein dans diverses positions, — d'un carré, — d'un parallélogramme	14 à 15
N° 12.	— D'un profil rectangulaire évidé, ou double I	16
N° 13.	— Avantages de l'emploi des fers à double I sous le rapport de la stabilité	18
N° 14.	— Observations sur la détermination du centre de gravité d'une figure quelconque	19
N° 15.	— Relation entre les moments d'inertie pris par rapport à deux axes parallèles	19
N° 16.	— Moment d'inertie d'un profil en $\top$ simple	20
N° 17-18.	— Moment d'inertie d'un fer à double I de forme non symétrique ou irrégulière, c'est-à-dire à nervures inégales. — Applications numériques	21
N° 19.	— Moment d'inertie d'un profil de fer en U ou ⊔	23
N° 20-21-22.	— Moment d'inertie d'une section de poutre en tôle à nervures égales. — Méthode exacte. — Méthode approximative. — Méthode simplifiée	23 à 25
N° 23.	— Applications numériques	26
N° 24.	— Moment d'inertie d'un profil en croix d'équerre	27
N° 25.	— Moment d'inertie de profils triangulaires	27
N° 26.	— Moment d'inertie d'un carré reposant sur une arête	28
N° 27.	— Moment d'inertie d'un losange	28
N° 28.	— Moment d'inertie d'un hexagone régulier	28
N° 29.	— Moment d'inertie d'un octogone	28
N° 30.	— Moment d'inertie de profils circulaires. — Cercle plein	28
N° 31.	— Moment d'inertie de profils circulaires. — Cercle évidé	28

184   TABLE DES MATIÈRES.

N° **32.** — Moment d'inertie de profils circulaires à parois minces............ 28

N° **33.** — Moment d'inertie de profils elliptiques. — Ellipse pleine............ 29

N° **34.** — Moment d'inertie de profils elliptiques. — Ellipse creuse............ 29

N° **35.** — Examen comparatif des résultats précédents au point de vue de la déformation que subit un solide soumis à des efforts donnés....... 30

N° **36.** — Résistance comparée de divers profils ayant tous la même aire...... 32

N° **37.** — Moment d'inertie d'une figure irrégulière quelconque. — Différentes méthodes... 33

N° **38.** — Formule générale $\dfrac{RI}{v} = \dfrac{Pl}{8}$ des formules pratiques fréquemment employées pour le calcul des résistances des pièces droites.......... 35

N° **39.** — Démonstration de la formule générale $\dfrac{RI}{v} = \dfrac{Pl}{8}$.................. 36

N° **40.** — Mesure des flèches... 38

N° **41.** — Coefficient de sécurité pour le fer et la fonte...................... 39

        Coefficient d'élasticité... 41

N° **42.** — Valeurs numériques du coefficient de sécurité R et du coefficient d'élasticité E... 42

Résistance à la flexion des divers profils de fers à double **I** *du commerce.*

N° **43.** — Diverses sortes de fers laminés................................. 42

        Établissement du tableau de la résistance des fers à **I**............. 44

        Travail de fer à 6ᴷ, à 8ᴷ, à 9ᴷ, à 10ᴷ, etc....................... 44 à 45

N° **44.** — Application de la formule générale $I = {}^{1}/_{12}\,(ab^{3} - 2a'b'^{3})$ aux fers du commerce. — Rectification des profils. — Diverses méthodes...... 45 à 46

N° **45.** — Usage des valeurs du rapport $\dfrac{I}{v}$ pour obtenir sans calcul, la résistance d'un fer à **I**, son poids et ses dimensions par la connaissance seule de sa portée et de sa charge................................... 47 à 48

        Détermination du travail du fer................................. 48

Application aux planchers en fer à double **I** *et aux planchers en bois.*

N° **46.** — Désignation des parties qui composent un plancher soit en fer, soit en bois.. 49

        § Iᵉʳ. — *Planchers en fer à double* **I**.

N° **47.** — Quelques définitions... 49

N° **48.** — Tableau de répartition des charges des planchers sur les poutres aux espacements ordinaires... 51

        Ramener une charge superficielle de plancher par mètre carré à la charge par mètre courant..................................... 51

        Détermination des écartements des poutrelles, formule à employer.. 51

N° **49.** — Tableau indiquant les fers de profils minimum que l'on peut employer suivant la charge des planchers à leur portée...................... 52

Formules pratiques fréquemment employées pour le calcul des résistances des pièces droites.

N° **50.** — 1ᵉʳ *Cas.* — Pièce horizontale encastrée à une extrémité, soumise à un poids P à l'autre, et à un poids pl également réparti.......... 53

N° **51.** — Application de la formule $Pl = \dfrac{RI}{v}$ à des pièces prismatiques encastrées par une extrémité et de diverses sections................... 54

N° **52.** — Applications numériques....................................... 57

N° **53.** — 2° *Cas.* — Pièce horizontale posée par ses extrémités sur deux appuis, soumise à l'action d'un poids P placé au milieu de sa portée et d'un poids *pl* uniformément réparti............................ 59

N° **54.** — Applications numériques................................... 61

N° **55.** — Pièce horizontale posée par ses extrémités sur deux appuis et devant être soumise à l'effort d'un poids P, placé en un point quelconque de sa portée. — Formules appliquées............................ 64

N° **56.** — Pièce horizontale posée par ses extrémités sur deux appuis et chargée de deux poids égaux symétriquement placés par rapport au milieu de sa portée ou par rapport aux points d'appui................, ... 65

N° **57.** — 3° *Cas.* — Pièces horizontales encastrées par les deux extrémités et chargées d'un poids P au milieu et d'un poids *pl* uniformément réparti... 66

Fers à **I** *ou solives portant des cloisons.*

N° **58.** — Calcul des dimensions et de la résistance d'une solive portant une cloison dans toute sa longueur................................ 67

N° **59.** — Calcul de la résistance des fers à **I** portant une cloison perpendiculaire à leur longueur.................................... 68

N° **60.** — Calcul des dimensions et de la résistance d'un poitrail devant supporter une charge donnée de maçonnerie....................... 70

N° **61.** — Vérification du coefficient de sécurité ou de travail lorsque la charge d'une poutre et ses dimensions sont données. — *Plusieurs exemples d'applications numériques*............................... 71

Études de planchers métalliques.

N° **62.** — Plancher ordinaire de maison d'habitation avec cloisons de distribution... 73

— 1er *Exemple.* — Calcul des dimensions, poids, résistance et travail des fers à **I**, en fonction de la charge et des dimensions du plancher... 73

— 2e *Exemple.* — Calcul des dimensions, poids, résistance et travail des fers à **I** formant poutres............................. 75

— 3° *Exemple.* — Plancher de maison d'habitation formé de solives, de solives d'enchevêtrure et de chevêtres. — Détermination des dimensions, poids, résistance et travail de ces diverses pièces selon leur position.. 76

— 4° *Exemple.* — Plancher de magasin formé de poutres et de solives. — Poutres sans colonnes ou avec colonnes. — Détermination de la résistance de ces pièces................................ 78

— 5° *Exemple.* — Plancher formé de poutres en tôle et cornières. — Calcul de la résistance de ces poutres....................... 80

— 6° *Exemple.* — Plancher avec poutres en tôle et cornières, grandes solives, chevêtres et carillons. — Calcul des dimensions et de la résistance de ces pièces................................... 81

— 7e *Exemple.* — Plancher, en considérant, outre la charge additionnelle, les fers comme chargés uniformément par leur propre poids. — Calcul des dimensions et résistances des diverses pièces composant ce plancher...................................... 85

N° **62** *bis.* — Planchers en fer zorès................................ 86

N° **63.** — *Des poitrails.* — Calcul des poutres continues ou poitrails reposant sur des colonnes ou pilastres ou poteaux en bois et détermination des sections de ces supports verticaux, eu égard à la charge qu'ils supportent, selon leur position.. 86

— 1° Cas d'un poitrail soulagé par une colonne intermédiaire appliquée au milieu de la portée.................................... 88

— 2° Cas d'un poitrail soulagé par deux colonnes intermédiaires divisant la portée en trois parties égales................................ 90

— 3° Cas d'un seul appui intermédiaire placé d'une manière quelconque. 91

— 4° Cas de deux supports intermédiaires placés symétriquement par rapport aux appuis extrêmes.................................... 91

N° **63** *bis.* — Tableau donnant la réaction sur les appuis, le moment fléchissant maxima et le poids central pour une poutre continue à deux et à trois travées.. 92

§ II. — *Planchers en bois.*

N° **64.** — Formules pratiques employées généralement pour le calcul des résistances des bois.. 93

— 1° Solive reposant sur deux appuis à ses extrémités et devant être chargée en son milieu d'un poids P. — Applications numériques.. 93

— 2° Solive reposant sur deux appuis à ses extrémités et devant être chargée d'un poids uniformément réparti sur sa longueur. — Application.. 94

— 3° La même pièce chargée d'un poids uniformément réparti et devant en outre recevoir un poids P au milieu de sa longueur. — Application.. 96

— 4° Pièce reposant sur deux appuis, chargée d'un poids P en un point quelconque de sa longueur. — Applications numériques.......... 97

— 5° La même pièce chargée outre, le poids P placé en un point quelconque de sa portée, d'un poids p par mètre courant, uniformément réparti. 97

— 6° Déterminer le poids P' qui, appliqué au milieu de la portée, donne le même moment fléchissant que le poids P appliqué en un point quelconque.. 97

— 7° Cas de deux poids symétriques par rapport aux points d'appui sur lesquels repose la solive...................................... 98

— 8° Même pièce, chargée de poids inégalement répartis.............. 98

Cas de solives ou poutres encastrées.

N° **64** *bis.* — 1° Une pièce de bois, placée horizontalement, encastrée par une de ses extrémités, l'autre extrémité étant dans le vide et chargée d'un poids P uniformément réparti................................ 98

— 2° Même pièce, placée de la même manière et chargée à l'extrémité libre d'un poids P.. 99

— 3° Pièce encastrée par une de ses extrémités, tandis que l'autre repose librement sur un point d'appui.............................. 99

— 4° Pièce encastrée par ses deux extrémités et chargée d'un poids P en un point quelconque de sa portée............................ 99

— 5° Même pièce, poids placé au milieu de sa portée................ 100

— 6° Même pièce, la charge se composant d'un poids par mètre uniformément réparti.. 100

N° **65.** — Détermination et vérification de l'équarrissage d'une solive devant porter une charge donnée...................................... 100

— 1er *Exemple.* — Une solive d'une portée et d'un équarrissage donnés devant porter une charge également donnée uniformément répartie, vérifier son équarrissage.................................... 100

— 2ᵉ *Exemple.* — Déterminer les dimensions d'une poutre, recevant une charge donnée par mètre de longueur, sur une portée aussi donnée, en satisfaisant à la condition que la base du profil soit une fraction donnée de la hauteur... 100

Nº 66. — Détermination du coefficient de sécurité ou de travail, lorsque la charge d'une poutre et ses dimensions sont données............ 101

Études des planchers en bois.

Nº 67. — Calcul des poutres dans les cas suivants............................ 102

— 1º Les solives y reposant des deux côtés, également espacées les unes des autres.. 102

— 2º Les solives ne reposant directement que d'un côté de la poutre, et de l'autre, reportant tout leur poids en deux points fixes de la poutre par l'intermédiaire de deux enchevêtrures.................. 102

— 3º La poutre supportant un nombre quelconque de solives et de chevêtres en des points quelconques.................................... 102

— 4º Les solives devant supporter des cloisons........................ 102

Nº 68. — Planchers composés de solives portant sur les murs. — Déterminer l'équarrissage de ces solives en fonction de leur portée et du poids par mètre superficiel de plancher qu'elles doivent supporter...... 102

Nº 69. — Planchers composés de solives portant sur des poutres. — Calcul des solives et des poutres.. 103

Nº 69 *bis.* — Détermination du nombre de solives à employer.................. 104

Nº 70. — *Application aux magasins.* — Calcul de la résistance d'un plancher de magasin, composé de poutres ou sommiers, reposant sur un point d'appui à l'une de leurs extrémités et encastrées à l'autre bout.. 104

Nº 71. — *Planchers de maisons d'habitation.* — 1º Calcul de poutres sur lesquelles les solives ne reposent directement que d'un côté et de l'autre reportant tout leur poids en deux points fixes de la poutre par l'intermédiaire de deux enchevêtrures.................. 106

— 2º Calcul de poutres supportant un nombre quelconque de solives et de chevêtres en des points quelconques.................................... 107

— Calcul des solives, des chevêtres et des solives d'enchevêtrure...... 107

Nº 72. — Plancher ordinaire de maison d'habitation avec cloisons de distribution.. 108

— La cloison reposant transversalement sur les solives à une distance donnée d'un des points d'appui des solives............................ 108

— Les cloisons de distribution étant disposées d'une manière quelconque, soit perpendiculairement, soit parallèlement aux solives... 109

Nº 72 *bis.* — Poutrelles en bois. — Table des dimensions à donner par rapport aux charges.. 110

Poutres en bois avec armatures en fer et poutres composées.

Nº 73. — Poutres en bois avec armatures en fer.............................. 111

Nº 73 *bis.* — Poutres composées de pièces entées bout à bout.............. 112

Nº 74. — Poutres composées de pièces superposées. — Calcul de ces poutres.. 113

Nº 74 *bis.* — Poutres composées de pièces juxtaposées. — Calcul de ces poutres.. 114

Nº 75. — Assemblage des poutrelles en fer à $\mathbf{I}$ laminé.................. 115

— Quelques observations sur les planchers en fer et sur leur exécution, avec voussettes ou petites voûtes en briques. — Ancrage des poutrelles. — Système de poitrails le plus répandu.................. 115

Nº 76. — Calculs des moments d'inertie et résistance des fers à $\mathbf{I}$. (Voir l'Atlas.) 116

Nº 77. — Calculs des moments d'inertie des bois en section carrée ou rectangulaire. (Voir l'Atlas.).. 116

RÉSISTANCE DES MATÉRIAUX A LA COMPRESSION ET A L'EXTENSION.

§ I⁰ʳ. — *Résistance des pierres, briques, mortiers et matériaux analogues à la compression et à l'extension.*

Nˢ **78.** — 1°-2°-3° Résistance à l'écrasement. — Faits généraux................ 117
— 4° Phénomènes de la rupture par compression...................... 117
— 5° Diminution de résistance quand le nombre des assises et des joints augmente... 118
— 6° Limite des charges permanentes.............................. 118
N° **79.** — 1° Résistance à la rupture par traction...................... 118
— 2° Faits généraux.. 118
— 3° Module d'élasticité des pierres.............................. 118
N° **80.** — Tableau des efforts de compression capables de produire l'écrasement de différents corps dans les constructions avec leurs densités et leurs poids et aussi des charges permanentes qu'on peut leur faire supporter avec sécurité....................................... 119
N° **81.** — Usage de ce tableau. — Différents exemples d'applications numériques... 120

§ II. — *Résistance des bois à la compression et à l'extension. — Considérations théoriques.*

N° **82.** — 1° Résistance à l'écrasement. — Faits généraux.............. 121
— 2° Limite des charges permanentes............................ 122
— 3° Module d'élasticité.. 122
N° **83.** — Rupture par extension. — Module et limite d'élasticité. — Valeur de E pour le chêne. — Valeur de i pour le chêne. — Valeur de E pour le sapin. — Valeur de i' pour le sapin.................... 122
N° **84.** — Détermination des charges à la rupture et permanentes que peuvent supporter les bois soumis à la compression...................... 123
— Expériences de M. Rondelet. — Tableau des résistances.......... 124
— Tableau des modifications apportées par M. Morin.............. 124
— Tableau de comparaison des mêmes résultats par M. Barré........ 125
— Usage de ces tableaux.. 125
— 1ᵉʳ *Exemple.* — Déterminer la charge que peut supporter avec sécurité un pilastre dont la section est donnée ainsi que la hauteur.... 125
— 2° *Exemple.* — Trouver la charge permanente que peut supporter avec sécurité un poteau dont la section et la hauteur sont données. 125
— 3° *Exemple.* — Résistance des pilots à l'écrasement. — Détermination de leur nombre pour porter un édifice dont le poids est donné. 125
N° **85.** — Calcul de l'équarrissage à donner aux supports en bois, en fonction de la hauteur et de la charge................................ 125
N° **86.** — Tableau ou figure graphique pour résoudre les mêmes questions.... 127
N° **87.** — Formules empiriques de MM. Hodgkinson et Barré pour résoudre également les mêmes questions............................... 128
N° **88.** — Application aux poteaux en bois cylindriques................ 130
N° **89.** — Application numérique de ces mêmes formules................ 131

§ III. — *Résistance des métaux à la compression et à l'extension.*

N° **90.** — 1° Résistance à l'écrasement. — Faits généraux.............. 134
— 2° Résistance du fer à la compression........................ 135
— 3° Résistence élastique...................................... 135

— 4° Résistance du fer à l'écrasement............................ 135
— 5° Résistance permanente..................................... 135
— 6° Résistance de la fonte à l'écrasement....................... 135
— 7° Résistance permanente..................................... 135
— 1° Résistance des métaux à l'allongement..................... 136
— 2° Résistance du fer à l'allongement. — Distinction des qualités..... 136
— 3° Allongements absolus et contrations latérales des diverses espèces
    de fer.. 136-137
— 4° Influence de la température sur la ténacité.................. 137
— 5° Résistance du fer à la rupture par traction................. 137
— 6° Résistance élastique du fer................................ 137
— 7° Limites de l'élasticité entière............................. 137
— 9° Limites des charges permanentes.......................... 138
— 10° Résistance de la fonte à la rupture par traction........... 138
— 11° Résistance élastique..................................... 138
— 12° Limite de l'élasticité entière............................. 138
— 13° Limites des charges permanentes......................... 138

N° 91. — Tableau de la résistance des métaux à la compression et à la traction
    (le millimètre étant pris pour unité)........................ 139
— Autre tableau de rupture et de sécurité de la fonte, du fer en barre,
    de la tôle et de l'acier.................................. 140
N° 92. — Résistance à la compression des colonnes en fonte ou en fer forgé.. 140
N° 93. — Résistance à la rupture par compression de la fonte et du fer consi-
    déré comme piliers ou colonnes. — Résistance de la fonte à la
    compression... 142
— Résistance du fer à la compression.......................... 143
N° 94. — Récapitulation des formules proposées par MM. Hodgkinson, Love,
    Morin, Guettier et Bourdais.............................. 144
N° 95. — Divers coefficients donnés par M. Love................. 116
— Applications numériques des formules indiquées dans le tableau pré-
    cédent.. 116
N° 96. — Application de la formule de M. Hodgkinson............. 146
N° 97. — Application des formules de M. Love.................... 148
N° 98 — Application des formules de M. Morin................... 148
N° 99 — Formules de M. Bourdais. — Applications............... 150
N° 100. — Formule proposée par M. Guettier.................... 152
N° 101. — Des colones creuses en fonte......................... 154
N° 102. — Tableau analogue à ceux donnés pour les bois, des charges perma-
    nentes par centimètre carré et dont l'usage facilite beaucoup les
    calculs.. 156
N° 103. — Usage de ce tableau. — Diverses applications.......... 157
N° 104. — Comparaison des colonnes pleines et des colonnes creuses.......... 158
N° 105. — Tableaux de la résistance des colonnes pleines en fonte et en fer et
    des colonnes creuses en fonte. — Diverses considérations et indica-
    tion des formules qui ont servi à les calculer.............. 160-161

Ces tableaux, au nombre de trois, font partie de l'Atlas sous les numéros 78, 79 et 80, pages VIII, IX, X.

FIN DE LA TABLE DE LA PREMIÈRE PARTIE.

Abbeville. — Typ. et stér. Gustave Retaux.

OUVRAGES DU MÊME AUTEUR

TRAITÉ PRATIQUE ET COMPLET DE TOUS LES MESURAGES, MÉTRAGES, JAUGEAGES DE TOUS LES CORPS, appliqué aux arts, aux métiers, à l'industrie, aux constructions, etc.; 7ᵉ édition . . . . 50 fr. »

DÉMONSTRATIONS DE THÉORÈMES ET PROBLÈMES DE GÉOMÉTRIE, ayant fréquemment leur application dans les arts et travaux de construction ou complément aux traités de géométrie élémentaire) (solution des formules contenues dans le traité pratique et complet des mesurages). Supplément à cet ouvrage avec atlas de 33 planches.

RÉSISTANCE DES MATÉRIAUX A LA FLEXION ET A LA COMPRESSION, avec applications numériques aux planchers métalliques, aux planchers en bois, aux piles ou supports en maçonnerie ou en bois, aux colonnes en fonte ou en fer, etc.
1ʳᵉ PARTIE . . . . 25 fr. »
2ᵉ PARTIE : comprenant la résistance des fermes de charpente de bâtiments, de combles, de hangards, de halles, de marchés couverts, etc.
3ᵉ PARTIE : comprenant la résistance des murs et des voûtes de bâtiments, ainsi que la résistance des murs de soutènement de terre.
4ᵉ PARTIE : comprenant la résistance des ponts en maçonnerie et des ponts métalliques.

TABLE DONNANT, PAR LA CONNAISSANCE SEULE DE LA CORDE ET DE LA FLÈCHE, le rayon, l'angle au centre, le développement d'un arc de cercle et la surface du segment formé par cet arc et sa corde. . . . . 2 fr. »

TABLE DONNANT, SANS INSTRUMENTS, la valeur, en degrés, minutes et secondes de l'angle formé par deux alignements tracés sur le terrain. . . . 2 fr. »

ÉPURES DE PONTS BIAIS, en 2 feuilles, dont l'une avec texte. . . . 3 fr. 50

A PARAITRE PROCHAINEMENT

TRAITÉ D'ARPENTAGE ET DE GÉODÉSIE PRATIQUE, dans lequel l'auteur a donné des formules nouvelles pour la division des champs en forme d'S, soit en parties égales ou inégales, soit en parties proportionnelles aux côtés ou à des lignes quelconques.

TRAITÉ THÉORIQUE ET PRATIQUE SUR L'ÉTABLISSEMENT DES PONTS DE TOUTE ESPÈCE ET DE TOUTE GRANDEUR. — Ce recueil se composera de 70 à 75 projets exécutés, comprenant les dessins d'exécution, les devis, détails estimatifs, analyses et application des prix, les rapports à l'appui des projets, indiquant les calculs de débouché et de stabilité des ponts, les rapports faisant connaître les difficultés d'exécution qu'on a rencontrées sur les lieux, de plusieurs projets d'écluses, de barrages, de bateaux, de bacs, de passe-cheval, etc., etc.

TRAITÉ DE CALCUL DIFFÉRENTIEL ET INTÉGRAL, en deux volumes, contenant un très-grand nombre d'applications et pouvant être étudié sans le secours d'un professeur.

JAUGEAGE DES COURS D'EAU ET PROJETS DE DISTRIBUTION D'EAU.

TRAITÉ PRATIQUE SUR LA CONSTRUCTION DES PONTS BIAIS, à l'usage des Appareilleurs, des Conducteurs des ponts et chaussées, des Agents voyers, des Employés des chemins de fer attachés aux travaux de construction, des Entrepreneurs, etc., etc.

Abbeville. — Typ. et stér. Gustave Retaux.

www.ingramcontent.com/pod-product-compliance
Ingram Content Group UK Ltd.
Pitfield, Milton Keynes, MK11 3LW, UK
UKHW022219120726
13694UKWH00002B/605

9 782013 632485